복소함수론

Theory of Functions of a Complex Variable

김정헌 저

북스힐

머리말

수의 체계에서 복소수는 실수를 확장한 개념으로 이해할 수 있다. 복소변수와 실변수 사이에는 이로부터 연유하는 떼어 놓을 수 없는 관계가 있다. 이것은 복소함수가 갖는 어떤 성질은 실함수의 성질을 일반화하여 얻을 수 있고, 반대로 복소함수의 특정 성질로부터 실함수가 갖는 특성을 유추할 수도 있음을 말한다.

그러나 복소함수는 실함수에서 찾을 수 없는 독특한 성질을 보이는 경우도 적지 않다. 이것은 복소함수론을 공부하는 학생들에게 어려움을 느끼게 하는 요소 가운데 하나이지만 어쩌면 이것이 복소함수론에서 느낄 수 있는 매력일 수도 있다. 이 책에서는 상황에 따라 복소함수가 갖는 성질과 실함수가 갖는 성질을 함께 기술하여 서로 비교할 수 있는 기회를 갖도록 하였다.

이 책을 공부함으로써

1장에서 복소수의 대수적 연산과 복소평면에서 정의된 복소함수의 극한과 연속을 이해하고,

2장에서 어떤 복소함수가 해석함수인가를 판단할 수 있고, 복소평면에서 정의된 지수, 로그 그리고 삼각함수 등의 기본적인 함수를 이해하며,

3장에서 복소함수의 코시의 적분을 계산할 수 있고 코시의 적분로부터 얻을 수 있는 대수학의 기본정리, 최대절댓값 정리를 이해할 수 있으며,

4장에서 테일러급수로 나타낼 수 있는 복소함수는 해석적이고, 반대로 해석적인 복소함수는 테일러급수로 나타낼 수 있음을 이해할 수 있기 바라며 기술하였다.

5장에서는 특이점을 갖는 복소함수의 특이점 근방에서의 움직임을 이해하고 로랑의 급수로 나타내는 방법을 알고, 유수정리를 이용하여 적분을 계산할 수 있고,

6장에서는 미적분학의 방법으로 계산이 어려운 실함수의 적분을 복소함수의 적분을 이용하여 계산할 수 있고, 특정 영역에서 복소함수가 갖는 영점의 수를 알아낼 수 있으며,

7장에서는 복소함수에 의한 기하학적 대상의 변환을 이해할 수 있게 되기를 기대하였다.

이 책은 혼자 복소함수를 공부하는 경우에도 쉽게 접근할 수 있기를 바라며 쓰여 졌다. 먼저 해석학을 이해하고 복소함수를 공부하는 것이 순서이다. 해석학에서 정의한 함수의 연속, 미분을 포함한 주요 개념들은 복소함수에 일반화된 개념으로 적용된다는 점을 생각하면서 공부한다면 좀 더 쉽게 이해할 수 있을 것이다. 모두 7개의 장으로 구성되었지만 오히려 69개의 절로 나누어 기술하는 점에 초점을 두었다. 한 번에 짧은 주제 하나를 공부할 수 있다면 좀 더

집중할 수 있을 거란 생각 때문이다. 절의 마지막에 제시된 문제에 대해서는 과정을 포함하는 답안을 제시하려고 하였다. 그러나 답안은 하나의 접근 방법일 뿐이라는 점을 말한다.

이 책이 학생들의 복소함수론의 호기심에 대한 작은 부분이라도 답이 될 수 있기를 소망한다. 이 책을 준비하는 동안 많은 조언을 주신 송윤정 교수님, 출판을 위해 애써주신 도서출판 북스힐의 여러분들께 진심으로 고마움의 말씀을 드립니다.

2021년 1월 저자

복소함수론

Part I

Part II

1

복소평면과 복소함수

이 장에서는 복소수를 표현하는 방법과 복소평면이 갖는 기본적인 위상적 성질을 공부한다. 또 이 책인 주제인 복소평면에서 정의되고 복소수를 함숫값으로 갖는 복소함수를 정의하고 복소함수의 극한과 연속에 대해 알아본다.

1. 허수 i 와 복소수

어떤 실수의 제곱도 음수가 될 수 없기 때문에 방정식

$$x^2 + 1 = 0 \tag{1.1}$$

은 실수해를 갖지 않는다. 그러므로 방정식 (1.1)이 해를 갖는 새로운 수체계 (number system)에 관심을 갖는 것은 자연스러운 일이었을 것이다.

방정식 $x^2 + 1 = 0$의 해를 구하기 위해 실수해를 찾을 때와 같은 방법을 이용하면 해 가운데 하나로 $\sqrt{-1}$을 얻게 된다. 어떤 실수도 방정식 $x^2+1=0$의 해가 될 수 없으므로 $\sqrt{-1}$는 실수가 아니다. 이런 이유에서 $\sqrt{-1}$을 허수라고 부른다. 그러므로 방정식 (1.1)의 해를 포함하는 수체계는 $\sqrt{-1}$ 을 원소로 갖고 실수를 확장한 것이어야 한다. 그런 목적으로 $\sqrt{-1}$을 **허수단위**(imaginary unit)로 정하고 $i = \sqrt{-1}$로 나타낸다. 임의의 실수 a, b에 대해

$$a + bi \text{ 또는 } a + ib \tag{1.2}$$

형태의 표현을 **복소수**(complex number)로 정의한다.

보통 복소수는 문자 z로 나타내며

$$z = a + ib \quad (a, b \in \mathbb{R})$$

일 때, 두 실수 a, b를 각각 복소수 z의 **실수부**(real part), **허수부**(imaginary part)라고 한다. z의 실수부와 허수부는 차례로

$$\operatorname{Re} z = a, \quad \operatorname{Im} z = b$$

로 나타낸다. 복소수로서 영은 실수부와 허수부가 모두 영인 복소수 $0 = 0 + i0$으로 정의한다. $\operatorname{Re} z = 0$, $\operatorname{Im} z \neq 0$인 복소수 z를 **순허수**(purely imaginary)라고 한다.

복소수 전체 집합은

$$\mathbb{C} = \{a + ib : a, b \in \mathbb{R}\}$$

로 나타낸다. 복소수 (1.2)에서 $b = 0$이면 $a + i0 = a$는 실수이므로 복소수는 실수를 포함한다. 실수 집합 $\mathbb{R}$은 복소수 집합 $\mathbb{C}$의 부분집합이다.

■ **복소수의 대수적 연산.** 복소수 집합에 적절한 연산 규칙을 정하여 실수체계의 확장된 형태로 복소수체계를 정의할 수 있다. **복소수체계**(complex number system)를 알아보기 위해 먼저 복소수의 대수적 연산을 정의하기로 한다.

두 복소수

$$z_1 = a + ib, \quad z_2 = c + id$$

가 서로 같다는 것은 z_1, z_2의 실수부는 실수부끼리, 허수부는 허수부끼리 같을 때를 말한다. 즉,

$$z_1 = z_2 \iff a = c, b = d$$

이다. 두 복소수 z_1, z_2의 합과 곱은 각각

$$z_1 + z_2 = (a + ib) + (c + id) = (a + c) + i(b + d), \tag{1.3}$$
$$z_1 z_2 = (a + ib)(c + id) = (ac - bd) + i(ad + bc) \tag{1.4}$$

로 정의한다. 또 z_1, z_2의 차와 나눔은 각각

$$z_1 - z_2 = (a + ib) - (c + id) = (a - c) + i(b - d),$$
$$\frac{z_1}{z_2} = \frac{a + ib}{c + id} = \frac{ac + bd}{c^2 + d^2} + i\frac{bc - ad}{c^2 + d^2} \quad (z_2 \neq 0) \tag{1.5}$$

로 약속한다. 두 복소수의 합과 곱은 다시 복소수이다. 다시 말해 복소수 집합 $\mathbb{C}$는 식 (1.3)으로 정의된 덧셈, (1.4)로 정의된 곱셈 연산에 대해 닫혀있다. 위 곱셈과 나눗셈 연산의 정의는 $i^2 = -1$이라는 사실을 적용한 것을 제외하면 실수에서의 일반적인 연산방법을 적용하여 얻은 결과와 같다. 즉 복소수의 대수적 연산은 복소수 $a + bi$를 $a + bx$와 같이 생각하고 실수체계에서와 같은 방법으로 계산하면 된다. 다만

$$i^2 = -1, \quad i^3 = -i, \quad i^4 = 1, \quad i^5 = i, \quad \cdots$$

의 규칙이 적용된다.

Q1. 다음이 성립함을 설명하여라.

(1) $\operatorname{Im}(iz) = \operatorname{Re} z$ (2) $\operatorname{Re}(-iz) = \operatorname{Im} z$

Q2. z가 실수이기 위한 필요충분조건이 $\operatorname{Re} z = z$임을 설명하여라.

E1. 두 복소수의 곱은

$$(1+2i)(3-i) = 3 + (6i - i) - 2i^2 = 5 + 5i = 5(1+i)$$

와 같은 방법으로 계산할 수 있고, 방정식 $x^2+1=0$은

$$0 = x^2 + 1 = x^2 - i^2 = (x-i)(x+i)$$

로부터 복소수 해 i, $-i$를 가짐을 알 수 있다. 또 복소수의 나눗셈은

$$\frac{1+i}{2-3i} = \frac{1\cdot 2 + 1\cdot(-3)}{2^2+(-3)^2} + i\frac{1\cdot 3 + 2\cdot 1}{2^2+(-3)^2} = -\frac{1}{13} + \frac{5}{13}i$$

또는

$$\frac{1+i}{2-3i} = \frac{(1+i)(2+3i)}{(2-3i)(2+3i)} = -\frac{1}{13} + \frac{5}{13}i$$

와 같이 계산할 수 있다.

Q3. $z = 1 \pm i$는 방정식 $z^2 - 2z + 2 = 0$의 해인가?

■ 복소수 체. 앞의 합과 곱의 정의로부터 복소수의 연산에서 교환법칙, 결합법칙, 분배법칙이 성립함을 알 수 있다. 세 복소수 z_1, z_2, z_3에 대해

$$z_1 + z_2 = z_2 + z_1, \quad z_1 z_2 = z_2 z_1 \qquad \text{(교환법칙)}$$

$$z_1 + (z_2 + z_3) = (z_1 + z_2) + z_3, \quad z_1(z_2 z_3) = (z_1 z_2) z_3 \qquad \text{(결합법칙)}$$

$$z_1(z_2 + z_3) = z_1 z_2 + z_1 z_3 \qquad \text{(분배법칙)}$$

이다.

Q4. $z_1 = a_1 + ib_1$, $z_2 = a_2 + ib_2$, $z_3 = a_3 + ib_3$라 놓고 복소수의 대수적 연산에서 교환법칙, 결합법칙, 분배법칙이 성립함을 보여라.

모든 복소수 z에 대해

$$z + 0 = z, \quad 1z = z$$

이므로 복소수로서 0과 1은 각각 덧셈과 곱셈의 항등원이다. 모든 복소수 z에 대해 덧셈에 대한 유일한 역원 $-z$가 존재하고, $z \neq 0$이면 곱셈에 대한 유일한 역원 $z^{-1} = \frac{1}{z}$이 존재한다. 즉,

$$z + (-z) = 0, \quad zz^{-1} = 1 \,(z \neq 0)$$

을 만족하는 복소수 $-z$, z^{-1}가 존재한다. 또한 두 복소수의 곱이 0이면 즉, $z_1z_2 = 0$이면 z_1, z_2 가운데 적어도 하나는 0이다.

E2. 식 (1.5)로부터 $z = a + ib(\neq 0)$의 곱셈에 대한 역원은

$$z^{-1} = \frac{1}{z} = \frac{1}{a+ib} = \frac{a}{a^2+b^2} - i\frac{b}{a^2+b^2}$$

임을 알 수 있다.

앞에서 본 것처럼 복소수 집합 $\mathbb{C}$는 덧셈과 곱셈에 대하여 닫혀있고, 덧셈과 곱셈에 대하여 교환법칙과 결합법칙이 성립하며, 곱셈은 덧셈에 대하여 분배법칙이 성립한다. 또 복소수 집합은 덧셈에 대한 항등원 0과, 곱셈에 대한 항등원 1을 원소로 가지며, 모든 복소수 z는 덧셈에 대한 역원 $-z$와, $z \neq 0$이면 곱셈에 대한 역원 z^{-1}을 복소수 집합의 원소로 갖는다. 다라서 복소수 집합 $\mathbb{C}$는 체(field, complex field)이다.

[연습문제 1]

1. 복소수 z, w에 대해 다음을 보여라.

(1) $\mathrm{Re}(z+w) = \mathrm{Re}\,z + \mathrm{Re}\,w$ (2) $\mathrm{Im}(z+w) = \mathrm{Im}\,z + \mathrm{Im}\,w$

2. 다음을 보여라.

(1) $\frac{1}{i} = -i$ (2) $\frac{1}{1+i} = \frac{1-i}{2}$

3. 다음 복소수를 $a + ib$의 형태로 나타내어라.

(1) $(1+i)^4$ (2) $(-i)^{-1}$ (3) $(1-i)^{-1}$ (4) $\left(\frac{1+i}{1-i}\right)^2$

4. 다음 복소수를 $a + ib$의 형태로 나타내어라.

(1) $\frac{1}{2+i}$ (2) $\frac{-1+3i}{2-i}$ (3) $\frac{2i}{1+i}$ (4) $\frac{2+4i}{i}$

5. $-1+i$, $-1-i$가 방정식 $z^2+2z+2=0$을 만족함을 보여라.

6. 방정식 $z^3-3z^2+4z-2=0$의 해를 찾아라.

7. $z = x + iy$일 때 $\dfrac{z+2}{z-1}$의 실수부와 허수부를 찾아라.

8. $\dfrac{x-iy}{x+iy} = a + ib$일 때 $a^2 + b^2 = 1$임을 보여라.

9. $z_1 z_2 = 0$ $(z_1 \neq 0)$이면 $z_2 = 0$이어야 함을 설명하여라.

2. 복소수의 몇 가지 성질

복소수 $z = x + iy$와 평면 $\mathbb{R}^2$ 위의 점 (x, y) 사이에 자연스러운 일대일대응 관계를 생각할 수 있다. 이런 이유에서 복소수 $z = x + iy$를 xy-평면 위의 점 (x, y)로 나타내어 복소수를 표시한 평면을 **복소평면**(complex plane)이라 하고, 복소평면에서는 xy-평면의 x-축을 **실수축**(real axis), y-축을 **허수축**(imaginary axis)이라고 한다.

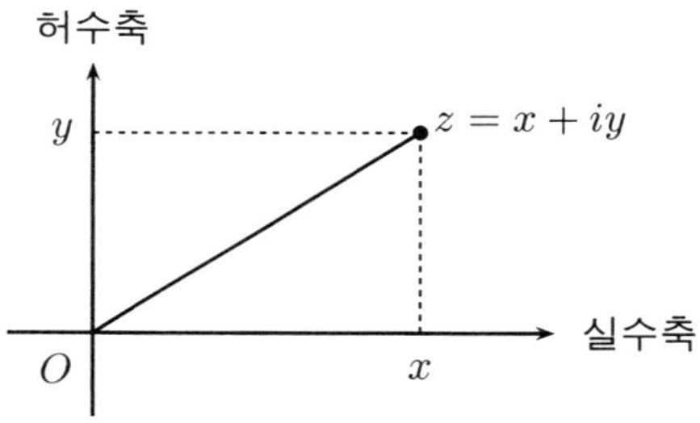

그림 1.1 복소평면

복소수는 2차원 벡터공간에서 원점 $(0,0)$을 시점으로 하고 점 (x, y)를 종점으로 하는 벡터 (x, y)로 이해할 수도 있다. 이 경우 앞에서 약속한 두 복소수 $z_1 = x_1 + iy_1$, $z_2 = x_2 + iy_2$의 합

$$z_1 + z_2 = (x_1 + x_2) + i(y_1 + y_2)$$

는 벡터의 합

$$(x_1,\ y_1) + (x_2,\ y_2) = (x_1 + x_2,\ y_1 + y_2)$$

와 같은 의미로 이해할 수 있다.

■ **복소수의 절댓값.** 벡터 (x, y)의 크기는 원점에서 점 (x, y)까지의 거리로 정의하였다. 이 거리를 복소수 $z = x + iy$의 **절댓값**(absolute value, modulus)이라고 하고, 기호로는 $|z|$로 나타낸다. z의 절댓값 $|z|$는 식

$$|z| = \sqrt{x^2 + y^2}$$

으로 계산할 수 있다. 모든 복소수 $z = x + iy$는 부등식

$$|x| = |\mathrm{Re}\, z| \le |z|, \qquad |y| = |\mathrm{Im}\, z| \le |z|$$

를 만족한다.

Q1. 원점으로부터의 거리가 1인 복소수는 모두 $\cos\theta + i\sin\theta\ (0 \le \theta < 2\pi)$의 형태로 나타낼 수 있는가?

Q2. $|z| = 1$일 때 $|\mathrm{Re}\, z| + |\mathrm{Im}\, z| \le \sqrt{2}$임을 설명하여라.

복소평면 위의 두 점 $z_1 = x_1 + iy_1$, $z_2 = x_2 + iy_2$사이의 거리는

$$|z_2 - z_1| = \sqrt{(x_2 - x_1)^2 + (y_2 - y_1)^2} \tag{1.6}$$

으로 정의한다. 식 (1.6)은 평면 $\mathbb{R}^2$에서 두 점 (x_1, y_1), (x_2, y_2) 사이의 거리와 같으므로 복소평면에서도 평면 $\mathbb{R}^2$에서와 같이 **삼각부등식**(triangle inequality)

$$|z_1 + z_2| \le |z_1| + |z_2|, \quad |z_1 - z_2| \ge ||z_1| - |z_2||$$

가 성립한다.

고정된 한 점 z_0로부터 $r(>0)$만큼 떨어진 점들의 집합 즉, 복소평면 위의 점 z_0를 중심으로 하고 반지름이 r인 원 $\{z \in \mathbb{C} : |z - z_0| = r\}$을 편의상 $|z - z_0| = r$로 쓴다. 또 $|z - z_0| < r$은 점 z_0로부터의 거리가 r보다 가까운 점 z들의 집합 즉, 점 z_0를 중심으로 하고 반지름이 r인 원의 내부를 의미한다.

Q3. $1 < |z - (1 + 2i)| \le 2$가 나타내는 영역은 무엇인가?

■ **켤레복소수**. 복소수 $z = x + iy$와 $x - iy$는 원점에서 같은 거리에 있고 실수축을 중심으로 대칭관계에 있다. $x - iy$를 복소수 $z = x + iy$의 **켤레복소수**(conjugate)라고 하고 $\bar{z}$로 나타낸다. $\bar{z}$의 켤레복소수는 $\bar{\bar{z}} = z$이다.

$z = x + iy$일 때 $z + \bar{z} = 2x$, $z - \bar{z} = 2yi$ 이므로 z의 실수부와 허수부는

$$\operatorname{Re} z = \frac{z + \bar{z}}{2}, \quad \operatorname{Im} z = \frac{z - \bar{z}}{2i}$$

로 쓸 수 있다. 켤레복소수의 정의로부터

$$\overline{z_1 + z_2} = \overline{z}_1 + \overline{z}_2, \quad \overline{z_1 z_2} = \overline{z}_1\, \overline{z}_2$$

임을 알 수 있고, 귀납적 방법에 의해

$$\overline{z_1 + z_2 + \cdots + z_n} = \overline{z}_1 + \overline{z}_2 + \cdots + \overline{z}_n,$$
$$\overline{z_1 z_2 \cdots z_n} = \overline{z}_1\, \overline{z}_2 \cdots \overline{z}_n$$

와 같이 일반화할 수 있다. 또 $z_2 \neq 0$일 때 $\alpha = \frac{z_1}{z_2}$이라고 하면 $\overline{\alpha}\, \overline{z}_2 = \overline{z}_1$이다. $\overline{z}_2 \neq 0$이므로 $(\overline{z}_2)^{-1} = \frac{1}{\overline{z}_2}$가 존재하고

$$\overline{\alpha} = \overline{\alpha}\left(\overline{z}_2 \frac{1}{\overline{z}_2}\right) = (\overline{\alpha}\, \overline{z}_2)\frac{1}{\overline{z}_2} = \frac{\overline{z}_1}{\overline{z}_2}$$

이다. 즉,

$$\overline{\left(\frac{z_1}{z_2}\right)} = \frac{\overline{z}_1}{\overline{z}_2}$$

이다.

■ **켤레복소수와 복소수의 절댓값**. 복소수 $z = x + iy$와 켤레복소수 $\bar{z} = x - iy$의 곱

$$z\bar{z} = x^2 + y^2$$

과 절댓값 $|z|$의 정의로부터 식

$$|z|^2 = x^2 + y^2 = z\bar{z} \tag{1.7}$$

을 얻을 수 있다. 앞의 식 (1.7)을 이용하면 $\frac{z_1}{z_2}$을 복소수 $a + ib$의 형태로 고쳐쓸 때 편리하다. $\frac{z_1}{z_2}$의 분자 분모에 $\overline{z}_2$를 곱하여

$$\frac{z_1}{z_2} = \frac{z_1 \overline{z}_2}{z_2 \overline{z}_2} = \frac{z_1 \overline{z}_2}{|z_2|^2}$$

로 쓸 수 있기 때문이다.

E1. 복소수 $\frac{1}{2+i}$를 $a+ib$의 형태로 나타내면

$$\frac{1}{2+i}=\frac{\overline{2+i}}{(2+i)(\overline{2+i})}=\frac{2-i}{(2+i)(2-i)}=\frac{2-i}{5}=\frac{2}{5}-\frac{1}{5}i$$

이다.

앞의 식 (1.7)과 연산법칙에 의해

$$|z_1z_2|^2=(z_1z_2)(\overline{z_1z_2})=(z_1z_2)(\overline{z}_1\overline{z}_2)=(z_1\overline{z}_1)(z_2\overline{z}_2)=|z_1|^2|z_2|^2$$

이므로

$$|z_1z_2|=|z_1||z_2|$$

이다. 일반적으로

$$|z_1z_2\cdots z_n|=|z_1||z_2|\cdots|z_n|$$

이다. 또한 $z_2\neq 0$일 때

$$\left|\frac{z_1}{z_2}\right|=\left|\frac{z_1\overline{z}_2}{z_2\overline{z}_2}\right|=\frac{|z_1|\,|\overline{z}_2|}{|z_2|^2}=\frac{|z_1|\,|\overline{z}_2|}{|z_2|\,|\overline{z}_2|}=\frac{|z_1|}{|z_2|}$$

이다.

Q4. 식 $z^2=|z|^2$을 만족하는 복소수 집합은 무엇인가?

[연습문제 2]

1. $|z|=0\Leftrightarrow z=0$임을 보여라.

2. 다음 복소수의 절댓값을 구하여라.

(1) $(1+i)^3$ (2) $(2-i)(1+2i)$ (3) $\dfrac{i(2-i)}{3-i}$

3. $|z-i|+|z+i|=4$가 나타내는 도형은 무엇인가?

4. 주어진 조건을 만족하는 점들의 집합을 그려라.

(1) $|z+2-i|=1$ (2) $|z-i|<2$

(3) $|z-1+2i|\geq 1$ (4) $1<|z+2i|\leq 2$

5. $A=\left|\dfrac{z_1-z_2}{1-\overline{z_1}z_2}\right|$일 때 다음을 보여라.

(1) $|z_1|<1,\ |z_2|<1$이면 $A<1$이다.

(2) $|z_1|=1$ 또는 $|z_2|=1$이고 $\overline{z_1}z_2\neq 1$이면 $A=1$이다.

6. $|z|<1$일 때 다음을 증명하여라.

(1) $\mathrm{Re}\,\dfrac{1}{1-z}>\dfrac{1}{2}$ (2) $\mathrm{Re}\,\dfrac{z}{1-z}>-\dfrac{1}{2}$

7. $|z|=1$이면, 복소수 $a\neq 0$, b에 대해 $\left|\frac{az+b}{\bar{b}z+\bar{a}}\right|=1$임을 보여라.

8. $|z|=1$일 때 $|z^2+1|$의 최댓값을 찾아라.

9. 복소수 a, b에 대해 $|a-b|^2+|a+b|^2=2(|a|^2+|b|^2)$임을 보여라.

10. $|z_1+z_2|^2=|z_1|^2+|z_2|^2+2\mathrm{Re}\,z_1\overline{z_2}$ 임을 보여라.

11. 계수가 모두 실수인 다항식

$$p(z)=a_nz^n+a_{n-1}z^{n-1}+\cdots+a_1z+a_0\quad(a_n\neq 0)\tag{1.8}$$

에 대해 $a+bi(b\neq 0)$가 $p(z)=0$의 해이면 켤레복소수 $a-bi$도 $p(z)=0$의 해가 됨을 보여라.

12. 위의 식 (1.8)에서 $p(z)$가 홀수차의 다항식이면 방정식 $p(z)=0$는 적어도 하나의 실수해를 갖는가?

13. 계수 a_k가 모두 실수이고 $a_k=a_{n-k}$ $(0\leq k\leq \frac{n}{2})$인 다항식

$$p(z)=a_nz^n+a_{n-1}z^{n-1}+\cdots+a_1z+a_0\quad(a_n\neq 0)$$

에 대해 $p(z_0)=0$이면 $p(\frac{1}{z_0})=0$임을 보여라.$(z_0\neq 0)$

3. 극형식과 오일러 공식

평면 위의 점을 직교좌표 (x, y)뿐만 아니라 극좌표 (r, θ)로 나타낼 수 있는 것처럼 복소평면 위의 점 $z = x + iy$도 극좌표의 형식으로 나타낼 수 있다. 복소수 $z = x + iy(\neq 0)$를 극좌표의 형식으로 나타낼 때 원점에서 z까지의 거리는 복소수 z의 절댓값으로, 방향은 양의 실수축에서 반시계방향으로 측정한 원점과 점 z를 연결하는 직선까지의 각으로 나타낸다. 이 각을 z의 **편각**(argument)이라 하고 $\arg z$로 나타낸다.

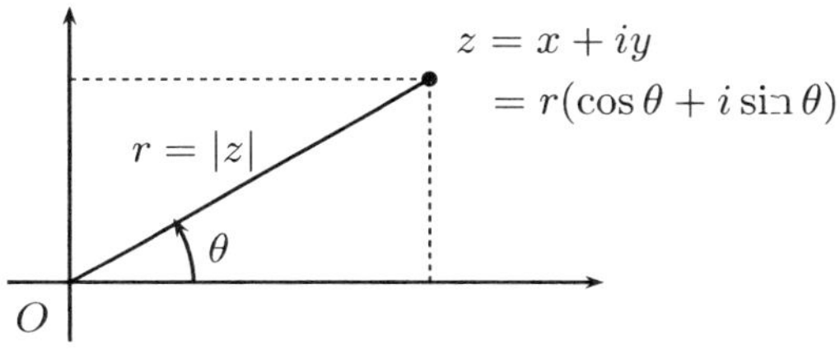

그림 1.2

복소수 $z = x + iy$의 절댓값이 $|z| = r$이고, 편각이 θ이면,

$$r = |z| = \sqrt{x^2 + y^2}, \quad \tan\theta = \frac{y}{x}, \tag{1.9}$$

$$x = r\cos\theta, \quad y = r\sin\theta \tag{1.10}$$

의 관계가 성립한다. 위의 식 (1.9), (1.10)으로부터 복소수 $z = x + iy$는

$$z = r\cos\theta + ir\sin\theta = r(\cos\theta + i\sin\theta) \tag{1.11}$$

의 형태로 나타낼 수 있는데, 식 (1.11)을 z의 **극형식**(polar form)이라고 한다. 복소수의 극형식에서는 $r = |z| > 0$인 경우만 고려한다. 만일 $x = y = 0$이면 식 (1.9)의 $\tan\theta = \frac{y}{x}$는 무의미하므로 $z = 0$의 편각은 정의하지 않는다. 편각이 음의 값을 갖는다는 것은 각을 측정할 때 양의 실수축에서 시작하여 시계방향으로 측정하였음을 의미한다.

그러나 위의 표현에서 복소수의 절댓값 r과 한 편각 θ가 정해졌을 때 모든 정수 k에 대해

$$r\cos(2k\pi + \theta) + ir\sin(2k\pi + \theta), \ k \in \mathbb{Z}$$

는 모두 복소평면 위의 같은 점을 나타낸다. 복소수 z의 편각 가운데 $-\pi < \arg z \le \pi$를 만족하는 유일한 한 값을 z의 **고유편각**(principal argument)이라 하고 기호로는 $\mathrm{Arg}\ z$로 나타낸다.

E1. 복소수 $z = -1+\sqrt{3}i$의 편각은 $\arg z = \frac{2}{3}\pi+2k\pi$ ($k \in \mathbb{Z}$) 가운데 하나이고, 고유편각은 $\mathrm{Arg}\ z = \frac{2}{3}\pi$ 이다.

Q1. 복소수 z의 실수부가 양의 값을 가지면, 즉 $\mathrm{Re}\, z > 0$이면 $|\mathrm{Arg}\, z| < \frac{\pi}{2}$ 인가?

■ **오일러 공식.** 복소수 $z \neq 0$의 극형식 $z = r(\cos\theta + i\sin\theta)$는 복소함수로서 지수함수와 삼각함수 사이의 관계를 나타내는 **오일러 공식**(Euler formula)

$$e^{i\theta} = \cos\theta + i\sin\theta \tag{1.12}$$

를 이용하여 **지수형식**(exponential form)

$$z = re^{i\theta} \tag{1.13}$$

로 나타낼 수 있다. 복소수를 지수형식으로 표현하면 지수법칙을 이용할 수 있어 연산을 간단히 할 수 있는 장점이 있다. (오일러 공식 (1.12)와 복소수의 지수법칙은 뒤에서 공부한다.)

E2. 복소수 $z = 1-i$는 극형식

$$z = \sqrt{2}\left[\cos(2n\pi - \frac{\pi}{4}) + i\sin(2n\pi - \frac{\pi}{4})\right], \quad n \in \mathbb{Z}$$

로 나타낼 수 있고, 오일러 공식을 이용하여 지수형식

$$z = \sqrt{2}\, e^{(2n\pi - \frac{\pi}{4})i}$$

로 나타낼 수 있다.

위의 식 (1.13)에서 $r = 1$이면, $|e^{i\theta}| = \sqrt{\cos^{\theta} + \sin^2\theta} = 1$이므로 $e^{i\theta}$는 원점을 중심으로 하고 반지름이 1인 원 위에 있는 점이다. 예를 들어

$$e^{i\frac{\pi}{2}} = i, \quad e^{i\pi} = -1, \quad e^{i\frac{3\pi}{2}} = -i, \quad e^{i2\pi} = 1$$

이다. 또 $z = re^{i\theta}\,(0 \le \theta < 2\pi)$는 원점을 중심으로 하는 반지름 r인 원이고, 이 원을 z_0 만큼 평행이동 시킨 식

$$z = z_0 + re^{i\theta}, \quad 0 \le \theta < 2\pi$$

은 z_0를 중심으로 하고 반지름이 r인 원 $|z - z_0| = r$을 나타낸다.

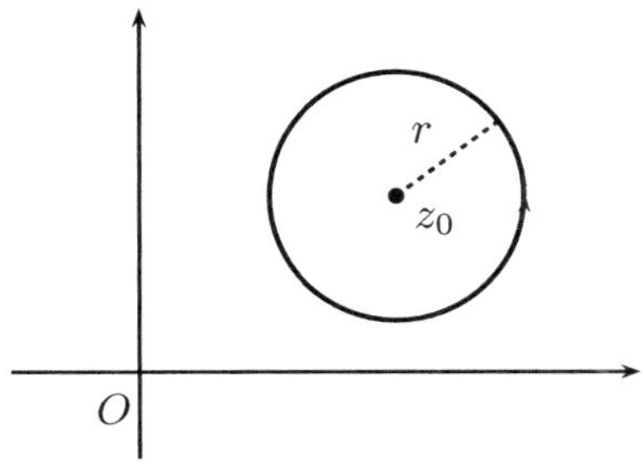

그림 1.3 원 $z = z_0 + re^{i\theta}$

지수형식으로 나타낸 두 복소수

$$z_1 = r_1 e^{i\theta_1} = r_1(\cos\theta_1 + i\sin\theta_1), \;\; z_2 = r_2 e^{i\theta_2} = r_2(\cos\theta_2 + i\sin\theta_2)$$

의 곱 $z_1 z_2$는

$$\begin{aligned} z_1 z_2 =& [r_1 e^{i\theta_1}][r_2 e^{i\theta_2}] \\ =& [r_1(\cos\theta_1 + i\sin\theta_1)]\,[r_2(\cos\theta_2 + i\sin\theta_2)] \\ =& r_1 r_2[(\cos\theta_1\cos\theta_2 - \sin\theta_1\sin\theta_2) + i(\sin\theta_1\cos\theta_2 + \cos\theta_1\sin\theta_2)] \\ =& r_1 r_2[\cos(\theta_1 + \theta_2) + i\sin(\theta_1 + \theta_2)] \\ =& r_1 r_2 e^{i(\theta_1 + \theta_2)} \end{aligned} \tag{1.14}$$

이다. 두 복소수의 곱의 절댓값은 각각의 절댓값의 곱과 같음을 알았다. 위의 식 (1.14)는 두 복소수의 곱의 편각은 각각의 편각의 합과 같음을 보여준다. 즉

$$|z_1 z_2| = r_1 r_2 = |z_1|\,|z_2|, \qquad \arg(z_1 z_2) = \theta_1 + \theta_2 = \arg\, z_1 + \arg\, z_2$$

이다. 또한 $z_2 \ne 0$일 때 나눔 $\frac{z_1}{z_2}$는 식 (1.14)에 의해

$$\frac{z_1}{z_2} = \frac{r_1 e^{i\theta_1}}{r_2 e^{i\theta_2}} = \frac{r_1 e^{i\theta_1} e^{-i\theta_2}}{r_2 e^{i\theta_2} e^{-i\theta_2}} = \frac{r_1}{r_2} e^{i(\theta_1 - \theta_2)}$$

이고, $z = re^{i\theta} \neq 0$의 곱에 대한 역원 z^{-1}은

$$z^{-1} = \frac{1}{z} = \frac{1}{re^{i\theta}} = \frac{1}{r}e^{-i\theta}$$

이다.

영이 아닌 두 복소수 z_1, z_2에 대해 $\mathrm{Arg}\, z_1 + \mathrm{Arg}\, z_2 > \pi$ 또는 $\mathrm{Arg}\, z_1 + \mathrm{Arg}\, z_2 \leq -\pi$일 수 있기 때문에 $\mathrm{Arg}(z_1 z_2) = \mathrm{Arg}\, z_1 + \mathrm{Arg}\, z_2$일 필요가 없음을 예상할 수 있다.

E3. $\mathrm{Arg}\, z_1 = \frac{2}{3}\pi$, $\mathrm{Arg}\, z_2 = \frac{3}{4}\pi$일 때 $\mathrm{Arg}(z_1 z_2)$를 구하기 위해

$$\arg z_1 = \frac{2}{3}\pi + 2k\pi, \quad \arg z_2 = \frac{3}{4}\pi + 2l\pi \quad (k, l \in \mathbb{Z})$$

라 하면

$$\begin{aligned}\arg(z_1 z_2) = \arg z_1 + \arg z_2 &= \frac{17}{12}\pi + 2(k+l)\pi \\ &= -\frac{7}{12}\pi + 2n\pi \quad (n \in \mathbb{Z})\end{aligned}$$

이다. 그러므로 $\mathrm{Arg}(z_1 z_2) = -\frac{7}{12}\pi$이다.

Q2. $\mathrm{Arg}\, z_1 = -\frac{\pi}{2}$, $\mathrm{Arg}\, z_2 = -\frac{2}{3}\pi$일 때, $\mathrm{Arg}(z_1 z_2)$는?

[연습문제 3]

1. 다음 복소수 z의 절댓값과 고유편각을 구하여라.

(1) $\sqrt{2} + i$ (2) $2 - 2i$ (3) $-2\sqrt{3} + 2i$ (4) $\dfrac{-2}{1 + \sqrt{3}i}$

2. 위의 문제 1의 복소수를 극형식, 지수형식으로 나타내어라.

3. $\overline{e^{i\theta}} = e^{-i\theta}$임을 보여라.

4. 복소수 $z \neq 0$에 대해 두 점 z^{-1}와 $\bar{z}$의 위치관계를 살펴보고 $\mathrm{Arg}\, z^{-1} = \mathrm{Arg}\, \bar{z}$임을 설명하여라.

5. $|1-z|<1$이면 $|\operatorname{Arg} z|<\frac{\pi}{2}$임을 보여라.

6. $|z|<1$이면 $\left|\operatorname{Arg}\frac{1+z}{1-z}\right|<\frac{\pi}{2}$임을 보여라.

4. 드무아브르의 식과 n승근

앞의 3절의 식 (1.14)에서 $z_k=r_k(\cos\theta_k+i\sin\theta_k),\ k=1,2$일 때

$$z_1z_2=r_1r_2[\cos(\theta_1+\theta_2)+i\sin(\theta_1+\theta_2)]$$

임을 알았다. 그러므로 $z_k=r_k(\cos\theta_k+i\sin\theta_k)\neq 0,\ k=1,2,\cdots,n$일 때

$$z_1z_2\cdots z_n=r_1r_2\cdots r_n[\cos(\theta_1+\theta_2+\cdots+\theta_n)+i\sin(\theta_1+\theta_2+\cdots+\theta_n)] \quad (1.15)$$

을 얻을 수 있다. 식 (1.15)의 특별한 경우로 z_k들이 모두 같을 때, 즉

$$z_k=r(\cos\theta+i\sin\theta)=re^{i\theta}=z \quad (k=1,2,\cdots,n)$$

이면

$$z^n=r^n(\cos n\theta+i\sin n\theta) \quad (1.16)$$

를 얻을 수 있다. 오일러의 공식 $e^{in\theta}=\cos n\theta+i\sin n\theta$를 위의 식 (1.16)에 적용하면

$$z^n=\left(re^{i\theta}\right)^n=[r(\cos\theta+i\sin\theta)]^n=r^n(\cos n\theta+i\sin n\theta)=r^ne^{in\theta}$$

를 얻을 수 있고, 특별히 $|z|=1$이면

$$(\cos\theta+i\sin\theta)^n=\cos n\theta+i\sin n\theta \quad (1.17)$$

이다. 위 식 (1.17)을 드무아브르의 공식(DeMoivre's formula)이라고 한다. 드무아브르의 공식을 이용하면 삼각함수의 배각과 관련된 식을 쉽게 얻을 수 있다.

E1. $z=\cos\theta+i\sin\theta$일 때 $z^2=\cos 2\theta+i\sin 2\theta$이므로

$$\begin{aligned}\cos 2\theta+i\sin 2\theta =&(\cos\theta+i\sin\theta)^2\\ =&\cos^2\theta-\sin^2\theta+i2\sin\theta\cos\theta\end{aligned}$$

이다. 두 복소수가 같기 위해서는 실수부는 실수부끼리, 허수부는 허수부끼리 같아야 하므로, 삼각함수의 배각공식

$$\cos 2\theta=\cos^2\theta-\sin^2\theta,\quad \sin 2\theta=2\sin\theta\cos\theta$$

를 얻을 수 있다.

E2. 복소수 $z=\frac{1}{\sqrt{2}}+i\frac{1}{\sqrt{2}}$는 극형식 $z=\cos\frac{\pi}{4}+i\sin\frac{\pi}{4}$로 나타낼 수 있으므로 드무아브르의 공식에 의해

$$z^4=\cos\pi+i\sin\pi=-1,\quad z^8=\cos 2\pi+i\sin 2\pi=1$$

이다.

■ n**승근**. 복소수 z가 방정식 $z^n=z_0$ $(n\in\mathbb{N})$을 만족하면, z를 z_0의 n승근(n-th root)이라 하고

$$z=z_0^{\frac{1}{n}}$$

로 나타낸다. 주어진 복소수 $z_0=r_0(\cos\theta_0+i\sin\theta_0)$에 대해 $z^n=z_0$를 만족하는 복소수 $z=r(\cos\theta+i\sin\theta)$를 찾기 위해서는 방정식

$$r^n(\cos n\theta+i\sin n\theta)=r_0(\cos\theta_0+i\sin\theta_0) \tag{1.18}$$

의 해를 찾아야 한다.

모든 실수 θ에 대해 $|\cos\theta+i\sin\theta|=1$이므로 방정식 (1.18)의 해는 두 방정식

$$r^n=r_0,\quad \cos n\theta+i\sin n\theta=\cos\theta_0+i\sin\theta_0 \tag{1.19}$$

을 만족해야 한다. 식 (1.19)의 첫 방정식에서 r과 r_0는 양의 실수이므로

$$|z|=r=r_0^{\frac{1}{n}}$$

이고, $\arg z^n$과 $\arg z_0$ 사이에는 $2k\pi$만큼의 차가 있으므로 식 (1.19)의 두 번째 방정식에서

$$n\theta = \theta_0 + 2k\pi, \quad \theta = \frac{\theta_0 + 2k\pi}{n} \quad (k \in \mathbb{Z})$$

을 얻을 수 있다. 그러므로 방정식 (1.19)를 만족하는 해는

$$z = z_0^{\frac{1}{n}} = r_0^{\frac{1}{n}} \left(\cos\frac{\theta_0 + 2k\pi}{n} + i\sin\frac{\theta_0 + 2k\pi}{n}\right) \quad (k \in \mathbb{Z}) \tag{1.20}$$

이다. 그런데 식 (1.20)은 $k = 0, 1, 2, \cdots, n-1$일 때 서로 다른 값을 갖고, 삼각함수의 주기성 때문에 k가 다른 정수라고 해도 더 이상의 다른 새로운 근을 갖지 않는다. 그러므로 방정식 $z^n = z_0$ $(z_0 \neq 0)$는 꼭 n개의 서로 다른 근

$$z = z_0^{\frac{1}{n}} = r_0^{\frac{1}{n}} \left(\cos\frac{\theta_0 + 2k\pi}{n} + i\sin\frac{\theta_0 + 2k\pi}{n}\right), \quad k = 0, 1, 2, \cdots, n-1 \tag{1.21}$$

을 갖는다.

위의 논의에서 $z_0^{\frac{1}{n}}$은 방정식 $z^n = z_0$의 해이다. 그러나 $z_0^{\frac{1}{n}}$은 방정식 $z^n = z_0$의 해 가운데 어떤 하나를 나타낸다기 보다는 방정식 $z^n = z_0$의 해집합을 의미하는 것으로 이해하기로 한다.

E3. 복소수 i의 제곱근 $(i)^{\frac{1}{2}}$의 모든 값, 즉 방정식 $z^2 = i$의 해집합을 찾기 위해 $z = r(\cos\theta + i\sin\theta)$로 놓으면

$$\begin{aligned} z^2 &= r^2(\cos 2\theta + i\sin 2\theta) \\ &= \cos\left(\frac{\pi}{2} + 2k\pi\right) + i\sin\left(\frac{\pi}{2} + 2k\pi\right) = i \quad (k = 0, 1) \end{aligned}$$

로부터 $r = 1$, $\theta = \frac{\pi}{4} + k\pi$ $(k = 0, 1)$를 얻는다. 따라서 $(i)^{\frac{1}{2}}$의 서로 다른 값은

$$\begin{aligned} \cos\frac{\pi}{4} + i\sin\frac{\pi}{4} &= \frac{1}{\sqrt{2}}(1+i) \quad (k = 0), \\ \cos\frac{5\pi}{4} + i\sin\frac{5\pi}{4} &= \frac{1}{\sqrt{2}}(-1-i) \quad (k = 1) \end{aligned}$$

이다.

앞의 식 (1.21)에서 $z_0 = 1$이면, 식 (1.21)은 n개의 서로 다른 값

$$z = \cos\frac{2k\pi}{n} + i\sin\frac{2k\pi}{n} \quad (k = 0, 1, 2, \cdots, n-1) \tag{1.22}$$

를 갖는다. 식 (1.22)는 기하학적으로 원점을 중심으로 하고 반지름이 1인 원에 내접하는 정 n각형의 꼭지점을 나타낸다. 위 식 (1.22)에서 $z^n = 1$의 연속하는 두 근의 편각의 차이는 항상 $\frac{2\pi}{n}$이다. 그러므로 식 (1.22)에서 $k = 1$일 때의 근을

$$\omega = \cos\frac{2\pi}{n} + i\sin\frac{2\pi}{n}$$

라 하면, $z^n = 1$의 서로 다른 n개의 해는 ω의 곱

$$\omega,\ \omega^2,\ \omega^3, \cdots, \omega^{n-1},\ \omega^n = \omega^0 = 1$$

으로 나타낼 수 있다.

E4. $z^4 = 1$은 네 개의 서로 다른 근을 가지며, 네개의 근은 원점을 중심으로 하고 반지름이 1인 원에 내접하는 정사각형의 꼭지점이다. $z = \cos\theta + i\sin\theta$라 하면,

$$z^4 = \cos 4\theta + i\sin 4\theta = \cos 2k\pi + i\sin 2k\pi = 1$$

로부터 서로 다른 네 개의 해

$$\cos\frac{2k\pi}{4} + i\sin\frac{2k\pi}{4} \quad (k = 0, 1, 2, 3)$$

을 구할 수 있다. $k = 1$일 때의 해를

$$\omega = \cos\frac{\pi}{2} + i\sin\frac{\pi}{2} = i$$

라 하면 방정식 $z^4 = 1$의 네 근은

$$\omega = \cos\frac{\pi}{2} + i\sin\frac{\pi}{2} = i, \qquad \omega^2 = \cos\pi + i\sin\pi = -1,$$
$$\omega^3 = \cos\frac{3\pi}{2} + i\sin\frac{3\pi}{2} = -i, \qquad \omega^4 = \cos 2\pi + i\sin 2\pi = 1 = \omega^0$$

이다.

[연습문제 4]

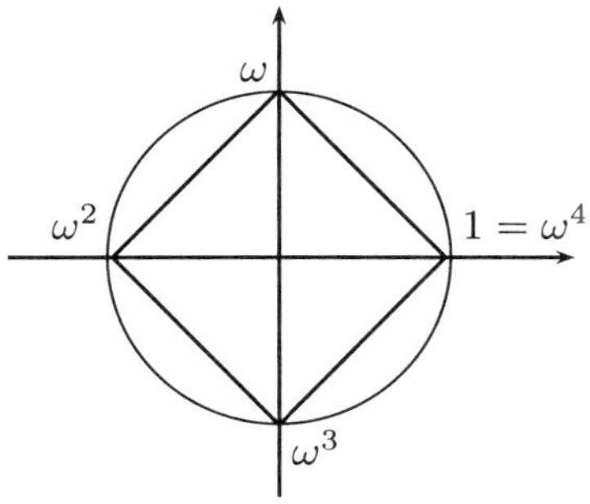

그림 1.4 $z^4 = 1$의 근

1. $z^8 = 1$의 해를 구하여라.

2. 드무아브르의 공식을 이용하여

$$\sin 3\theta = 3\cos^2\theta \sin\theta - \sin^3\theta$$

임을 설명하여라.

3. $\left(\frac{1}{\sqrt{2}} + \frac{i}{\sqrt{2}}\right)^{51}$을 $a+ib$의 형태로 나타내어라.

4. $z^n = 1$의 서로 다른 n개의 해의 합이 0임을 보여라.

5. 다음 방정식의 해를 모두 찾아라.

(1) $z^2 = 4+3i$ (2) $z^3 = -8i$ (3) $z^2 = \frac{1-i}{1+i}$

6. 다음 값을 모두 찾아라.

(1) $(-i)^{\frac{1}{2}}$ (2) $i^{\frac{1}{4}}$ (3) $(1+i)^{\frac{1}{2}}$ (4) $8^{\frac{1}{6}}$

7. 임의의 복소수 z에 대해 $w^2 = z$를 만족하는 복소수 w가 존재함을 보여라.

8. 등식

$$1 + z + z^2 + \cdots + z^n = \frac{1-z^{n+1}}{1-z} \quad (z \neq 1)$$

임을 보이고 이를 이용하여

$$\begin{aligned} &1 + \cos\theta + \cos 2\theta + \cdots + \cos n\theta \\ &= \frac{1}{2} + \frac{\sin[(2n+1)\theta/2]}{2\sin(\theta/2)} \quad (0 < \theta < 2\pi) \end{aligned} \tag{1.23}$$

임을 보여라. 식 (1.23)을 **라그랑제 삼각항등식**(Lagrange's trigonometric identity)이라고 한다.

5. 복소평면의 위상적 성질

이 절에서는 복소해석학을공부하는 데 필요한 기본적인 위상적(topological)인 개념을 기술한다. 앞에서 복소평면에서 두 점 $z_1 = x_1 + iy_1$, $z_2 = x_2 + iy_2$ 사이의 거리는

$$|z_1 - z_2| = \sqrt{(x_1 - x_2)^2 + (y_1 - y_2)^2} \tag{1.24}$$

로 약속하였다. 함수 $d : \mathbb{C} \times \mathbb{C} \to \mathbb{R}$을 식 (1.24)에서와 같이 $d(z_1, z_2) = |z_1 - z_2|$로 정의하면 d는 복소평면의 점 z_1, z_2, z_3에 대해

(a) $d(z_1, z_2) \geq 0$이고 $d(z_1, z_2) = 0 \iff z_1 = z_2$

(b) $d(z_1, z_2) = d(z_2, z_1)$

(c) $d(z_1, z_3) \leq d(z_1, z_2) + d(z_2, z_3)$

를 만족하므로 복소평면 $(\mathbb{C}, d)$는 **거리공간**(metric space)이다. 식 (1.24)로 주어진 복소평면에서의 **거리함수**(metric function) d는 통상거리공간(usual metric space) $\mathbb{R}^2$의 거리함수와 같다. 그러므로 거리공간으로서 복소평면의 위상적인 성질은 평면에서와 같다. 여기서는 복소평면의 위상적 성질의 증명은 대부분의 경우 생략하기로 한다. 복소평면의 위상적 성질에 관한 더 많은 내용과 증명은 위상수학교재를 참고하기 바란다.

실수 $\mathbb{R}$에서 한 점 x_0의 ϵ-근방 $|x - x_0| < \epsilon$ $(\epsilon > 0)$은 점 x_0로부터의 거리가 ϵ보다 가까운 점들의 집합, 즉 열린구간 $(x_0 - \epsilon,\ x_0 + \epsilon)$이었던 것처럼 복소평면에서 한 점 z_0의 **ϵ-근방**(ϵ-neighborhood)은 점 z_0로부터의 거리가 ϵ보다 가까운 점들의 집합 $|z - z_0| < \epsilon$ $(\epsilon > 0)$, 즉 점 z_0을 중심으로 하고 반지름이 ϵ인 원의 내부를 의미하며, $N(z_0, \epsilon)$으로 나타내고,

$$N(z_0, \epsilon) = \{z : |z - z_0| < \epsilon\}$$

이다. 집합 $E(\subset \mathbb{C})$가 **유계**(bounded)라 함은 $E \subset N(0, M)$를 만족하는 양의 실수 M이 존재하는 경우를 말한다.

■ **열린집합**. 집합 E의 한 점 z_0에 대해 $N(z_0, \epsilon) \subset E$인 $\epsilon > 0$이 존재하면 z_0을 E의 내점(interior point)이라고 한다. 집합 E의 모든 점이 E의 내점이면 집합 E를 **열린집합**(open set)이라고 한다. 다음은 열린집합의 예이다.

(a) 공집합 $\emptyset$
(b) 복소수 전체집합 $\mathbb{C}$
(c) 유한개 열린집합의 공통집합
(d) 임의의 열린집합들의 합집합

Q1. 복소평면에서 ϵ-근방 $N(z_0, \epsilon)$은 열린집합인가?

복소수 평면의 점 z_0를 뺀 z_0의 ϵ-근방(deleted ϵ-neighborhood of z_0)이란 z_0의 ϵ-근방에서 점 z_0을 뺀 집합

$$N(z_0, \epsilon)\backslash\{z_0\}, \text{ 또는 } 0 < |z - z_0| < \epsilon \tag{1.25}$$

을 말하고 기호로는 $N^d(z_0, \epsilon)$로 나타내기로 한다. 어떤 점 z_0가 양의 값을 갖는 각각의 ϵ에 대해 z_0를 뺀 z_0의 ϵ-근방이 E에 속하는 점을 포함하면, 다시 말해

$$N^d(z_0, \epsilon) \cap E \neq \emptyset, \quad \epsilon > 0$$

이면 z_0을 집합 E의 **극한점**(limit point) 또는 **집적점**(accumulation point)이라고 한다. 집합 E의 극한점이 E의 원소가 아닐 수도 있다.

Q2. 집합 $E = \{\frac{1}{n} : n \in \mathbb{N}\}$의 극한점은 무엇인가?

■ **닫힌집합**. 집합 E의 여집합 E^c가 열린집합일 때 E를 **닫힌집합**(clcsed set)이라고 한다. E가 닫힌집합이면 E^c는 열린집합이고, E가 열린집합이면 E^c는 닫힌집합이다. 집합 E가 열린집합이 아니라는 것이 E가 닫힌집합이라는 것을 의미하는 것은 아니다. $E = \{z : 1 < |z| \leq 2\}$는 열린집합도 닫힌집합도 아니다. 집합 E가 자신의 극한점을 모두 포함하면 E는 닫힌집합이다. 다음은 닫힌 집합의 예이다.

(a) 공집합 $\emptyset$

(b) 복소수 전체집합 $\mathbb{C}$
(c) 유한개 닫힌집합의 합집합
(d) 임의의 닫힌집합들의 공통집합

집합 E와 E의 극한점들의 집합의 합집합을 E의 **닫힘**(closure)이라고 하고 $\mathrm{cl}(E)$ 또는 $\overline{E}$로 나타낸다. $\mathrm{cl}(E)$는 E를 포함하는 닫힌집합 가운데 가장 작은 집합이다. 점 z_0의 모든 ϵ-근방이 집합 E에 속하는 점과 E에 속하지 않는 점을 각각 적어도 하나 포함하면, 즉

$$N(z_0, \epsilon) \cap E \neq \emptyset \text{이고 } N(z_0, \epsilon) \cap E^c \neq \emptyset, \quad \epsilon > 0$$

이면 점 z_0을 E의 **경계점**(boundary point)이라고 한다. E의 경계점들을 모두 모아 놓은 집합을 **경계집합**(boundary set)이라고 하고 기호로는 $\mathrm{bd}(E)$ 또는 ∂E로 나타낸다.

경계점의 포함 여부로 집합이 열린집합인가 닫힌집합인가를 판단할 수도 있다. 집합 $E \subset \mathbb{C}$가 E의 경계점을 한 점도 포함하지 않으면 집합 E는 열린집합이고 집합 E가 E의 경계점을 모두 포함하면 E는 닫힌 집합이다. 또 E가 자신의 경계점의 일부를 포함하지만 모두를 포함하지는 않으면 E는 열린집합도 닫힌집합도 아니다.

E1. 집합 $E = \{z : |z| < 1\}$에서 $|z| = 1$인 모든 점은 E의 경계점이고 경계집합은 $\mathrm{bd}(E) = \{z : |z| = 1\}$이다. 또 $\mathrm{bd}(E) \cap E = \emptyset$이므로 E는 열린집합이다.

■ **콤팩트집합**. S가 복소평면의 한 부분집합이고, 열린집합들의 모음 $\{O_\alpha\}$가 $S \subset \bigcup_\alpha O\alpha$ 이면, $\{O_\alpha\}$를 집합 S의 **열린 덮개**(open covering)라고 한다. $\{O_\alpha\}$가 S의 열린 덮개일 때, $\{O_\alpha\}$로부터

$$S \subset \bigcup_{k=1}^{n} O\alpha_k$$

를 만족하는 $O\alpha_1, O\alpha_2, \cdots, O\alpha_n$을 찾을 수 있으면 S를 **콤팩트집합**(compact set)이라고 한다. 이 때 $O\alpha_1, O\alpha_2, \cdots, O\alpha_n$을 S의 **유한 덮개**(finite subcover)라고 한다.

콤팩트집합은 함수해석학에서 중요한 개념 가운데 하나이다. 콤팩트집합 S에서 정의된 실숫값을 갖는 연속함수 $f : S \to \mathbb{R}$는 S에서 최댓값과 최솟값을 갖는다는 사실은 그 중요한 성질 가운데 하나이다. 다음은 콤팩트집합이 아닌 집합의 예이다.

E2. $S = \{z : |z| < 1\}$은 콤팩트집합이 아니다. 각각의 $n \in \mathbb{N}$에 대해 $O_n := \{z : |z| < 1 - \frac{1}{n+1}\}$이라 하면 O_n은 열린 집합이고 $S \subset \bigcup_{n=1}^{\infty} O_n$이므로 $\{O_n\}$은 S의 열린 덮개이다. 그러나 $n > m$이면 $O_m \subset O_n$이고, 어떤 열린집합 O_n도 S를 포함하지 못하므로 $\{O_n\}$으로부터 선택한 어떤 유한 개의 집합의 합집합도 S를 포함할 수 없다. 그러므로 S는 콤팩트집합이 아니다.

위의 콤팩트집합의 정의로부터 한 집합의 콤팩트집합 여부를 판단하는 것은 쉽지 않은 일이지만 다음의 정리는 복소평면에서 콤팩트집합 여부를 판정하는 데 효과적이다.

[정리 1.1] (하이네-보렐의 정리, Heine-Borel theorem) 복소평면의 부분집합 S가 유계인 닫힌 집합이면 S는 콤팩트집합이다.

위의 정리 1.1의 역 또한 성립한다. 즉 복소평면의 콤팩트집합 S는 유계이며 닫힌집합이다.

E3. 집합 $S_1 = \{z : |z| \leq 1\}$은 유계인 닫힌집합이므로 콤팩트집합이다. 그러나 집합 $S_2 = \{z : 0 \leq \mathrm{Re}\, z \leq 1\}$은 닫힌집합이지만 유계가 아니므로 콤팩트집합이 아니다. 또 집합 $S_3 = \{z : 0 < \mathrm{Re}\, z \leq 1,\ 0 < \mathrm{Im}\, z \leq 1\}$는 유계이지만 닫힌집합이 아니므로 콤팩트집합이 다니다.

■ **연결 집합**. 집합 E에 대해 다음 세 조건

(a) $U \cap V = \emptyset$,

(b) $E \subset U \cup V$,

(c) $E \cap U \neq \emptyset,\ E \cap V \neq \emptyset$

을 만족하는 공집합이 아닌 열린집합 U, V가 존재하지 않으면 E를 **연결된 집합**(connected set)이라 한다. 연결된 열린집합을 **영역**(domain)이라고 한다. 만일 집합 E가 영역이면 E 안의 임의의 두 점 z_1, z_2을 E 안에 놓이는 유한개의 선분(꺾은선, polygonal line)으로 연결할 수 있다.

[연습문제 5]

1. O_1, O_2가 복소평면의 열린집합일 때 $O_1 \bigcap O_2$가 열린집합임을 보여라.

2. C_1, C_2가 복소평면의 닫힌집합일 때 $C_1 \bigcup C_2$가 닫힌집합임을 보여라.

3. $O_n\ (n \in \mathbb{N})$이 열린집합일 때 $\bigcap_{n=1}^{\infty} O_n$은 열린집합인가?

4. $C_n\ (n \in \mathbb{N})$이 닫힌집합일 때 $\bigcup_{n=1}^{\infty} C_n$은 닫힌집합인가?

5. $\{O_\alpha\}$가 열린집합들의 모음일 때 $\bigcup\limits_{\alpha} O_\alpha$이 열린집합임을 보여라.

6. $\{C_\alpha\}$가 닫힌집합들의 모음일 때 $\bigcap\limits_{\alpha} C_\alpha$이 닫힌집합임을 보여라.

7. $\mathrm{bd}(E) \bigcap E = \emptyset$이면 E는 열린집합임을 보여라.

8. $\mathrm{bd}(E) \subset E$이면 E는 닫힌집합임을 보여라.

9. 연결된 열린집합(영역) E의 두 점 z_1, z_2는 E에 속하는 꺾은선으로 연결할 수 있음을 보여라.

10. 두 집합 A, B가 콤팩트집합일 때 집합 $A \bigcap B$, $A \bigcup B$이 콤팩트집합임을 보여라.

11. S가 공집합이 아닌 콤팩트집합이고 $z_0 \notin S$일 때 $\inf\limits_{z \in S} |z - z_0| > 0$임을 보여라.

12. $S_n\ (n \in \mathbb{N})$이 공집합이 아닌 콤팩트집합이고 모든 n에 대해 $S_{n+1} \subset S_n$이면, $\bigcap_{n=1}^{\infty} S_n \neq \emptyset$임을 보여라.

6. 복소수열

복소수열(complex sequence)은 자연수 집합에서 정의되고 복소수를 함숫값으로 갖는 함수 $f : \mathbb{N} \to \mathbb{C}$ 이다. 보통 $f(n) = z_n$으로 표시하며, 복소수열은 (z_n)으로 나타낸다. 복소수열 (z_n)이 z_0에 **수렴한다**(converge)는 것은 각각의 $\epsilon > 0$에 대해

$$n > N \text{ 이면 } |z_n - z_0| < \epsilon$$

을 만족하는 자연수 N이 존재함을 말한다. 수열 (z_n)이 z_0에 수렴한다는 것은 주어진 $\epsilon > 0$에 대해 $n > N$일 때 $z_n \in N(z_0, \epsilon)$ 을 만족하는 자연수 N이 존재한다는 것과 같은 의미이다. 복소수열 (z_n)이 z_0에 수렴하면, z_0를 수열 (z_n)의 **극한**(limit)이라 하고, 기호로는

$$\lim_{n\to\infty} z_n = z_0$$

로 나타낸다.

E1. $z_n = \frac{i}{n}$일 때 복소수열 (z_n)은 0으로 수렴한다. 주어진 $\epsilon > 0$에 대해 $N > \frac{1}{\epsilon}$인 자연수 N을 택하면 $n > N$일 때 z_n은 부등식

$$|z_n - 0| = \left|\frac{i}{n} - 0\right| = \frac{1}{n} < \frac{1}{N} < \epsilon$$

을 만족한다. 그러므로 $\lim_{n\to\infty} \frac{i}{n} = 0$이다.

E2. $z_n = i^n$일 때 수열 (z_n)은 수렴하지 않는다. (z_n)이 z_0에 수렴한다고 가정하면 $\epsilon = \frac{1}{2}$에 대해 $n > N$이면 $|z_n - z_0| < \epsilon$ 을 만족하는 자연수 N이 존재한다. 그러나 $n > N$일 때

$$\begin{aligned} |z_{4n} - z_{4n+2}| &= |1 - (-1)| = 2 \\ &\le |z_{4n} - z_0| + |z_0 - z_{4n+2}| < 2\epsilon = 1 \end{aligned}$$

이다. 그러므로 수열 (z_n)은 수렴하지 않는다.

■ **수렴하는 수열**. 복소수열의 수렴 여부는 복소수열 각 항의 실수부와 허수부에 의해 만들어지는 실수열의 수렴과 밀접한 관계가 있다.

[정리 1.2] $z_n = x_n + iy_n$일 때 복소수열 (z_n)이 $z_0 = x_0 + iy_0$에 수렴하기 위한 필요충분조건은 실수열 (x_n)이 x_0로, (y_n)이 y_0로 수렴하는 것이다.

(증명) 먼저 (z_n)이 $z_0 = x_0 + iy_0$로 수렴한다고 가정하고, $\epsilon > 0$이라 하자. 복소수열의 수렴의 정의로부터 $n > N$이면

$$\begin{aligned} |z_n - z_0| &= |(x_n + iy_n) - (x_0 + iy_0)| \\ &= |(x_n - x_0) + i(y_n - y_0)| < \epsilon \end{aligned} \tag{1.26}$$

인 자연수 N이 존재한다. 식 (1.26)으로부터 $n > N$일 때

$$|x_n - x_0| \leq |(x_n - x_0) + i(y_n - y_0)| < \epsilon,$$
$$|y_n - y_0| \leq |(x_n - x_0) + i(y_n - y_0)| < \epsilon$$

이므로 $\lim_{n\to\infty} x_n = x_0$, $\lim_{n\to\infty} y_n = y_0$이다.

반대로 (x_n)은 x_0로, (y_n)은 y_0로 수렴하고, ϵ은 임의로 주어진 양수라 하자. (x_n)이 x_0로 수렴하므로 $n \geq N_1$이면

$$|x_n - x_0| < \frac{\epsilon}{2} \tag{1.27}$$

인 N_1이 존재하고, 또 (y_n)이 y_0로 수렴하므로 $n \geq N_2$이면

$$|y_n - y_0| < \frac{\epsilon}{2} \tag{1.28}$$

인 N_2가 존재한다. 여기서 $N = \max\{N_1, N_2\}$라 하면 식 (1.27), (1.28)에 의해 $n \geq N$일 때

$$\begin{aligned} |z_n - z_0| &= |(x_n - x_0) + i(y_n - y_0)| \\ &\leq |x_n - x_0| + |y_n - y_0| \\ &< \frac{\epsilon}{2} + \frac{\epsilon}{2} < \epsilon \end{aligned}$$

이므로 $\lim_{n\to\infty} z_n = z_0$이다. □

Q1. $z_n = \frac{3}{n} - i$일 때 복소수열 (z_n)이 $-i$로 수렴함을 보여라.

■ **수렴정리.** 앞의 정리 1.2에서 본 것처럼 복소수열이 수렴하기 위한 필요충분 조건은 복소수열의 실수부와 허수부로부터 얻은 두 실수열이 모두 수렴하는 것이다. 그러므로 수렴하는 실수열이 갖는 많은 성질들이 수렴하는 복소수 수열에서도 유지된다. 예를 들어 수렴하는 복소수 수열의 극한은 실수열에서와 마찬가지로 유일하다. 또 복소수열에서도 다음의 극한정리가 성립한다.

[정리 1.3] (z_n), (w_n)을 복소수열, α와 β를 복소수라고 하자. 만약

$$\lim_{n\to\infty} z_n = z_0, \quad \lim_{n\to\infty} w_n = w_0$$

이면

(a) $\lim_{n\to\infty}(\alpha z_n \pm \beta w_n) = \alpha z_0 \pm \beta w_0$,

(b) $\lim_{n\to\infty} z_n w_n = z_0 w_0$,

(c) $\lim_{n\to\infty} \dfrac{z_n}{w_n} = \dfrac{z_0}{w_0} \qquad (w_n \neq 0,\ w_0 \neq 0)$

이다.

수열 (z_n)에 대해 $|z_n| \leq M \quad (n \in \mathbb{N})$ 인 $M > 0$이 존재하면 (z_n)을 **유계인 수열**(bounded sequence)이라고 한다. 수렴하는 수열은 유계인 수열이다.

E3. $z_n = \frac{n+1}{n} - i\frac{5}{n^2}$, $w_n = \frac{n+1}{n^2} - i\frac{n^2}{n+2}$일 때 (z_n)은 유계인 수열이지만, 수열 (w_n)은 유계가 아니다.

[정리 1.4] 수열 (z_n)이 수렴하면 (z_n)은 유계인 수열이다.

(증명) 만약 $\lim_{n\to\infty} z_n = z_0$이면, $n > N$인 모든 z_n에 대해 $z_n \in N(z_0, 1)$ 또는 $|z_n - z_0| < 1$인 자연수 N이 존재한다. 그러므로

$$M = \max\{|z_1|, |z_2|, \cdots, |z_N|, |z_0| + 1\}$$

라고 하면 모든 자연수 n에 대해 $|z_n| < M$이다. □

그러나 정리 1.4의 역은 성립하지 않는다. 수열 (i^n)은 유계인 수열이지만 앞의 **E2**에서 본 것처럼 수렴하지 않는다.

복소수열 (z_n)이 무한대로 발산한다는 것은 n이 충분히 크면 z_n이 무한대 근방에 놓이게 되는 것을 말한다. 이것을 좀 더 엄밀하게 말하면 주어진 $M > 0$에 대해 $n > N$이면 $|z_n| > M$을 만족하게 하는 자연수 N이 존재함을 의미하며 $\lim_{n\to\infty} z_n = \infty$로 나타낸다.

E4. $z_n = n+i$일 때 수열 (z_n)은 ∞로 발산한다. 주어진 $M > 0$에 대해 자연수 N를 $N > M$으로 선택하면 $n > N$일 때

$$|z_n| = |n+i| > n > N > M$$

이므로 $\lim_{n\to\infty} z_n = \infty$이다.

[연습문제 6]

1. 복소수를 원으로 갖는 집합이 유계이기 위한 필요충분조건은 각 원의 실수부와 허수부를 원으로 갖는 두 집합이 모두 유계임을 보여라.

2. 수열 (z_n)이 수렴하면 극한이 유일함을 보여라.

3. $z_n = 2 + i\frac{(-1)^n}{n}$일 때 $\lim_{n\to\infty} \operatorname{Arg} z_n = 0$임을 보여라.

4. $\lim_{n\to\infty} z_n = z_0$이면 $\lim_{n\to\infty} |z_n| = |z_0|$임을 보여라.

5. $z_n = \frac{\cos n + i\sin n}{n}$일 때 (z_n)은 수렴함을 보여라.

6. 영이 아닌 항으로 구성된 수열 (z_n)에 대해 다음을 보여라.

$$\lim_{n\to\infty} z_n = \infty \;\Leftrightarrow\; \lim_{n\to\infty} \frac{1}{z_n} = 0$$

7. 부분수열, 코시수열

수열 (z_n)의 **부분수열**(subsequence)은 수열 (z_n)의 항을 선택적으로 뽑아내어 순서를 유지하여 다시 배열한 새로운 수열을 말하며 (z_{n_k})로 나타낸다. 예를

들어 수열 $(i, 3i, 5i, \cdots)$, $(i, 4i, 7i, \cdots)$는 수열 $(i, 2i, 3i, 4i, 5i, 6i, \cdots)$의 부분수열이다. (z_{n_k})가 (z_n)의 부분수열일 때 (z_{n_k})의 k번째 항을 나타내는 수 n_k와 (z_n)의 k번째 항을 나타내는 수 k 사이에는 $k \leq n_k$의 관계가 있다.

[정리 1.5] 수열 (z_n)이 z_0로 수렴하면 부분수열 (z_{n_k})도 z_0로 수렴한다.

(증명) $\epsilon > 0$이라고 하자. (z_n)이 z_0로 수렴하므로 $k > N$이면 $z_k \in N(\epsilon, z_0)$인 자연수 N이 존재한다. 그런데 $k \leq n_k$이므로 $n_k \geq k > N$이면 $z_{n_k} \in N(\epsilon, z_0)$이다. 그러므로 $\lim_{k\to\infty} z_{n_k} = z_0$이다. □

실수열 (x_n)이 수렴하지 않는 경우에도 (x_n)이 유계이면 수열 (x_n)은 수렴하는 부분수열을 포함한다. 이것은 복소수열에서도 마찬가지이다.

[정리 1.6] (볼자노-바이어스트라스 정리, Bolzano-Weierstrass theorem) 유계인 복소수열 (z_n)은 수렴하는 부분수열을 포함한다.

(증명) (z_n)이 유계이므로 $|z_n| \leq M$인 M이 존재한다. $z_n = x_n + iy_n$이라 하면 $|x_n| \leq M$, $|y_n| \leq M$이다. 그러므로 실수열 (x_n)은 유계이고 수렴하는 부분수열 (x_{n_k})를 갖는다. 이에 대응하는 (y_n)의 부분수열을 (y_{n_k})라고 하면, (y_{n_k})도 유계인 수열이므로 수렴하는 부분수열 $(y_{n_{k_l}})$을 갖는다. 또 $(x_{n_{k_l}})$은 수렴하는 수열 (x_{n_k})의 부분수열이므로 수렴한다. 그러므로

$$z_{n_{k_l}} = x_{n_{k_l}} + iy_{n_{k_l}}$$

이라 하면 정리 1.2에 의해 $(z_{n_{k_l}})$은 (z_n)의 수렴하는 부분수열이다. □

■ **코시수열**. 수열 (z_n)이 z_0에 수렴하면 (z_n)의 항 가운데 많아야 유한개를 뺀 나머지는 모두 z_0에 가깝게 놓여있다. 그렇다면 유한개를 뺀 나머지 항들이 모두 서로 가깝게 놓여있는 수열은 수렴할까? 유한개의 항을 제외한 나머지 항들이 모두 가까이 놓여 있는 수열을 코시수열이라고 한다.

수열 (z_n)에 대해 $\epsilon > 0$일 때 $n > m \geq N$이면

$$|z_n - z_m| < \epsilon$$

을 만족하는 자연수 N이 존재하면, (z_n)을 **코시수열**(Cauchy sequence)이라 한다.

Q1. $z_n = \frac{1+i}{n}$일 때 (z_n)은 코시수열인가?

[정리 1.7] 수열 (z_n)이 수렴하면 (z_n)은 코시수열이고, (z_n)이 코시수열이면 (z_n)은 수렴한다.

(증명) 먼저 (z_n)이 z_0에 수렴하고 $\epsilon > 0$이 주어졌다고 가정하면 $m, n > N$일 때

$$|z_m - z_0| < \frac{\epsilon}{2}, \quad |z_n - z_0| < \frac{\epsilon}{2}$$

을 만족하는 자연수 N을 찾을 수 있다. 그러므로 삼각부등식에 의해 $m, n > N$이면

$$|z_m - z_n| \leq |z_m - z_0| + |z_n - z_0| < \epsilon$$

이다. 즉 수렴하는 수열 (z_n)은 코시수열이다.

이제 (z_n)이 코시수열이라고 가정하자. 그러면 적절한 자연수 N_0가 존재하여 $n > N_0$이면 $|z_n - z_{N_0}| < 1$을 만족한다. 다시말해 $n > N_0$이면 $|z_n| < |z_{N_0}| + 1$이므로 코시수열 (z_n)은 유계인 수열이다. 따라서 정리 1.6에 의해 수렴하는 부분수열 (z_{n_k})가 존재한다. 이 부분수열이 z_0로 수렴한다고 하고 양의 값을 갖는 ϵ이 주어졌다고 하자. (z_n)이 코시수열이고 (z_{n_k})가 z_0으로 수렴하기 때문에 $n_k, n > N$이면

$$|z_n - z_{n_k}| < \frac{\epsilon}{2}, \quad |z_{n_k} - z_0| < \frac{\epsilon}{2}$$

을 만족하는 자연수 N이 존재한다. 그러므로 $n_k > N$인 자연수 n_k를 고정하면 $n > N$일 때 부등식

$$|z_n - z_0| \leq |z_n - z_{n_k}| + |z_{n_k} - z_0| < \epsilon$$

이 성립한다. 따라서 수열 (z_n)은 z_0에 수렴한다. □

Q2. 유계인 수열 (z_n)은 코시수열인 부분수열을 갖는가?

코시수열과 관련된 정리 1.7은 수열의 수렴여부를 판단하는데 이용될 수 있지만 수렴할 경우 그 극한값에 대한 정보는 주지 않는다.

[연습문제 7]

1. (z_n)이 유계가 아닌 복소수열이면 (z_n)은 무한대로 발산하는 부분수열을 포함하는가?

2. z_n이 아래와 같을 때 수열 (z_n)이 코시수열인가를 판단하고 그 이유를 설명하여라.

(1) $z_n = \left(\dfrac{1+i}{2}\right)^n$ (2) $z_n = \left(\dfrac{1-2i}{\sqrt{2}}\right)^n$

3. (z_n)이 유계인 수열이고 (z_{n_k}), (z_{n_j})가 수렴하는 부분수열일 때 $\lim\limits_{k\to\infty} z_{n_k} = \lim\limits_{j\to\infty} z_{n_j}$인가?

4. 각각의 자연수 n으로 수렴하는 수열을 부분수열로 갖는 수열 (z_n)이 존재하는가?

5. (z_n)이 복소수열이고 주어진 $\epsilon > 0$에 대해 $n > N$이면 $|z_{n+1} - z_n| < \epsilon$을 만족하는 자연수 N이 존재한다고 하자. 수열 (z_n)은 코시수열인가?

8. 복소함수와 극한

복소평면의 부분집합 D에서 정의되고 복소수를 함숫값으로 갖는 함수

$$f : D \to \mathbb{C}$$

를 복소함수(complex function, complex valued function)라고 한다. f가 복소평면의 부분집합 D에서 정의된 복소함수일 때 $f(z)$의 실수부와 허수부는 보통

$$\operatorname{Re} f(z) := u(x,y), \quad \operatorname{Im} f(z) := v(x,y) \qquad (z = x+iy)$$

로 나타낸다. 여기서 u, v는 실수를 함숫값으로 갖는 함수이다. 따라서 복소평면의 한 집합에서 정의된 복소함수는

$$f(z) := u(x, y) + iv(x, y)$$

로 나타낼 수 있다. 복소함수의 정의역을 포함하는 평면을 z-평면, 치역을 포함하는 평면을 w-평면이라고 부르기도 한다.

E1. 복소평면 $\mathbb{C}$에서 정의된 함수 $f(z) = z^2$은

$$f(z) = (x + iy)^2 = x^2 - y^2 + i(2xy)$$

로 쓸 수 있으므로 $f(z)$는 실수부와 허수부가 차례로

$$u(x, y) = x^2 - y^2, \quad v(x, y) = 2xy$$

인 복소함수이다.

Q1. 함수 $f(z) = e^{iz}$의 실수부와 허수부는?

■ **함수의 극한**. 앞의 논의와 **E**1에서 짐작할 수 있는 것처럼 극한, 연속 등의 복소함수의 기본적인 성질은 실수부와 허수부를 이루는 실숫값을 갖는 두 함수 u, $v : D(\subset \mathbb{R}^2) \to \mathbb{R}$의 성질과 관계가 있다.

먼저 복소함수의 극한에 대해 알아 보자. 복소평면에서 복소함수의 극한은 평면 $\mathbb{R}^2$에서 함수의 극한과 같은 개념으로 정의한다. $D(\subset \mathbb{C})$에서 정의된 복소함수 $f(z)$가 $z_0 \in \overline{D}$에서 극한값을 갖는다는 것은 주어진 $\epsilon > 0$에 대해

$$z \in D,\ 0 < |z - z_0| < \delta \text{ 이면 } |f(z) - A| < \epsilon \tag{1.29}$$

를 만족하는 복소수 A와 양의 실수 δ가 존재할 때를 말하고, 이것를

$$\lim_{z \to z_0} f(z) = A$$

로 나타낸다.

앞의 극한의 정의에서 $z_0 \in \overline{D}$이므로 함수 f가 반드시 z_0에서 정의 되어야 할 필요는 없다. 그러나 점 z는 함수 f의 정의역에 속한 점, 즉 $z \in D = \text{dom}(f)$

인 점에 대해서만 고려한다. 극한과 관련된 논의에서 식 (1.29)의 조건 $z \in D = \mathrm{dom}(f)$는 당연한 요구로 간주하여 특별한 경우가 아니면 기술하지 않을 수도 있다.

E2. $f(z) = z^2$일 때 극한 $\lim_{z\to i} f(z)$를 구해보자. 주어진 $\epsilon > 0$에 대해 $\delta = \min\{1, \frac{\epsilon}{3}\}$로 택하자. 점 z가 $|z-i| < \delta$를 만족하면 $|z| < 1+\delta < 2$이므로

$$|z^2 - (-1)| = |z+i||z-i| \le (|z|+1)|z-i| < 3\delta \le \epsilon$$

이므로 $\lim_{z\to i} f(z) = -1$ 이다.

앞에서 말한 것처럼 복소함수의 극한은 두 개의 변수를 갖는 실함수의 극한과 연관지어 설명할 수 있다. 다음 복소함수의 극한에 관한 정리는 복소함수의 연속을 설명하는 데에도 유효하다.

[정리 1.8] $f(z) = u(x,y) + iv(x,y)$, $z_0 = x_0 + iy_0$, $w_0 = u_0 + iv_0$라고 할 때

$$\lim_{z\to z_0} f(z) = w_0 \tag{1.30}$$

이기 위한 필요충분조건은

$$\lim_{(x,y)\to(x_0,y_0)} u(x,y) = u_0, \quad \lim_{(x,y)\to(x_0,y_0)} v(x,y) = v_0 \tag{1.31}$$

이다.

(증명) 먼저 식 (1.30)이 성립한다고 가정하면, 임의의 $\epsilon > 0$에 대해서

$$0 < |z - z_0| = |(x+iy) - (x_0+iy_0)| < \delta$$

이면

$$|f(z) - w_0| = |(u+iv) - (u_0+iv_0)| < \epsilon \tag{1.32}$$

을 만족하는 δ가 존재한다. 그런데

$$|z - z_0| = |(x+iy) - (x_0+iy_0)| = \sqrt{(x-x_0)^2 + (y-y_0)^2}$$

이고,

$$|u-u_0| \le |(u+iv)-(u_0+iv_0)|, \quad |v-v_0| \le |(u+iv)-(u_0+iv_0)| \quad (1.33)$$

이다. 따라서

$$0 < \sqrt{(x-x_0)^2+(y-y_0)^2} < \delta$$

이면

$$|u-u_0| < \epsilon, \quad |v-v_0| < \epsilon$$

이므로 식 (1.31)이 성립한다.

반대로 식 (1.31)이 성립하면 주어진 $\epsilon > 0$에 대해 양수 δ_1, δ_2가 존재하여

$$0 < \sqrt{(x-x_0)^2+(y-y_0)^2} < \delta_1 \text{이면 } |u-u_0| < \frac{\epsilon}{2}, \quad (1.34)$$

$$0 < \sqrt{(x-x_0)^2+(y-y_0)^2} < \delta_2 \text{이면 } |v-v_0| < \frac{\epsilon}{2} \quad (1.35)$$

를 만족한다. 여기서 $\delta = \min\{\delta_1, \delta_2\}$라 하면,

$$0 < |z-z_0| = \sqrt{(x-x_0)^2+(y-y_0)^2} < \delta$$

이면 식 (1.34), (1.35)에 의해

$$|f(z)-w_0| = |(u+iv)-(u_0+iv_0)| < |u-u_0| + |v-v_0| < \epsilon$$

이다. 그러므로 식 (1.30)이 성립한다. □

위의 정리 1.8에서 본 것처럼 복소함수의 극한은 두 개의 변수를 갖는 실함수의 극한으로 나타낼 수 있으므로 복소함수에서도 실함수에서와 같은 극한정리를 얻을 수 있다.

[정리 1.9] 함수 f, g가 z_0에서 극한값 $\lim_{z\to z_0} f(z) = a_0$, $\lim_{z\to z_0} g(z) = b_0$ 를 가지면,

(a) $\lim_{z\to z_0}[f(z)+g(z)] = \lim_{z\to z_0} f(z) + \lim_{z\to z_0} g(z) = a_0 + b_0$,

(b) $\lim_{z\to z_0}[f(z)g(z)] = \lim_{z\to z_0} f(z) \lim_{z\to z_0} g(z) = a_0 b_0$

(c) $\lim_{z\to z_0} \dfrac{f(z)}{g(z)} = \dfrac{\lim_{z\to z_0} f(z)}{\lim_{z\to z_0} g(z)} = \dfrac{a_0}{b_0} \quad (b_0 \neq 0)$

이다.

■ **무한대에서 극한.** 극한은 $|z|$가 무한히 커질 때에도 정의할 수 있다. $|z|$가 무한히 커지는 것은 $\frac{1}{z}$이 0에 가까이 접근하는 것과 같은 의미이드로, 극한 $\lim_{z\to\infty} f(z) = A$는 주어진 $\epsilon > 0$에 대해

$$\left|\frac{1}{z}\right| < \delta \text{ 이면 } |f(z) - A| < \epsilon \tag{1.36}$$

를 만족하는 $\delta(>0)$가 존재함을 의미한다. 위의 식 (1.36)에서 $R = \frac{1}{\delta}$로 놓으면 극한 $\lim_{z\to\infty} f(z) = A$이기 위해서는 주어진 $\epsilon > 0$에 대해

$$|z| > R \text{ 이면 } |f(z) - A| < \epsilon \tag{1.37}$$

를 만족하는 $R > 0$이 존재하면 된다. 즉 앞의 두 식 (1.36), (1.37)는 같은 의미이다.

점 z가 z_0에 한없이 가까워짐에 따라 $|f(z)|$가 무한히 커지면 $f(z)$는 무한대로 발산한다고 하고 기호로는 $\lim_{z\to z_0} f(z) = \infty$로 나타낸다. 이것은 $\lim_{z\to z_0} \dfrac{1}{f(z)} = 0$와 같은 의미이므로, 주어진 $\epsilon > 0$에 대해

$$0 < |z - z_0| < \delta \text{ 이면 } \left|\frac{1}{f(z)}\right| < \epsilon$$

를 만족하는 $\delta > 0$가 존재하는 경우를 말한다. 또는 주어진 $M(= \frac{1}{\epsilon} > 0)$에 대해

$$0 < |z - z_0| < \delta \text{ 이면 } |f(z)| > M$$

를 만족하는 $\delta > 0$가 존재한다는 것과 같은 의미이다.

E3. $f(z) = \frac{1}{z}$일 때 $\lim_{z\to 0} f(z) = \infty$이다. 임의로 주어진 $M > 0$에 대해 δ를 $\frac{1}{M}$으로 택하면 $0 < |z| < \delta$에 대해

$$\left|\frac{1}{z}\right| = \frac{1}{|z|} > \frac{1}{\delta} = M$$

이다. 따라서 $\lim_{z\to 0} f(z) = \infty$이다.

또 $|z|$가 무한히 커질 때 $|f(z)|$도 무한히 커지면 $\lim_{z\to\infty} f(z) = \infty$로 나타낸다. 이것을 엄밀히 나타내면 임의의 $M > 0$에 대해

$$|z| > R \text{ 이면 } |f(z)| > M$$

인 $R > 0$이 존재하는 것이다.

E4. $f(z) = z^2$은 주어진 $M > 0$에 대해 $R > \sqrt{M}$으로 택하면 $|z| > R$이면

$$|f(z)| = |z^2| > R^2 > M$$

이므로 $\lim_{z \to \infty} z^2 = \infty$이다.

■ **극한의 존재 조건**. 실수의 한 열린집합을 정의역으로 갖는 함수가 정의역 안의 한 점 x_0에서 극한 $\lim_{x \to x_0} f(x)$이 존재하기 위한 필요충분조건은 좌극한 $\lim_{x \to x_0^-} f(x)$, 우극한 $\lim_{x \to x_0^+} f(x)$이 모두 존재하고 그 극한값이 같아야 하는 것이다. 복소평면에서의 극한 $\lim_{z \to z_0} f(z)$이 존재하기 위해서는 z가 z_0근방에서 어떤 경로로 z_0에 접근하든 극한값이 존재하고 모든 경우의 극한값이 같아야 한다. 만일 z가 z_0근방에서 z_0에 접근하는 경로 가운데 극한값을 갖지 않는 경로가 있거나, 극한값이 존재하지만 극한값이 서로 다른 두 경로가 있다면 극한 $\lim_{z \to z_0} f(z)$는 존재하지 않는 것이다.

E5. $z(\neq 0)$에서 $f(z) = f(x+iy) = \frac{x^2y^2}{(x+y^2)^3}$로 정의된 함수는 z가 직선 $y = 2x$를 따라 0에 접근하면

$$\lim_{x \to 0} f(x+2xi) = \lim_{x \to 0} \frac{4x^4}{(x+4x^2)^3} = \lim_{x \to 0} \frac{4x}{(1+4x)^3} = 0$$

이고, 곡선 $x = y^2$를 따라 0에 접근하면

$$\lim_{y \to 0} f(y^2+iy) = \lim_{y \to 0} \frac{y^6}{(y^2+y^2)^3} = \lim_{y \to 0} \frac{y^6}{8y^6} = \frac{1}{8}$$

이므로, 0에 접근하는 경로에 따라 다른 극한값을 갖는다. 그러므로 극한 $\lim_{z \to 0} f(z)$는 존재하지 않는다.

[연습문제 8]

1. 아래의 식이 성립함을 보여라.

(1) $\lim_{z\to z_0} \operatorname{Im} z = \operatorname{Im} z_0$ (2) $\lim_{z\to z_0} \bar{z} = \overline{z_0}$

(3) $\lim_{z\to 0} |z| = 0$ (4) $\lim_{z\to 0} \dfrac{\bar{z}^2}{z} = 0$

2. $\lim_{z\to z_0} f(z) = w_0$이면, $\lim_{z\to z_0} |f(z)| = |w_0|$임을 보여라.

3. 다음을 보여라.

(1) $\lim_{z\to\infty} \dfrac{8z^2}{(2z-i)^2} = 2$ (2) $\lim_{z\to i} \dfrac{3}{z-i} = \infty$ (3) $\lim_{z\to\infty} \dfrac{z^2-i}{z+1} = \infty$

4. 다음 극한을 구하여라.

(1) $\lim_{z\to i} \dfrac{1}{z-i}$ (2) $\lim_{z\to\infty} \dfrac{z^2-z+2i}{iz^2+4}$ (3) $\lim_{z\to\infty} \dfrac{z^2}{\bar{z}}$

5. 극한 $\lim_{z\to 0} \left(\dfrac{\bar{z}}{z}\right)^2$의 존재 여부를 판단하여라.

9. 복소함수의 연속

복소평면의 한 영역 D에서 정의된 복소함수 f가 한 점 $z_0(\in D)$에서 연속이라 하는 것은 극한 $\lim_{z\to z_0} f(z)$가 존재하고

$$\lim_{z\to z_0} f(z) = f(z_0)$$

일 때를 말한다. 이것은 앞의 8절에서 공부한 함수의 극한을 이용하여 다음과 같이 쓸 수 있다. f를 영역 D에서 정의된 복소함수라고 하자. 점 $z_0(\in D)$에서, 주어진 $\epsilon > 0$에 대해

$$|z - z_0| < \delta \text{ 이면 } |f(z) - f(z_0)| < \epsilon$$

을 만족하는 $\delta = \delta(\epsilon, z_0) > 0$가 존재하면, 함수 f는 z_0에서 **연속**(continuous)이라고 한다.

위의 정의로부터 함수 f가 z_0에서 연속이라는 것은 임의로 주어진 $\epsilon > 0$에 대해

$$f(D \cap N(z_0, \delta)) \subset N(f(z_0), \epsilon)$$

을 만족하는 $\delta > 0$를 찾을 수 있다는 것과 같은 의미임을 알 수 있다.(그림 1.5 참고) 함수 f가 정의역 D의 모든 점에서 연속이면 f를 D에서 연속, 또는 **연속함수**(continuous function)라고 한다.

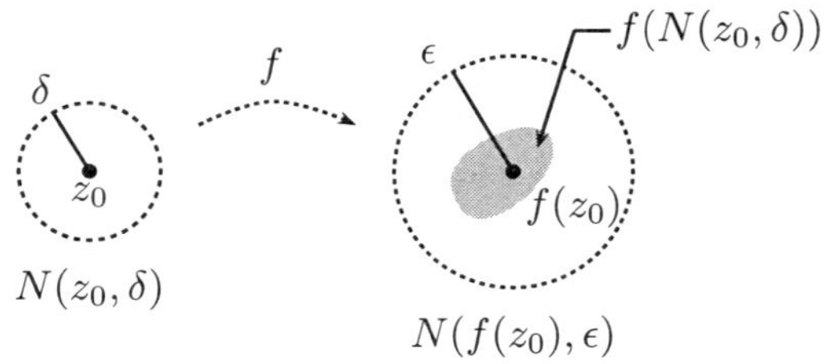

그림 1.5

E1. 복소평면에서 $f(z) = \begin{cases} z^3, & z \neq 1 \\ 0, & z = 1 \end{cases}$ 로 정의된 함수는 극한 $\lim_{z \to 1} f(z)$이 존재하지만

$$\lim_{z \to 1} f(z) = 1 \neq f(1)$$

이므로 $z = 1$에서 연속이 아니다.

E2. $f(z)$가 점 z_0에서 연속이면 $\overline{f(z)}$도 점 z_0에서 연속이다. $\epsilon > 0$이라 하면 $f(z)$가 z_0에서 연속이므로 $|z - z_0| < \delta$이면 $|f(z) - f(z_0)| < \epsilon$인 $\delta > 0$가 존재한다. 그런데 켤레복소수의 성질로부터

$$|\,\overline{f(z)} - \overline{f(z_0)}\,| = |\,\overline{f(z) - f(z_0)}\,| = |f(z) - f(z_0)|$$

이므로, $|z - z_0| < \delta$이면 $|\,\overline{f(z)} - \overline{f(z_0)}\,| < \epsilon$이다. 그러므로 $\overline{f(z)}$도 점 z_0에서 연속이다. 또 $\lim_{z \to z_0} f(z) = f(z_0)$이면 $\lim_{z \to z_0} \overline{f(z)} = \overline{f(z_0)}$ 이다.

함수 $f(z) = u(x, y) + iv(x, y)$가 $z_0 = x_0 + iy_0$에서 연속이면 즉,

$$\lim_{z \to z_0} f(z) = f(z_0)$$

이면, 앞 절의 정리 1.8에 의해

$$\lim_{(x,y)\to(x_0,y_0)} u(x,y) = u(x_0,y_0), \qquad \lim_{(x,y)\to(x_0,y_0)} v(x,y) = v(x_0,y_0)$$

이다. 위의 역 또한 사실임을 알고 있다. 그러므로 함수 $f(z) = u(x,y)+iv(x,y)$가 $z_0 = x_0+iy_0$에서 연속이기 위한 필요충분조건은 u, v가 (x_0,y_0)에서 연속인 것이다.

Q1. $f(z) = u(x,y)+iv(x,y)$를 영역 D에서 연속이고 $f(z) \neq 0$인 함수라고 하자. 함수 $\frac{1}{f(z)}$의 실수부와 허수부는 무엇인가? 함수 $\frac{1}{f(z)}$는 D에서 연속인 함수인가?

■ **연속함수**. 다음의 정리는 연속인 함수와 수렴하는 수열 사이의 관계를 보여준다. z-평면의 수렴하는 수열 (z_n)의 연속인 함수 f에 의한 상 $(f(z_n))$은 w-평면에서 수렴하는 수열이다.

[정리 1.10] 함수 f가 영역 D에서 정의되었고, $z_0 \in D$라고 하자. 함수 f가 z_0에서 연속일 필요충분조건은, D의 수열 (z_n)이 z_0에 수렴하면 수열 $(f(z_n))$은 $f(z_0)$에 수렴하는 것이다.

(증명) 먼저 함수 f가 z_0에서 연속이라고 가정하면 주어진 $\epsilon > 0$에 대해

$$|z - z_0| < \delta \;\; \text{이면} \;\; |f(z) - f(z_0)| < \epsilon \tag{1.38}$$

을 만족하는 $\delta > 0$가 존재한다. 이제 (z_n)을 z_0에 수렴하는 수열이라고 하면, $n > N$이면 $|z_n - z_0| < \delta$인 자연수 N이 존재한다. $n > N$이면 $|z_n - z_0| < \delta$이므로 식 (1.38)에 의해 $|f(z_n) - f(z_0)| < \epsilon$이다. 이는 수열 $(f(z_n))$이 $f(z_0)$에 수렴함을 의미한다.

다른 방향의 증명을 위해 $f(z)$가 z_0에서 연속이 아니라고 가정해 보자. 그러면 연속의 정의에 의해 z_0의 어떤 근방 $N(z_0,\delta)$, $\delta > 0$에 대해서도

$$f(D \cap N(z_0,\delta)) \not\subset N(f(z_0),\epsilon_0)$$

인 $\epsilon_0 > 0$이 존재한다. 이는 각각의 자연수 n에 대해 $z_n \in D \cap N(z_0,\frac{1}{n})$이지만, $f(z_n) \notin N(f(z_0),\epsilon_0)$인 수열 (z_n)을 선택할 수 있음을 말한다. 이

수열 (z_n)은 z_0에 수렴하지만 $(f(z_n))$은 $f(z_0)$에 수렴하지 않는다. 이것은 (z_n)이 z_0에 수렴하면 $(f(z_n))$은 $f(z_0)$에 수렴한다는 가정에 모순이다. 그러므로 f는 z_0에서 연속인 함수이다. □

만일 두 함수 f, g가 점 z_0에서 연속이라면, z_0에 수렴하는 수열 (z_n)에 대해

$$\lim_{n\to\infty} f(z_n) = f(z_0), \quad \lim_{n\to\infty} g(z_n) = g(z_0)$$

이다. 그러므로 극한정리에 의해

$$\lim_{n\to\infty} [f(z_n) + g(z_n)] = f(z_0) + g(z_0)$$

을 얻는다. 이것은 앞의 정리 1.10에 따라 함수 $f+g$가 z_0에서 연속임을 말한다. 위와 비슷한 논의로부터 다음의 정리를 얻을 수 있다.

[정리 1.11] 함수 $f, g : A \to \mathbb{C}$가 $z_0 \in A$에서 연속일 때

(a) α, β가 상수이면 $\alpha f + \beta g,\ fg,$

(b) $g(z_0) \neq 0$이면 $\frac{f}{g},$

(c) $h : B \to \mathbb{C}$가 $f(z_0) \in B$에서 연속이면 $h \circ f : A \to \mathbb{C}$

는 z_0에서 연속인 함수이다

위의 정리에 따라 $f : A \to \mathbb{C}$와 $h : B \to \mathbb{C}$가 연속함수이고 $f(A) \subset B$이면 합성함수 $h \circ f : A \to \mathbb{C}$는 A에서 연속인 함수이다.

Q2. $f(z)$가 연속함수이면 다음 함수도 연속함수인가? 위의 정리를 이용하여 설명하여라.

(1) $\text{Re}f(z) = \dfrac{f(z) + \overline{f(z)}}{2}$

(2) $\text{Im}f(z) = \dfrac{f(z) - \overline{f(z)}}{2i}$

(3) $|f(z)| = \left(f(z)\overline{f(z)}\right)^{\frac{1}{2}}$

연속함수의 정의로부터 연속함수는 다음의 성질을 가짐을 알 수 있다.

[정리 1.12] 함수 f가 z_0에서 연속이고 $f(z_0) \neq 0$이면, z_0의 적절한 δ 근방 $N(z_0, \delta)$의 모든 점 z에서 $f(z) \neq 0$이다.

(증명) $f(z)$가 z_0에서 연속이므로 $\epsilon = \frac{|f(z_0)|}{2} > 0$에 대해 $|z - z_0| < \delta$인 모든 z에 대해

$$|f(z) - f(z_0)| < \epsilon = \frac{|f(z_0)|}{2}$$

를 만족하는 $\delta > 0$가 존재한다. 따라서 z_0의 δ 근방의 모든 점 z에서

$$|f(z)| > \frac{|f(z_0)|}{2} > 0$$

이므로 $f(z) \neq 0$이다. □

■ **연속함수와 콤팩트집합.** 함수 $f : A \to \mathbb{C}$가 연속일 때, 집합 A가 갖는 성질 가운데 집합 $f(A)$에서도 유지되는 성질에는 어떤 것이 있을까? 앞의 정리 1.10에 따르면 수열 (z_n)이 A에서 수렴하면, 수열 $(f(z_n))$도 $f(A)$에서 수렴한다. 그러나 집합 A가 열린(닫힌)집합이라해도 $f(A)$가 열린(닫힌)집합일 필요는 없다. 또 집합 A가 유계인 집합이라해도 집합 $f(A)$는 유계가 아닐 수도 있다. 그러나 집합 A가 유계인 닫힌집합이고 $f(z)$가 연속함수이면, $f(A)$도 유계이며 닫힌집합이다. 다음 정리들의 증명은 해석학 또는 위상수학 교재에서 찾을 수 있다.

[정리 1.13] 함수 $f : D \to \mathbb{C}$가 연속함수이고 $K \subset D$가 콤팩트집합이면 $f(K) \subset \mathbb{C}$도 콤팩트집합이다.

$|f(z)|$가 K에서 최댓값과 최솟값을 갖는다는 것은 모든 $z \in K$에 대해

$$|f(z_M)| \geq |f(z)|, \quad |f(z_m)| \leq |f(z)|$$

인 점 z_M, z_m이 집합 K안에 존재한다는 의미이다. 이 때 $|f(z_M)|$을 최댓값, $|f(z_m)|$을 최솟값이라고 한다.

[정리 1.14] $K(\subset \mathbb{C})$가 콤팩트집합이고, $f : K \to \mathbb{C}$가 연속함수이면, $|f(z)|$는 집합 K 안에서 최댓값과 최솟값을 갖는다.

Q3. $K \subset \mathbb{C}$가 콤팩트집합이고, $f : K \to \mathbb{C}$가 연속함수이면

$$\min\{|f(z)| : z \in K\} = \inf\{|f(z)| : z \in K\},$$
$$\max\{|f(z)| : z \in K\} = \sup\{|f(z)| : z \in K\}$$

임을 설명하여라.

■ **균등연속**. f가 연속함수이면 정의역 안의 각각의 점 z_0에서 연속이므로, 연속의 정의를 만족하는 $\delta > 0$의 선택은 ϵ뿐만 아니라 점 z_0에도 의존함을 알 수 있다. 즉 $\delta = \delta(\epsilon, z)$이다. 주어진 $\epsilon > 0$에 대해 연속의 정의를 만족하는 $\delta > 0$의 선택이 점 z_0에 의존하지 않는, 즉 $\delta = \delta(\epsilon)$인 함수를 **균등연속함수**(uniformly continuous function)라고 한다. 이를 엄밀히 표현하면, 함수 $f(z)$가 정의역 D에서 **균등연속**(uniformly continuous)이라 함은, 각각의 $\epsilon > 0$에 대해

$$|z_1 - z_2| < \delta\text{인 모든 } z_1,\ z_2 \in D\text{에 대해 } |f(z_2) - f(z_1)| < \epsilon$$

을 만족하는 $\delta > 0$가 존재함을 의미한다. 균등연속인 함수는 연속함수이지만 연속함수가 모두 균등연속인 것은 아니다. 그러나 콤팩트집합에서 연속인 함수는 균등연속함수이다.

[정리 1.15] $K(\subset \mathbb{C})$가 콤팩트집합이고, 함수 $f : K \to \mathbb{C}$가 연속이면, f는 K에서 균등연속인 함수이다.

함수 $f(z) = z^2$은 복소평면에서 연속인 함수이지만 균등연속인 함수는 아니다. 그러나 $f(z)$는 콤팩트집합 $\{z : |z| \le M\}$ $(M > 0)$에서 균등연속인 함수이다.

[연습문제 9]

1. 다음 함수의 $z = 0$에서의 연속 여부를 판단하여라.

(1) $f(z) = |z|$ (2) $f(z) = \dfrac{\overline{z}}{z}$ (3) $f(z) = \dfrac{\operatorname{Re} z}{z}$ $(z \neq 0)$, $f(0) = 1$

2. $f : \mathbb{C} \to \mathbb{C}$가 연속함수일 때 V가 열린집합이면 $f(V)$도 열린집합인가?

3. f가 유계인 집합 D에서 연속인함수이면 $f(D)$는 유계인가?

4. $f(z)$가 연속함수이면 $|f(z)|$도 연속함수임을 보여라.

5. 모든 다항식은 복소평면에서 연속인 함수임을 설명하여라.

6. 함수 $f(z) = u(x, y) + iv(x, y)$가 영역 D에서 연속이기 위한 필요충분조건은 u, v가 D에서 연속인 것임을 설명하여라.

7. $f : A \to \mathbb{C}$가 균등연속이고, (z_n)이 A의 코시수열이면 $(f(z_n))$도 코시수열인가?

8. f가 복소평면에서 연속인 함수이고 E가 연결집합이면 $f(E)$가 연결집합임을 보여라.

9. 다음 함수는 주어진 영역에서 균등연속인가?

(1) z^2 $(|z| < 3)$ (2) $\dfrac{1}{z}$ $(1 < |z| \leq 2)$ (3) $\dfrac{1}{z-1}$ $(0 < |z-1| < 1)$

2

해석함수

이 장에서는 복소해석함수를 정의한다. 복소함수 $f(z)$는 이변수함수 $f(x, y)$로 생각할 수 있다. 함수 $f(z) = f(x, y)$가 해석함수가 되기 위한 조건은 f의 편도함수가 갖는 성질과 관계가 있다. 여기서는 몇 가지 기본적인 복소함수를 정의하고 그 함수들의 해석적 특성에 대해 알아본다.

10. 복소함수의 미분

f를 복소평면 위의 한 영역 D에서 정의된 복소함수라고 하자. z_0가 영역 D의 한 점이고 극한

$$\lim_{z \to z_0} \frac{f(z) - f(z_0)}{z - z_0}, \quad \text{또는} \quad \lim_{h \to 0} \frac{f(z_0 + h) - f(z_0)}{h} \tag{2.1}$$

가 존재하면 함수 f는 z_0에서 **미분가능**(differentiable)하다고 한다. 식 (2.1)의 두 극한이 존재하면 두 극한값은 같다. 그 극한값을 $f'(z_0)$로 나타내고 $f(z)$의 z_0에서의 **미분**(derivative)이라고 한다.

■ **도함수**. 함수 f가 정의역 D의 모든 점에서 미분가능하면 f를 **미분가능한 함수**(differentiable function)라 하고, 미분에 의해 정의되는 새로운 함수

$$f' : D \to \mathbb{C}$$

를 f의 **도함수**(derivative)라고 한다.

식 (2.1)에서 극한이 존재한다하는 것은 z가 z_0에 접근할 때(또는 h가 0에 접근할 때) 실수축과 나란한 방향으로 접근하는 경우 뿐만 아니라, z_0 근방의 어떤 경로를 따라 z_0에 접근하든 극한값이 존재하고 그 극한값들이 모두 같아야 함을 뜻한다.

E1. 함수 $f(z) = \bar{z}$는 $z = 0$에서 연속이지만 $z = 0$에서 미분가능하지 않다. 미분 가능하지 않음을 보이기 위해서는 극한

$$\lim_{h \to 0} \frac{f(0 + h) - f(0)}{h} = \lim_{h \to 0} \frac{\bar{h}}{h}$$

가 존재하지 않음을 보이면 된다. $h := s + it$가 실수축을 따라 0에 접근할 때의 극한

$$\lim_{h = s + 0i \to 0} \frac{\bar{h}}{h} = \lim_{s \to 0} \frac{s}{s} = 1$$

과 허수축을 따라 0에 접근할 때의 극한

$$\lim_{h = 0 + it \to 0} \frac{\bar{h}}{h} = \lim_{t \to 0} \frac{-it}{it} = -1$$

이 존재하지만 두 극한값이 일치하지 않으므로 $f(z) = \bar{z}$는 $z = 0$에서 미분불가능하다.

E2. 함수 $f(z) = z^2$은 복소평면 위의 모든 점 z에서

$$\begin{aligned}\lim_{h\to 0}\frac{f(z+h)-f(z)}{h} &= \lim_{h\to 0}\frac{(z+h)^2-z^2}{h} = \lim_{h\to 0}\frac{2hz+h^2}{h}\\ &=2z\end{aligned}$$

이다. 그러므로 $f(z) = z^2$은 복소평면 위의 모든 점 z에서 미분가능하고 도함수는 $f'(z) = 2z$이다.

다음의 예에서 보는 것처럼 일반적으로 함수 $f(z) = z^n$ $(n \geq 1)$은 복소평면의 모든 점에서 미분가능하고 도함수는 $f'(z) = (z^n)' = nz^{n-1}$이다.

E3. $f(z) = z^n$ $(n \in \mathbb{N})$일 때 복소평면 위의 점 z에서

$$\begin{aligned}\frac{f(z+h)-f(z)}{h} &= \frac{(z+h)^n - z^n}{h}\\ &= nz^{n-1} + b_2 z^{n-2}h + \cdots + b_n h^{n-1} \qquad (2.2)\end{aligned}$$

이다. 식 (2.2)에서 b_k $(k = 2, 3, \cdots, n)$는 이항전개에서 나타나는 계수 $b_k = \binom{n}{k} = \frac{n!}{(n-k)!k!}$이다. 식 (2.2)로부터

$$f'(z) = (z^n)' = \lim_{h\to 0}\frac{f(z+h)-f(z)}{h} = nz^{n-1}$$

이다.

함수 f가 z_0에서 미분가능하면 f는 z_0에서 연속이다. f가 z_0에서 미분가능하면

$$\begin{aligned}\lim_{z\to z_0} f(z) &= \lim_{z\to z_0}\left(\frac{f(z)-f(z_0)}{z-z_0}(z-z_0)+f(z_0)\right)\\ &= f'(z_0)\lim_{z\to z_0}(z-z_0)+f(z_0)\\ &= f(z_0)\end{aligned}$$

이므로 f는 z_0에서 연속이다. 그러나 어떤 점에서 함수의 연속성이 미분가능성을 보장하는 것은 아니다. 앞의 **E1**에서 본 것처럼 함수 $f(z) = \bar{z}$는 $z = 0$에서 연속이지만 미분가능하지 않다. 미분가능성은 연속성보다 강한 조건이다.

■ **미분공식**. 하나의 복소수 변수를 갖는 복소함수 $f(z)$의 도함수와 실함수 $f(x)$의 도함수는 서로 비슷한 면이 많다. 기본적인 미분공식은 서로 같은 형태를 갖는다. 다음 미분공식에 관한 증명은 기술하지 않기로 한다.

[정리 2.1] f, g가 영역 $D(\subset \mathbb{C})$에서 미분가능한 함수일 때

(a) $\alpha, \beta \in \mathbb{C}$이면 $\alpha f + \beta g$ 도 D에서 미분가능하고

$$[\alpha f(z) + \beta g(z)]' = \alpha f'(z) + \beta g'(z),$$

(b) fg 도 D에서 미분가능하며

$$[f(z)g(z)]' = f'(z)g(z) + f(z)g'(z),$$

(c) 모든 $z \in D$에 대해 $g(z) \neq 0$이면, $\dfrac{f(z)}{g(z)}$ 도 D에서 미분가능하며,

$$\left(\frac{f(z)}{g(z)}\right)' = \frac{f'(z)g(z) - f(z)g'(z)}{g(z)^2}$$

이다.

복소함수에서도 합성함수의 미분 규칙인 **연쇄법칙**(chain rule)이 성립한다.

[정리 2.2] 함수 g가 z에서 미분가능하고 함수 f가 $g(z)$에서 미분가능하면, 합성함수 $f \circ g$는 z에서 미분가능하며

$$(f \circ g)'(z) = (f(g(z)))' = f'(g(z))g'(z)$$

이다. g가 열린집합 D에서 미분가능하고, f가 열린집합 E에서 미분가능하며, $g(D) \subset E$이면, 합성함수 $f \circ g$는 D에서 미분가능한 함수이다.

[연습문제 10]

1. 함수 $f(z) = \dfrac{z^3+2z+1}{z^3+1}$의

(1) 미분가능한 점들의 집합 S를 구하여라.

(2) S에서 $f(z)$의 도함수를 구하여라.

2. 다음 함수의 도함수를 구하여라.

(1) $z + \dfrac{1}{z}$ (2) $\left(\dfrac{1}{1-z}\right)^5$ (3) $\dfrac{1}{1+z^3}$

3. $f(z) = |z|^2$은 $z = 0$에서 미분가능한가?

4. $f(z) = y - ix$가 미분가능한 점들의 집합을 찾아라.

5. f가 열린집합 $D(\subset \mathbb{C})$에서 미분가능한 함수라고 하자. 집합 $E = \{z : \bar{z} \in D\}$에서 $g(z) = \overline{f(\bar{z})}$로 정의된 함수 g가 E에서 미분가능함을 보이고 도함수 g'를 f'을 이용하여 나타내어라.

11. 코시-리만 방정식

복소함수 $f(z)$는 실숫값을 갖는 이변수 함수 $u(x,y)$, $v(x,y)$를 이용하여

$$f(z) = f(x+iy) = u(x,y) + iv(x,y)$$

로 나타낼 수 있으므로 하나의 복소변수를 갖는 복소함수 $f(z)$의 미분과 실수부와 허수부를 나타내는 두 개의 실변수를 갖는 함수 $u(x,y)$, $v(x,y)$의 편미분 사이에는 특별한 관계가 있음을 짐작할 수 있다.

■ **해석함수의 편도함수**. 다음 정리는 복소함수의 미분과 복소함수의 실수부와 허수부의 편미분 사이의 관계를 보여준다.

[정리 2.3] 함수 $f(z) = u(x,y) + iv(x,y)$가 점 $z_0 = x_0 + iy_0$에서 미분가능하면

$$\frac{\partial u}{\partial x}(x_0,y_0) = \frac{\partial v}{\partial y}(x_0,y_0), \quad \frac{\partial u}{\partial y}(x_0,y_0) = -\frac{\partial v}{\partial x}(x_0,y_0) \tag{2.3}$$

를 만족하고,

$$f'(z_0) = \frac{\partial u}{\partial x}(x_0,y_0) + i\frac{\partial v}{\partial x}(x_0,y_0) = \frac{\partial v}{\partial y}(x_0,y_0) - i\frac{\partial u}{\partial y}(x_0,y_0) \tag{2.4}$$

이다.

(증명) 두 복소수가 같을 조건에 따라 식 (2.4)가 성립하면 식 (2.3)도 성립하므로 식 (2.4)가 성립하는 것을 보이면 충분하다. 함수 f가 z_0에서 미분가능하므로

$$f'(z_0) = \lim_{h\to 0} \frac{f(z_0+h) - f(z_0)}{h}$$

이다. 이것은 h가 0 근방의 어떤 경로를 따라 0에 접근해도 동일한 극한값 $f'(z_0)$을 갖는다는 의미이다. 식 (2.4)를 얻기 위해서 h가 실수축과 허수축을 따라 0에 접근하는 두 경우를 고려해보자.

먼저 h가 실수축을 따라 0에 접근하는 경우($h \in \mathbb{R}$)

$$\begin{aligned} f'(z_0) &= \lim_{h\to 0} \frac{f(z_0+h) - f(z_0)}{h} \\ &= \lim_{h\to 0} \left(\frac{u(x_0+h,y_0) - u(x_0,y_0)}{h} + i\frac{v(x_0+h,y_0) - v(x_0,y_0)}{h} \right) \\ &= \frac{\partial u}{\partial x}(x_0,y_0) + i\frac{\partial v}{\partial x}(x_0,y_0) \end{aligned} \tag{2.5}$$

이다.

이제 h가 허수축을 따라 0에 접근하는 경우 $h = ik$ ($k \in \mathbb{R}$)라 하면

$$\begin{aligned} f'(z_0) &= \lim_{k\to 0} \frac{f(z_0+ik) - f(z_0)}{ik} \\ &= \lim_{k\to 0} \left(\frac{u(x_0,y_0+k) - u(x_0,y_0)}{ik} + i\frac{v(x_0,y_0+k) - v(x_0,y_0)}{ik} \right) \\ &= \frac{1}{i}\frac{\partial u}{\partial y}(x_0,y_0) + \frac{\partial v}{\partial y}(x_0,y_0) \\ &= \frac{\partial v}{\partial y}(x_0,y_0) - i\frac{\partial u}{\partial y}(x_0,y_0) \end{aligned} \tag{2.6}$$

이다. 그런데 h가 어떤 경로를 따라서 0에 접근하든 그 극한은 같은 값을 가져야 하므로 식 (2.5), (2.6)으로부터 식 (2.4)

$$f'(z_0) = \frac{\partial u}{\partial x}(x_0, y_0) + i\frac{\partial v}{\partial x}(x_0, y_0) = \frac{\partial v}{\partial y}(x_0, y_0) - i\frac{\partial u}{\partial y}(x_0, y_0)$$

를 얻을 수 있다. □

Q1. 정리 2.3을 이용하여 함수 $f(z) = \bar{z}$는 복소평면의 어떤 점에서도 미분불가능함을 설명하여라. (10절 **E**1 참고)

Q2. $f(z) = |z|^2$은 $z = 0$를 뺀 복소평면의 어떤 점에서도 미분불가능함을 설명하여라. (연습문제10의 **3** 참고)

■ **코시-리만의 방정식**. 앞의 정리 2.3에 의해 함수 $f(z) = u(x, y) + iv(x, y)$가 열린집합 D에서 미분가능하면, u, v는 D에서 방정식

$$\frac{\partial u}{\partial x} = \frac{\partial v}{\partial y}, \quad \frac{\partial u}{\partial y} = -\frac{\partial v}{\partial x} \tag{2.7}$$

를 만족한다. 식 (2.7)을 **코시-리만 방정식**(Cauchy-Riemann equations)이라고 한다. 코시-리만 방정식은 복소함수가 미분가능하기 위한 필요조건이며

$$u_x = v_y, \quad u_y = -v_x$$

로 나타내기도 한다.

정리 2.3에 의해 함수 $f(z) = u(x, y) + iv(x, y)$가 영역 D에서 미분가능하면 그 도함수는 편도함수를 이용하여

$$f'(z) = \frac{\partial u}{\partial x} + i\frac{\partial v}{\partial x} \quad \text{또는} \quad f'(z) = \frac{\partial v}{\partial y} - i\frac{\partial u}{\partial y}$$

와 같이 구할 수 있다. 또 도함수는

$$\begin{aligned} f'(z) &= \frac{\partial f}{\partial x} = \frac{\partial u}{\partial x} + i\frac{\partial v}{\partial x} = \frac{\partial v}{\partial y} - i\frac{\partial u}{\partial y} = -i\left(\frac{\partial u}{\partial y} + i\frac{\partial v}{\partial y}\right) \\ &= -i\frac{\partial f}{\partial y} \end{aligned} \tag{2.8}$$

와 같이 쓸 수 있다.

복소함수의 실수부와 허수부를 나타내는 함수가 코시-리만 방정식을 만족한다고 해서 앞의 정리 2.3이 복소함수의 미분가능함을 보장하는 것은 아니다. 그러나 f가 미분가능한 함수일 때 식 (2.8)은 도함수를 구하는 방법으로 이용될 수 있다.

E1. 앞의 10절 **E**2에서 본 것처럼 $f(z) = z^2$은 미분가능한 함수이고 $f'(z) = 2z$이다. $f(z) = z^2 = x^2 - y^2 + 2xyi$에서

$$u(x, y) = x^2 - y^2, \ v(x, y) = 2xy$$

로 놓으면

$$\frac{\partial u}{\partial x} = 2x = \frac{\partial v}{\partial y}, \ \frac{\partial u}{\partial y} = -2y = -\frac{\partial v}{\partial x}$$

이므로 u, v는 복소평면 $\mathbb{C}$에서 코시-리만 방정식을 만족한다. 또 $f(z) = z^2$의 도함수는 위 식 (2.8)의 방법에 따라

$$(z^2)' = \frac{\partial f}{\partial x} = u_x + iv_x = 2x + 2yi = 2(x + iy) = 2z$$

와 같이 구할 수도 있다.

■ $f' \equiv 0$인 해석함수. 구간 (a, b)에서 정의된 실함수 $f(x)$가 미분가능하고 (a, b) 안의 모든 점 x에서 $f'(x) = 0$이면 $f(x)$는 상수임을 알고 있다. 복소함수도 유사한 성질을 갖는다.

[정리 2.4] 영역 D의 모든 점 z에서 $f'(z) = 0$이면 $f(z)$는 상수이다.

(증명) D의 임의의 두 점 z, w에서 $f(z) = f(w)$임을 보이면 된다. D가 연결된 열린집합이므로 D에 속하는 두 점 z, w은 실수축, 허수축과 나란하고 D에 속하는 유한개의 선분에 의해 연결될 수 있다.(연습문제 5의 9 참고) 먼저 $z = z_1$, z_2가 그림 2.1과 같이 각각 실수축, 허수축과 나란한 두 개의 선분에 의해 연결된다고 가정하자.

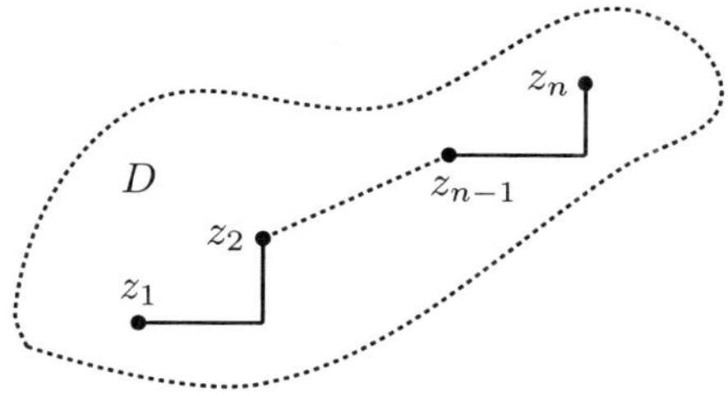

그림 2.1

$f(z) = u(x, y) + iv(x, y)$라고 하면 주어진 조건으로부터 D에서

$$f' = \frac{\partial f}{\partial x} = -i\frac{\partial f}{\partial y} = 0$$

이므로

$$\frac{\partial u}{\partial x} = \frac{\partial u}{\partial y} = 0, \quad \frac{\partial v}{\partial x} = \frac{\partial v}{\partial y} = 0$$

이다. 즉 $f(z)$의 실수부 $u(x, y)$는 실수축, 허수축과 나란한 선분 위에서 상수이다. 마찬가지로 허수부 $v(x, y)$도 실수축, 허수축과 나란한 선분 위에서 상수이다. 그러므로 $f(z_1) = f(z_2)$이다. 영역 D에 속하는 임의의 두 점 $z = z_1$, $w = z_n$은 실수축 또는 허수축과 나란한 유한개의 선분에 의해 연결될 수 있으므로 위의 논의를 유한번 반복하여 $f(z) = f(w)$임을 보일 수 있다. □

[연습문제 11]

1. 다음 함수가 코시-리만 방정식을 만족하는 점들의 집합을 찾아라.

(1) $f(z) = \bar{z}^2$ (2) $f(z) = x^2 - y^2$

(3) $f(z) = z\,\mathrm{Re}\,z$ (4) $f(z) = z|z|$

2. 복소평면 $\mathbb{C}$에서 정의된 함수 $f(z) = e^{\bar{z}}$의 실수부 u와 허수부 v를 찾고 f의 미분가능성을 조사하여라.

3. 함수 f가 열린 단위원판 $N(0, 1)$에서 미분가능하다고 하자.

(1) 만일 $\mathrm{Re}f$가 $N(0, 1)$에서 상수이면 f도 상수인가?

(2) 만일 e^f가 $N(0,1)$에서 상수이면 f도 상수인가?

4. 함수 f가 영역 D에서 미분가능하고 실숫값을 가지면 $f(z)$는 상수임을 보여라.

5. 함수 f가 열린집합 O에서 미분가능한 함수일 때

(1) $A = \{z \in O : f(z) \neq 0\}$는 열린집합인가?

(2) $\frac{1}{f}$는 A에서 미분가능한가?

6. $f(z)$가 미분가능한 함수이면 다음 식을 만족함을 보여라.

$$\begin{aligned}|f'(z)|^2 &= \left(\frac{\partial u}{\partial x}\right)^2 + \left(\frac{\partial v}{\partial x}\right)^2 = \left(\frac{\partial u}{\partial x}\right)^2 + \left(\frac{\partial u}{\partial y}\right)^2 \\ &= \frac{\partial u}{\partial x}\frac{\partial v}{\partial y} - \frac{\partial u}{\partial y}\frac{\partial v}{\partial x}\end{aligned}$$

7. $z \neq 0$일 때 $f(z) = \frac{z^5}{|z|^4}$로 $f(0) = 0$로 정의된 함수에 대해 다음에 답하여라.

(1) 극한 $\lim\limits_{h \to 0} \dfrac{f(h)}{h}$의 존재 여부와 $f(z)$의 $z = 0$에서 미분가능성을 조사하여라.

(2) $u = \mathrm{Re}f$, $v = \mathrm{Im}f$라 할 때 모든 실수 x, y에 대해

$$u(x,0) = x,\ v(0,y) = y,\ u(0,y) = v(x,0) = 0$$

임을 보여라.

(3) $(0,0)$에서 u와 v의 편도함수를 찾고 $(0,0)$에서 코시-리만 방정식을 만족함을 보여라. ($f(z) = \frac{z^5}{|z|^4}$는 정리 2.3의 역이 성립하지 않음을 보여주는 예이다.)

12. 코시-리만 방정식과 해석함수

함수 f가 z_0에서 해석적이라는 것은 z_0의 적절한 근방의 모든 점에서 f가 미분가능할 때를 말한다. 그러므로 f가 z_0에서 해석적이라는 것과 미분가능하다는

것은 구별되는 성질이다. 좀 더 엄밀하게 말하면 영역 D에서 정의된 복소함수 f가 점 $z_0(\in D)$의 적절한 ϵ-근방, $N(z_0, \epsilon)$ 안의 모든 점 z에서 미분가능하면 f는 z_0에서 **해석적**(analytic)이라고 한다. 함수 f가 집합 E 안의 모든 점에서 해석적이면 f는 E에서 해석적이라고 하고, 정의역에서 해석적인 함수를 **해석함수**(analytic function)라고 한다. 특별히 복소평면 전체에서 해석적인 함수를 **정함수**(entire function)라고 한다.

함수 f가 z_0에서 해석적이라는 것은 $f(z)$가 $N(z_0, \epsilon)$ 안의 모든 점 z에서 미분가능한 $\epsilon > 0$이 존재하는 것이다. 그러므로 열린집합 D에서 미분가능한 함수 f는 D에서 해석적이다. D가 열린 집합이면 점 $z_0 \in D$는 D의 내점이므로 $N(z_0, \epsilon) \subset D$인 $\epsilon > 0$이 존재하고, f는 D에서 미분가능하므로 $N(z_0, \epsilon)$에서도 미분가능하기 때문이다.

E1. 함수 $f(z) = \frac{1}{z}$은 $z = 0$을 뺀 다른 모든 점에서 미분가능하므로 f는 열린집합 $\mathbb{C} - \{0\}$에서 해석적인 함수이다. 여기서 점 $z = 0$처럼 함수 f가 해석적이지 않은 점을 f의 **특이점**(singular point)이라고 한다.

E2. 앞의 연습문제 10의 3, 11절 **Q**2에서 본 것처럼 함수 $f(z) = |z|^2$은 원점 $z = 0$에서 미분가능하지만 그외의 다른 모든 점에서 미분가능하지 않으므로 원점을 포함한 복소평면의 어떤 점에서도 해석적이지 않다.

■ **해석함수와 코시-리만의 방정식**. 앞 절에서 어떤 영역에서 정의된 복소함수가 해석적이면 코시-리만 방정식을 만족하지만 코시-리만 방정식을 만족한다는 것이 해석함수가 될 수 있는 충분조건은 아니었음을 보았다.(연습문제 11의 7 참고) f가 해석함수이기 위해서는 코시-리만 방정식을 만족하는 것 이외에 추가적인 조건이 필요하다.

[정리 2.5] 함수 $u : D \to \mathbb{R}$과 일계편도함수 u_x, u_y가 영역 D에서 연속이라 하자. (x, y)가 D에 속하고 $|h|$, $|k|$가 충분히 작은 값을 가지면

$$u(x+h, y+k) - u(x, y) = u_x(x, y)h + u_y(x, y)k + \epsilon_1 h + \epsilon_2 k \qquad (2.9)$$

이다. 여기서 ϵ_1, ϵ_2는 $h \to 0$, $k \to 0$일 때 $\epsilon_1 \to 0$, $\epsilon_2 \to 0$인 h, k에 의존하는 함수이다.

(증명) D가 열린집합이므로 $|h|$, $|k|$를 충분히 작게 택하여 $(x+h, y+k)$가 D안에 놓이게 할 수 있다. $u(x+h, y+k) - u(x, y)$를

$$\begin{aligned} &u(x+h, y+k) - u(x, y) \\ &\quad = u(x+h, y+k) - u(x, y+k) + u(x, y+k) - u(x, y) \end{aligned} \tag{2.10}$$

로 쓰자. 일변수 실함수의 평균값 정리에 의해

$$u(x+h, y+k) - u(x, y+k) = u_x(x+\theta_1 h, y+k)h \quad (|\theta_1| < 1), \tag{2.11}$$

$$u(x, y+k) - u(x, y) = u_y(x, y+\theta_2 k)k \quad (|\theta_2| < 1) \tag{2.12}$$

인 θ_1, θ_2가 존재한다. 그런데 u_x, u_y가 (x, y)에서 연속이므로

$$\begin{aligned} u_x(x+\theta_1 h, y+k) &= u_x(x, y) + \epsilon_1, \\ u_y(x, y+\theta_2 k) &= u_y(x, y) + \epsilon_2 \end{aligned}$$

를 만족하는 ϵ_1, ϵ_2가 존재한다. 여기서 ϵ_1, ϵ_2는 $h \to 0$, $k \to 0$일 때 $\epsilon_1 \to 0$, $\epsilon_2 \to 0$이다. 그러므로 식 (2.11), (2.12)는

$$\begin{aligned} u(x+h, y+k) - u(x, y+k) &= u_x(x, y)h + \epsilon_1 h, \\ u(x, y+k) - u(x, y) &= u_y(x, y)k + \epsilon_2 k \end{aligned}$$

와 같이 나타낼 수 있고 이를 식 (2.10)에 대입하여

$$u(x+h, y+k) - u(x, y) = u_x(x, y)h + u_y(x, y)k + \epsilon_1 h + \epsilon_2 k$$

를 얻을 수 있다. 여기서 $h \to 0$, $k \to 0$일 때 $\epsilon_1 \to 0$, $\epsilon_2 \to 0$이다. □

다음 정리 2.6의 증명을 위해 함수 $f(z) = u(x, y) + iv(x, y)$의 실수부 u와 허수부 v가 정리 2.5의 식 (2.9)를 만족한다고 가정하자. 즉 u, v가 연속인 편도함수를 갖는다고 가정하자.

[정리 2.6] $f(z) = u(x, y) + iv(x, y)$가 영역 D에서 정의된 함수로, D에서 두 함수 $u(x, y)$, $v(x, y)$가 연속인 편도함수 $\dfrac{\partial u}{\partial x}, \dfrac{\partial u}{\partial y}, \dfrac{\partial v}{\partial x}, \dfrac{\partial v}{\partial y}$ 를 갖고, 코시-리만 방정식

$$\frac{\partial u}{\partial x} = \frac{\partial v}{\partial y}, \quad \frac{\partial u}{\partial y} = -\frac{\partial v}{\partial x}$$

를 만족하면 함수 f는 D에서 해석적이다.

(증명) 임의의 한 점 $z \in D$에서 극한

$$\lim_{s\to 0}\frac{f(z+s)-f(z)}{s}$$

이 존재함을 보이면 된다. $s = h+ik$ $(h, k \in \mathbb{R})$라 하고 $z+(h+ik)$가 D에 속할 수 있도록 $|h|$와 $|k|$를 충분히 작게 잡자. u, v는 연속인 편도함수를 갖는 것으로 가정하였으므로 정리 2.5에 의해

$$u(x+h, y+k) - u(x,y) = u_x(x,y)h + u_y(x,y)k + \epsilon_1 h + \epsilon_2 k \tag{2.13}$$

$$v(x+h, y+k) - v(x,y) = v_x(x,y)h + v_y(x,y)k + \epsilon_3 h + \epsilon_4 k \tag{2.14}$$

로 쓸 수 있다. 여기서 $h \to 0$, $k \to 0$일 때 $\epsilon_j \to 0\,(j = 1,2,3,4)$이다. 그러므로 식 (2.13), (2.14)로부터

$$\begin{aligned}\frac{f(z+s)-f(z)}{h+ik} &= \frac{u(x+h,y+k)-u(x,y)+i[v(x+h,y+k)-v(x,y)]}{h+ik}\\ &= \frac{u_x(x,y)h+u_y(x,y)k+i[v_x(x,y)h+v_y(x,y)k]}{h+ik}\\ &\quad + \frac{(\epsilon_1+i\epsilon_3)h+(\epsilon_2+i\epsilon_4)k}{h+ik}\end{aligned} \tag{2.15}$$

이다. 그런데 u, v가 코시-리만의 방정식을 만족하므로 식 (2.15)에서 u_y를 $-v_x$로, v_y를 u_x로 바꾸어 쓰면

$$\begin{aligned}&\frac{u_x(x,y)h+u_y(x,y)k+i[v_x(x,y)h+v_y(x,y)k]}{h+ik}\\ =&\frac{u_x(x,y)h-v_x(x,y)k+i[v_x(x,y)h+u_x(x,y)k]}{h+ik}\\ =&\frac{u_x(x,y)(h+ik)+v_x(x,y)(ih-k)}{h+ik}\\ =&u_x(x,y)+iv_x(x,y)\end{aligned} \tag{2.16}$$

이고, $\left|\frac{h}{h+ik}\right| \le 1$, $\left|\frac{k}{h+ik}\right| \le 1$ 이므로

$$\lim_{\substack{h\to 0\\ k\to 0}}(\epsilon_1+i\epsilon_3)\frac{h}{h+ik} = 0, \quad \lim_{\substack{h\to 0\\ k\to 0}}(\epsilon_2+i\epsilon_4)\frac{k}{h+ik} = 0 \tag{2.17}$$

이다. 그러므로 식 (2.15-17)로부터

$$\lim_{s\to 0}\frac{f(z+s)-f(z)}{s}=u_x(x,y)+iv_x(x,y)=\frac{\partial f}{\partial x} \tag{2.18}$$

이다. 여기서 $s=h+ik$가 0에 접근하는 경로를 제한하지 않았고 z는 D의 임의의 점이다. 그러므로 f는 영역 D의 모든 점에서 미분가능한 해석함수이다. □

정리 2.6에 따라 함수 $f(z)=u(x,y)+iv(x,y)$의 실수부와 허수부 u, v가 복소평면의 모든 점 $z=x+iy$에서 연속인 편도함수를 갖고 코시-리만의 방정식을 만족하면 f는 정함수이다.

E3. 함수 $f(z)=\sinh x\cos y+i\cosh x\sin y$에서

$$u(x,y)=\sinh x\cos y,\quad v(x,y)=\cosh x\sin y$$

라고 하면 u, v는 복소평면의 모든 점에서 연속인 일계편도함수를 갖고 코시-리만 방정식

$$u_x=\cosh x\cos y=v_y,\quad u_y=-\sinh x\sin y=-v_x$$

을 만족한다. 그러므로 정리 2.6에 의해 f는 정함수이고

$$f'(z)=u_x+iv_x=\cosh x\cos y+i\sinh x\sin y$$

이다. 뒤의 19절에서 공부하겠지만 사실 위의 함수

$$f(z)=\sinh x\cos y+i\cosh x\sin y$$

는 $\sinh z$의 실수부와 허수부를 나누어 나타낸 것이다.

Q1. 함수 $f(z)=y-2xy+i(-x+x^2-y^2)$는 정함수인가? 정함수라면 도함수는 무엇인가?

함수 $f(z)=\bar{z}$는 복소평면의 어떤 점에서도 해석적이 아니다. 일반적으로 영역 D에서 함수 $f=u+iv$와 $\bar{f}=u-iv$가 동시에 해석적인 경우는 f가 상수일 때뿐이다.

E4. $f(z) = u(x,y) + iv(x,y)$가 영역 D에서 상수가 아닌 해석함수이면,

$$\overline{f(z)} = u(x,y) - iv(x,y)$$

는 해석함수가 아니다. $\overline{f(z)}$가 해석함수라고 가정하자. 혼동을 피하기 위해

$$\overline{f(z)} = u(x,y) - iv(x,y) := \hat{u}(x,y) + i\hat{v}(x,y)$$

라고 쓰면 $\hat{u}$, $\hat{v}$가 코시-리만 방정식을 만족해야 하므로

$$\hat{u}_x = \hat{v}_y, \quad \hat{u}_y = -\hat{v}_x,$$

즉

$$u_x = -v_y, \quad u_y = v_x \tag{2.19}$$

이다. 그런데 f가 해석함수이므로

$$u_x = v_y, \quad u_y = -v_x \tag{2.20}$$

이다. 식 (2.19), (2.20)으로부터 D의 모든 점에서 $u_x = v_x = 0$을 얻을 수 있으므로

$$f'(z) = u_x + iv_x = 0$$

이다. 따라서 정리 2.4에 의해 f는 상수함수이다. 이는 f가 상수함수가 아니라는 가정에 모순이므로 $\overline{f(z)}$는 해석함수가 아니다.

[연습문제 12]

1. 다음 함수가 정함수가 되도록 a, b, c의 값을 정하여라.

(1) $f(z) = x + ay - i(bx + cy)$　　(2) $f(z) = ax^2 - by^2 + icxy$

(3) $f(z) = e^x \cos ay + ie^x \sin(y+b) + c$　　(4) $f(z) = a(z^2 + y^2) + ibxy + c$

2. 함수 $f(z) = \cos x - i \sinh y$가 미분가능한 점은?

3. $f(z) = |z|^2 - \bar{z}^2$가 코시-리만 방정식을 만족하는 점은?

4. $f(z) = (\bar{z}+1)^3 - 3\bar{z}$는 복소평면의 어떤 점에서도 해석적이지 않음을 보여라.

5. 복소함수 $f(z) = \cos x + i \sin y$가 미분가능한 점, 해석적인 점을 찾아라.

6. f, g가 정함수이고 $g = \mathrm{Re}\, f$이면 $g(z)$는 상수임을 보여라.

7. 영역 D에서 f가 해석적인 함수이고 $|f(z)|$가 상수함수일 때 $f(z)$가 상수함수임을 보여라.

8. 영역 D에서 f의 n차 도함수가 존재하면

$$f^{(n)}(z) = \frac{\partial^n f}{\partial x^n} = (-1)^n \frac{\partial^n f}{\partial y^n}$$

임을 보여라.

13. 코시-리만 방정식의 극형식

복소평면의 점 $z = x + iy$는 지수형식 $z = re^{i\theta}$로 나타낼 수 있으므로 복소함수 $f(z) = u(x, y) + iv(x, y)$는

$$f(z) = f(re^{i\theta}) = u(r, \theta) + iv(r, \theta)$$

로 나타낼 수 있다. 여기서

$$u(r, \theta) = u(r\cos\theta, r\sin\theta), \quad v(r, \theta) = v(r\cos\theta, r\sin\theta)$$

로 이해한다. 그러므로 코시-리만 방정식 (2.7)을 극형식의 형태로 나타낼 수도 있다. 아래 식 (2.21)을 **코시-리만 방정식의 극형식**(polar form of Cauchy-Riemann equations)이라고 한다.

[정리 2.7] 영역 D에서 정의된 함수 $f(z) = u(r, \theta) + iv(r, \theta)$가 D의 한 점 $z = re^{i\theta}$ $(r > 0)$에서 미분가능하면,

$$\frac{\partial u}{\partial r} = \frac{1}{r}\frac{\partial v}{\partial \theta}, \quad \frac{\partial v}{\partial r} = -\frac{1}{r}\frac{\partial u}{\partial \theta} \tag{2.21}$$

이다.

(증명) $z = x+iy$에서 $x = r\cos\theta$, $y = r\sin\theta$로 놓고 편도함수의 연쇄법칙을 적용하여 $\frac{\partial u}{\partial r}$, $\frac{\partial u}{\partial \theta}$를 계산하면

$$\frac{\partial u}{\partial r} = \frac{\partial u}{\partial x}\frac{\partial x}{\partial r} + \frac{\partial u}{\partial y}\frac{\partial y}{\partial r} = \frac{\partial u}{\partial x}\cos\theta + \frac{\partial u}{\partial y}\sin\theta, \tag{2.22}$$

$$\frac{\partial v}{\partial \theta} = \frac{\partial v}{\partial x}\frac{\partial x}{\partial \theta} + \frac{\partial v}{\partial y}\frac{\partial y}{\partial \theta} = \frac{\partial v}{\partial x}(-r\sin\theta) + \frac{\partial v}{\partial y}(r\cos\theta) \tag{2.23}$$

이다. u, v가 코시-리만 방정식 $\frac{\partial u}{\partial x} = \frac{\partial v}{\partial y}$, $\frac{\partial u}{\partial y} = -\frac{\partial v}{\partial x}$을 만족하므로, 식 (2.22), (2.23)에서

$$\frac{\partial v}{\partial \theta} = r\left(\frac{\partial u}{\partial y}\sin\theta + \frac{\partial u}{\partial x}\cos\theta\right) = r\left(\frac{\partial u}{\partial r}\right)$$

를 얻는다. 비슷한 방법으로 $\frac{\partial u}{\partial \theta}$, $\frac{\partial v}{\partial r}$로부터

$$\begin{aligned}\frac{\partial u}{\partial \theta} &= \frac{\partial u}{\partial x}(-r\sin\theta) + \frac{\partial u}{\partial y}(r\cos\theta) = -r\left(\frac{\partial v}{\partial y}\sin\theta + \frac{\partial v}{\partial x}\cos\theta\right)\\ &= -r\frac{\partial v}{\partial r}\end{aligned}$$

를 얻을 수 있다. 위 두 식으로부터 식 (2.21)이 성립함을 알 수 있다. □

E1. $f(z) = \frac{1}{z}\ (z \neq 0)$은 미분가능한 함수이고

$$f(z) = \frac{1}{z} = \frac{1}{re^{i\theta}} = \frac{1}{r}e^{-i\theta} = \frac{1}{r}(\cos\theta - i\sin\theta)$$

로 나타낼 수 있으므로 f의 실수부 u와 허수부 v는

$$u(r,\theta) = \frac{1}{r}\cos\theta,\ v(r,\theta) = -\frac{1}{r}\sin\theta$$

이다. 그러므로 u, v는 코시-리만 방정식

$$u_r = -\frac{\cos\theta}{r^2} = \frac{1}{r}v_\theta,\ v_r = \frac{\sin\theta}{r^2} = -\frac{1}{r}u_\theta$$

를 만족한다.

■ **해석함수와 코시-리만 방정식의 극형식.** 만일 $z = x+iy = r\cos\theta + i\sin\theta (\neq 0)$ 근방에서 r, θ에 대한 $u(r,\theta)$, $v(r,\theta)$의 일계편도함수가 존재하고 연속이면

$u(x,y)$, $v(x,y)$의 x, y에 대한 일계편도함수가 존재하고 이들이 연속이다. 그러므로 정리 2.6은 코시-리만 방정식의 극형식을 이용하여 다음과 같이 쓸 수 있다.

[정리 2.8] u, v가 영역 D의 모든 점 $z = re^{i\theta}$에서 r, θ에 대한 연속인 편도함수를 갖고, 코시-리만 방정식

$$\frac{\partial u}{\partial r} = \frac{1}{r}\frac{\partial v}{\partial \theta}, \quad \frac{\partial v}{\partial r} = -\frac{1}{r}\frac{\partial u}{\partial \theta}$$

를 만족하면 함수 $f(z) = u(r,\theta) + iv(r,\theta)$는 D에서 해석적이고

$$f'(z) = e^{-i\theta}\left(\frac{\partial u}{\partial r} + i\frac{\partial v}{\partial r}\right) \tag{2.24}$$

이다.

(증명) 앞의 설명과 정리 2.6에 의해 f가 D에서 해석적인 함수임을 알 수 있다. 여기서는 식 (2.24)가 성립하는 것을 보인다. $u(r,\theta)$의 편도함수

$$u_r = u_x \cos\theta + u_y \sin\theta, \; u_\theta = -u_x r \sin\theta + u_y r \cos\theta$$

를 u_x, u_y에 대해 정리하면

$$u_x = u_r \cos\theta - u_\theta \frac{\sin\theta}{r}, \; u_y = u_r \sin\theta + u_\theta \frac{\cos\theta}{r}$$

를 얻는다. 그런데 $f(z)$가 해석적이므로

$$\begin{aligned} f'(z) =& u_x + iv_x = u_x - iu_y \\ =& u_r \cos\theta - u_\theta \frac{\sin\theta}{r} - iu_r \sin\theta - iu_\theta \frac{\cos\theta}{r} \\ =& u_r(\cos\theta - i\sin\theta) - i\frac{u_\theta}{r}(\cos\theta - i\sin\theta) \\ =& e^{-i\theta}(u_r + iv_r) \end{aligned}$$

이다. □

E2. 앞의 **E1**에서 $f(z) = \frac{1}{z}\,(z \neq 0)$의 실수부 u와 허수부 v가 r, θ에 대한 연속인 편도함수를 갖고, 코시-리만 방정식

$$u_r = -\frac{\cos\theta}{r^2} = \frac{1}{r}v_\theta, \; v_r = \frac{\sin\theta}{r^2} = -\frac{1}{r}u_\theta$$

를 만족함을 알았다. 그러므로 $f(z) = \frac{1}{z}\,(z \neq 0)$는 해석함수이고. 식 (2.24)로부터

$$\begin{aligned} f'(z) =& e^{-i\theta}(u_r + iv_r) = e^{-i\theta}\left(-\frac{\cos\theta}{r^2} - i\frac{\sin\theta}{r^2}\right) \\ =& -\frac{e^{-i\theta}}{r^2}(\cos\theta - i\sin\theta) = -\frac{e^{-i\theta}e^{-i\theta}}{r^2} \\ =& -\frac{1}{(re^{i\theta})^2} = -\frac{1}{z^2} \end{aligned}$$

이다.

[연습문제 13]

1. $f(z) = r^2\cos 2\theta + 1 + ir^2\sin 2\theta$는 정함수인가?

2. $f(z) = \sqrt[3]{r}\,e^{\frac{\theta}{3}i}$가 $0 < \theta < 2\pi$에서 해석적임을 보이고 도함수를 찾아라.

3. 정리 2.8의 증명에서 다음 식이 성립함을 보여라.

$$u_x = u_r\cos\theta - u_\theta\frac{\sin\theta}{r},\ \ u_y = u_r\sin\theta + u_\theta\frac{\cos\theta}{r}$$

4. 함수 f가 영역 D에서 정의된 해석함수이면

$$f'(z) = -\frac{i}{re^{i\theta}}(u_\theta + iv_\theta), \quad z = re^{i\theta} \in D$$

임을 보여라.

5. 영역 D에서 f가 해석적인 함수이고 $\operatorname{Arg} f(z)$가 상수이면 $f(z)$는 상수함수인가?

6. 함수

$$f(r,\theta) = e^{r\cos\theta}[\cos(r\sin\theta) + i\sin(r\sin\theta)]$$

가 정함수임을 보이고 도함수를 찾아라.

14. 조화함수

앞에서 본 것처럼 영역 D에서 정의된 해석함수 $f(z) = u(x,y) + iv(x,y)$의 실수부 u와 허수부 v는 코시-리만 방정식

$$\frac{\partial u}{\partial x} = \frac{\partial v}{\partial y}, \quad \frac{\partial u}{\partial y} = -\frac{\partial v}{\partial x}$$

를 만족한다. 이것은 해석함수의 실수부와 허수부가 매우 밀접한 관련이 있음을 말하고 있다. 이절에서는 해석함수의 실수부와 허수부가 갖는 성질에 대해 알아본다.

함수 $\phi : D(\subset \mathbb{R}^2) \to \mathbb{R}$가 연속인 일계, 이계 편도함수를 가지며, D 안의 모든 점 (x,y)에서 편미분방정식

$$\nabla^2\phi = \frac{\partial^2\phi}{\partial x^2} + \frac{\partial^2\phi}{\partial y^2} = 0 \tag{2.25}$$

을 만족하면 ϕ를 **조화함수**(harmonic function)라고 한다. 편미분방정식 (2.25)를 **라플라스 방정식**(Laplace equation)이라고 부른다.

■ **해석함수와 조화함수.** 함수 $f(z) = u(x,y) + iv(x,y)$가 영역 D에서 해석적일 때 $f''(z)$이 존재하고 u, v의 일계, 이계 편도함수들이 모두 연속이라면 다음의 정리가 성립한다.(사실 해석적인 함수는 모든 계수의 도함수를 갖고, 해석함수의 실수부와 허수부 또한 모든 계수의 편도함수를 갖는다. 정리 3.10 참고)

[정리 2.9] 함수 $f(z) = u(x,y) + iv(x,y)$가 영역 D에서 해석적이면 f의 실수부와 허수부 u, v는 조화함수이다.

(증명) f가 해석함수이므로 u, v는 영역 D에서 코시-리만 방정식

$$\frac{\partial u}{\partial x} = \frac{\partial v}{\partial y}, \quad \frac{\partial u}{\partial y} = -\frac{\partial v}{\partial x} \tag{2.26}$$

를 만족한다. 식 (2.26)을 각각 x, y로 편미분하면

$$\frac{\partial^2 u}{\partial x^2} = \frac{\partial^2 v}{\partial x \partial y}, \quad \frac{\partial^2 u}{\partial y^2} = -\frac{\partial^2 v}{\partial y \partial x}, \tag{2.27}$$

$$\frac{\partial^2 u}{\partial y \partial x} = \frac{\partial^2 v}{\partial y^2}, \quad \frac{\partial^2 u}{\partial x \partial y} = -\frac{\partial^2 v}{\partial x^2} \tag{2.28}$$

를 얻는다. u, v는 연속인 편도함수를 갖는다고 가정하였으므로

$$\frac{\partial^2 u}{\partial x \partial y} = \frac{\partial^2 u}{\partial y \partial x}, \quad \frac{\partial^2 v}{\partial x \partial y} = \frac{\partial^2 v}{\partial y \partial x} \tag{2.29}$$

이다. 식 (2.27-29)로부터 f의 실수부 u와 허수부 v는 라플라스 방정식

$$\frac{\partial^2 u}{\partial x^2} + \frac{\partial^2 u}{\partial y^2} = 0, \quad \frac{\partial^2 v}{\partial x^2} + \frac{\partial^2 v}{\partial y^2} = 0$$

을 만족한다. 그러므로 u, v는 모두 조화함수이다. □

위의 정리 2.9에서 $f(z) = u(x,y) + iv(x,y)$가 해석적이면 u, v는 조화함수임을 알았다. 이 때 v를 u의 **조화켤레**(harmonic conjugate)라고 부른다. 위의 정리로부터 $u(x,y)$가 라플라스 방정식을 만족하지 못하면 $u(x,y)$는 어떤 해석함수의 실수부 또는 허수부가 될 수 없음을 알 수 있다.

E1. $u(x,y) = x^2 - y^2$은 평면 위의 모든 점 (x,y)에서 연속인 일계, 이계 편도함수

$$\frac{\partial u}{\partial x} = 2x, \ \frac{\partial u}{\partial y} = -2y, \ \frac{\partial^2 u}{\partial x^2} = 2, \ \frac{\partial^2 u}{\partial y^2} = -2, \ \frac{\partial^2 u}{\partial y \partial x} = \frac{\partial^2 u}{\partial x \partial y} = 0$$

을 갖고, 라플라스 방정식

$$\frac{\partial^2 u}{\partial x^2} + \frac{\partial^2 u}{\partial y^2} = 2 - 2 = 0$$

을 만족하므로 조화함수이다. 사실 u는 정함수 $f(z) = z^2 + ib$ $(b \in \mathbb{R})$의 실수부로 $v(x,y) = 2xy + b$는 u의 조화켤레이다.

Q1. $u(r,\theta) = r^2 \sin 2\theta$가 조화함수임을 설명하여라.

만일 $u(x,y)$가 영역 D에서 연속인 일계, 이계 편도함수를 갖고 라플라스 방정식을 만족한다고 하여도 $\operatorname{Re} f = u$인 D에서 해석적인 함수가 존재하는 것은 아니다.(연습문제 14의 5참고) 다만 D가 단순연결영역이고 u가 D에서 정의된 조화함수이면 $\operatorname{Re} f = u$인 D에서 해석적인 함수 f가 존재한다. 그러나 $u(x,y)$가 영역 D에서 조화함수가 아니라면 $\operatorname{Re} f = u$인 D에서 해석적인 함수 f는 존재하지 않는다.

E2. 평면 $\mathbb{R}^2$에서 정의된 함수 $u(x,y) = x^2 - y$는 연속인 일계, 이계 편도함수를 갖지만

$$\frac{\partial^2 u}{\partial x^2} + \frac{\partial^2 u}{\partial y^2} = 2 + 0 = 2 \neq 0$$

이므로 조화함수가 아니다. 그러므로 $\operatorname{Re} f(z) = u(x,y)$ 또는 $\operatorname{Im} f(z) = u(x,y)$인 정함수 $f(z)$는 존재하지 않는다.

■ **조화함수를 실수부로 갖는 해석함수**. $u(x,y)$가 단순연결영역에서 정의된 조화함수이면 u를 실수부(또는 허수부)로 갖는 해석함수가 존재한다. u의 조화켤레는 코시-리만 방정식을 이용하여 찾을 수 있다.

E3. 앞의 **E1**에서 본 것처럼 $u(x,y) = x^2 - y^2$는 $\mathbb{R}^2$에서 라플라스 방정식을 만족하는 조화함수이다. v를 u의 조화켤레라고 하면 $f(z) = u(x,y) + iv(x,y)$는 해석함수이므로 u, v는 코시-리만 방정식을 만족한다. 그러므로

$$u_x = 2x = v_y \tag{2.30}$$

이다. 위 식 (2.30)을 y에 대해 적분하면

$$v = 2xy + h(x) \tag{2.31}$$

를 얻는다. 여기서 $h(x)$는 x에 대해 미분가능한 함수이다. 다시 코시-리만 방정식에 의해 $u_y = -v_x$이고,

$$u_y = -2y, \quad -v_x = -2y - h'(x)$$

이므로, $h'(x) = 0$이다. 그러므로 식 (2.31)에 의해

$$v(x,y) = 2xy + b \ (b \in \mathbb{R})$$

이다.

위의 **E3**에서 u, v는 평면 위의 모든 점에서 연속인 일계 편도함수를 갖고 코시-리만 방정식을 만족하므로

$$f(z) = u(x,y) + iv(x,y) = (x^2 - y^2) + i(2xy + b) = z^2 + ib$$

는 정함수이다.

[연습문제 14]

1. 다음이 조화함수임을 보여라.

(1) $u(x,y) = x^3 - 3xy^2$ (2) $u(x,y) = e^{x^2-y^2}\cos 2xy$

2. $\mathbb{R}^2$에서 다음 함수 u가 조화함수이면 조화켤레를 찾아라.

(1) $u(x,y) = y^3 - 3x^2y$ (2) $u(x,y) = y + e^x \cos y$

3. $\operatorname{Re} f(z) = x^2 - y^3$인 정함수가 존재하는가?

4. $\operatorname{Re} f(z) = 2xy - x$인 정함수 f를 모두 찾아라.

5. 함수 $u(x,y) = \frac{x^2+y^2-x}{(x-1)^2+y^2}$가 조화켤레를 갖는 영역과 조화켤레를 찾아라.

6. u가 조화함수이고 v가 u의 조화켤레이면 uv는 조화함수인가?

7. $u(x,y)$가 $(x,y)=(r,\theta)$근방에서 라플라스 방정식을 만족하면

$$\frac{\partial}{\partial r}\left(r\frac{\partial u}{\partial r}\right) + \frac{1}{r}\frac{\partial^2 u}{\partial \theta^2} = 0$$

을 만족함을 보여라.

8. $f : D \to \mathbb{C}$가 해석함수이고, $u : G \to \mathbb{R}$이 조화함수라고 하자. $f(D) \subset G$ 이면 $u \circ f : D \to \mathbb{R}$이 조화함수임을 보여라.

15. 지수함수 e^z

실함수로서 지수함수 e^x는 실수 전체집합 $\mathbb{R}$을 정의역으로 하고, 양의 값을 갖는 일대일 함수이다. 지수법칙 $e^a e^b = e^{a+b}$를 만족하고, 미분 가능한 함수로 도함수는 $(e^x)' = e^x$이며, 테일러급수

$$e^x = \sum_{k=0}^{\infty} \frac{x^k}{k!} = 1 + x + \frac{x^2}{2!} + \frac{x^3}{3!} + \cdots \quad (x \in \mathbb{R}) \tag{2.32}$$

로 나타낼 수 있다.

복소함수로서 지수함수는 실함수로서 지수함수가 갖는 기본적인 성질을 유지하도록 하면서 정의역을 복소평면으로 확장한 것이다. 복소함수로서 지수함수

$$f(z) = e^z = e^{x+iy}$$

가 지수법칙을 만족한다면, 식

$$e^{x+iy} = e^x e^{iy}$$

가 성립하고 x는 실수이므로 지수함수의 정의는 e^{iy}을 어떻게 약속하느냐에 달려있다. 만약 e^{iy}을 실수에서 e^x의 테일러급수 (2.32)와 같이

$$e^{iy} = 1 + iy + \frac{(iy)^2}{2!} + \frac{(iy)^3}{3!} + \frac{(iy)^4}{4!} + \cdots$$

로 쓸 수 있다면,

$$\begin{aligned} e^{iy} &= \left(1 - \frac{y^2}{2!} + \frac{y^4}{4!} - \cdots\right) + i\left(y - \frac{y^3}{3!} + \frac{y^5}{5!} - \cdots\right) \\ &= \cos y + i \sin y \end{aligned} \tag{2.33}$$

이므로 지수함수를 아래와 같이 정의하는 것은 합리적이라 할 수 있다.

■ **지수함수**. 복소평면에서 **지수함수**(exponential function) e^z는

$$e^z = e^{x+iy} = e^x(\cos y + i \sin y) \tag{2.34}$$

로 정의한다. 위의 정의 (2.34)에서 z가 실수이면($y = 0$이면) 실함수로서 지수함수 e^x와 같으므로 복소함수로서 지수함수 e^z는 실함수로서 지수함수 e^x를 복소평면으로 확장한 것으로 이해할 수 있다.

식 (2.34)에서 $|e^{iy}| = \sqrt{\cos^2 y + \sin^2 y} = 1$이므로 e^z의 절댓값은

$$|e^z| = |e^{x+iy}| = |e^x\, e^{iy}| = e^x |e^{iy}| = e^x = e^{\mathrm{Re}\, z} \tag{2.35}$$

이고 $e^z \neq 0$이며, e^z의 편각은

$$\arg e^z = y + 2n\pi = \mathrm{Im}\, z + 2n\pi \quad (n \in \mathbb{Z}) \tag{2.36}$$

이다.

E1. 지수함수 e^{iz^2+z} 에서 $iz^2+z = x-2xy+i(x^2-y^2+y)$이므로 e^{iz^2+z} 의 절댓값과 편각은 각각 식 (2.35), (2.36)에 의해

$$\left|e^{iz^2+z}\right| = e^{\mathrm{Re}\,(iz^2+z)} = e^{x-2xy},$$
$$\arg\left(e^{iz^2+z}\right) = \mathrm{Im}(iz^2+z)+2n\pi = x^2-y^2+y+2n\pi \quad (n \in \mathbb{Z})$$

이다.

Q1. 원 $|z|=2$ 위에서 $\left|e^{iz^2+z}\right|$의 최댓값을 구하여라.

앞의 1장 3절의 식 (1.14)에서

$$e^{iy_1}e^{iy_2} = e^{i(y_1+y_2)} \tag{2.37}$$

임을 알았다. 그러므로 $z_1 = x_1+iy_1,\ z_2 = x_2+iy_2$라 하면

$$\begin{aligned} e^{z_1}e^{z_2} &= e^{x_1+iy_1}e^{x_2+iy_2} = e^{x_1}e^{iy_1}e^{x_2}e^{iy_2} = \left(e^{x_1}e^{x_2}\right)\left(e^{iy_1}e^{iy_2}\right) \\ &= e^{x_1+x_2}e^{i(y_1+y_2)} = e^{(x_1+x_2)+i(y_1+y_2)} \\ &= e^{(x_1+iy_1)+(x_2+iy_2)} \\ &= e^{z_1+z_2} \end{aligned}$$

이다. 즉, 복소평면에서 지수함수는 지수법칙

$$e^{z_1}e^{z_2} = e^{z_1+z_2} \tag{2.38}$$

를 만족한다.

Q2. 임의의 두 복소수 z_1, z_2에 대해 다음 식이 성립함을 설명하여라.

$$\frac{e^{z_1}}{e^{z_2}} = e^{z_1-z_2}$$

복소평면에서 정의된 지수함수 e^z는 실함수 e^x처럼 지수법칙을 따르지만 일대일 함수는 아니다. 지수함수의 정의(식 (2.34))로부터 모든 복소수 z에 대해

$$e^{z+2k\pi i} = e^z e^{2k\pi i} = e^z[\cos(2k\pi)+i\sin(2k\pi)] = e^z \quad (k \in \mathbb{Z})$$

이다. e^z는 주기가 $2\pi i$인 **주기함수**(periodic function)이다.

복소평면에서 e^z는 0을 제외한 나머지 모든 복소수 값에 대응한다. 사실 0이 아닌 모든 복소수 $a+ib$에 대해 방정식 $e^z = a+ib$는 무한히 많은 해를 갖는다. 방정식

$$e^z = e^x \cos y + ie^x \sin y = a + bi$$

에서

$$e^x \cos y = a, \quad e^x \sin y = b \tag{2.39}$$

이므로

$$e^{2x} \cos^2 y + e^{2x} \sin^2 y = e^{2x} = a^2 + b^2$$

얻을 수 있다. 그러므로

$$x = \frac{1}{2} \log(a^2 + b^2)$$

이다.

또 $a+bi$는 0이 아니므로, $a \neq 0$ 또는 $b \neq 0$이다. 먼저 $a \neq 0$ 일 때 식 (2.39)로부터

$$\frac{e^x \sin y}{e^x \cos y} = \tan y = \frac{b}{a}, \quad y = \tan^{-1} \frac{b}{a}$$

이므로

$$z = \frac{1}{2} \log(a^2 + b^2) + i(\tan^{-1} \frac{b}{a} + 2k\pi) \quad (k \in \mathbb{Z})$$

는 $e^z = a+ib$의 해이다. 만일 $a = 0$이면 식 (2.39)에서 $y = k\pi + \frac{\pi}{2}$이므로

$$z = \begin{cases} \log|b| + i(\frac{\pi}{2} + 2k\pi), & b > 0 \\ \log|b| + i(-\frac{\pi}{2} + 2k\pi), & b < 0 \end{cases}$$

는 $e^z = a+ib$의 해이다. 그러므로 방정식 $e^z = a+ib$는 무한히 많은 해를 갖는다.

■ **지수함수의 도함수**. 복소함수의 미분은 코시-리만 방정식을 이용한 도함수 표현을 이용하면 편리하다. 정리 2.6에 의해 함수 $f(z) = u(x,y) + iv(x,y)$의 실수부 u와 허수부 v가 연속인 일계 편도함수를 갖고, 코시-리만 방정식을 만족하면 해석적이다. 이 때 도함수는

$$f'(z) = \frac{\partial u}{\partial x} + i\frac{\partial v}{\partial x} = \frac{\partial v}{\partial y} - i\frac{\partial u}{\partial y}$$

와 같다는 것을 알고 있다.

지수함수 $f(z) = e^z = e^x(\cos y + i\sin y)$에서

$$u(x,y) = e^x\cos y, \quad v(x,y) = e^x\sin y$$

라 하면, 복소평면의 모든 점에서 u, v의 일계 편도함수

$$\begin{aligned}\frac{\partial u}{\partial x} &= e^x\cos y, & \frac{\partial u}{\partial y} &= -e^x\sin y,\\ \frac{\partial v}{\partial x} &= e^x\sin y, & \frac{\partial v}{\partial y} &= e^x\cos y\end{aligned}$$

는 모두 연속이고, 코시-리만 방정식

$$\frac{\partial u}{\partial x} = e^x\cos y = \frac{\partial v}{\partial y}, \quad \frac{\partial u}{\partial y} = -e^x\sin y = -\frac{\partial v}{\partial x}$$

를 만족한다. 그러므로 정리 2.6에 의해 e^z는 복소평면 위의 모든 점에서 미분가능하고, 도함수가

$$\begin{aligned}f'(z) = (e^z)' &= \frac{\partial u}{\partial x} + i\frac{\partial v}{\partial x} = e^x\cos y + ie^x\sin y\\ &= e^x(\cos y + i\sin y)\\ &= e^z\end{aligned}$$

인 정함수이다.

$f(z)$가 해석함수이면 $e^{f(z)}$도 해석함수이며 도함수는 연쇄법칙에 따라

$$\left(e^{f(z)}\right)' = f'(z)\,e^{f(z)} \tag{2.40}$$

이다.

E2. $g(z) = e^{iz^2}$에서 $f(z) = iz^2$이라 하면 $f(z)$는 정함수이고 $g(z) = e^{f(z)}$이므로 $g(z)$는 정함수이고, 식 (2.40)으로부터

$$g'(z) = f'(z)\,e^{f(z)} = 2ize^{iz^2}$$

이다.

[연습문제 15]

1. 다음 함수의 절댓값과 편각을 x, y를 써서 나타내어라.$(z = x + iy)$

(1) e^{z^2} (2) e^{-iz} (3) $e^{e^{iz}}$

2. $|e^{z^2}|$과 $e^{|z|^2}$의 크기를 비교하여라.

3. 방정식 $e^z = 1 - i$의 해를 모두 찾아라

4. 다음 방정식의 해를 모두 찾아라.

(1) $e^z = -1$ (2) $e^z = 1 + \sqrt{3}\,i$ (3) $e^{2z-1} = 1$

5. $e^{\frac{1}{z}}$가 $|z| \geq \epsilon$에서 유계임을 보여라.

6. $\mathrm{Re}\, z > 0$이면 $|e^{-2z}| < 1$임을 보여라.

7. $\overline{e^z} = e^{\bar{z}}$임을 보여라.

8. $|z| = r$일 때 다음 부등식이 성립함을 보여라.

(1) $e^{-r} \leq |e^z| \leq e^r$ (2) $e^{-r^n} \leq |e^{z^n}| \leq e^{r^n}$ $(n \in \mathbb{N})$

9. 다음 부등식이 성립함을 보여라.

(1) $|e^z + e^{z^2}| \leq e^x + e^{x^2-y^2}$

(2) $|e^{iz} + e^{iz^2}| \leq e^{-y} + e^{-2xy}$

16. 로그함수

복소평면의 한 점 $z \neq 0$의 절댓값과 편각이 각각 $|z| = r$, $\arg z = \theta$이면, z는 극형식

$$z = r(\cos\theta + i\sin\theta) = re^{i\theta} \tag{2.41}$$

로 나타낼 수 있다. 실함수로서 로그함수는

$$\log ab = \log a + \log b, \ \ \log a^b = b\log a$$

의 성질을 갖는다. 이런 로그함수의 성질이 복소평면에서도 적용될 수 있다면 위의 식 (2.41)로부터 $\log z$는

$$\log z = \log re^{i\theta} = \log r + \log e^{i\theta} = \log r + i\theta \tag{2.42}$$

를 만족해야 한다.

■ **로그함수**. 복소평면에서의 로그함수를 식 (2.42)를 이용하여

$$\log z = \ln|z| + i \arg z \quad (z \neq 0) \tag{2.43}$$

으로 정의한다. 그러나 θ가 z의 고유편각이면 $\theta + 2k\pi$ $(k \in \mathbb{Z})$ 또한 z의 편각이므로 식 (2. 43)은

$$\begin{aligned}\log z &= \ln|z| + i \arg z \\ &= \ln r + i(\theta + 2k\pi) \quad (k \in \mathbb{Z})\end{aligned} \tag{2.44}$$

와 같이 쓸 수 있다. 식 (2.44)는 $\log z$가 **다가함수**(multiple-valued function)임을 말한다.

실함수로서 $\log x$는 지수함수 e^x의 역함수이기 때문에 $\log e^x = x$이다. 그러나 복소함수로서 $\log z = \ln|z| + i \arg z$로 약속하였기 때문에

$$\begin{aligned}\log e^z &= \ln|e^z| + i\arg(e^z) = \ln e^x + i(y - 2n\pi) \\ &= x + iy + i2n\pi = z + i2n\pi \quad (n \in \mathbb{Z})\end{aligned}$$

이다. 그러므로 e^z의 역함수로 $\log z$를 생각하기 위해서는 $\log z$가 일대일 함수가 되는 영역을 고려해야 한다. 식 (2.44)에서 $k = 0$일 때를 $\log z$의 **고윳값**(principal value)라고 하고 $\text{Log } z$로 나타낸다. $\log z$의 고윳값은

$$\text{Log } z = \ln|z| + i\text{Arg } z, \quad (-\pi < \text{Arg } z \leq \pi) \tag{2.45}$$

이고 $\text{Log } z$는 $\mathbb{C} - \{0\}$에서 정의된 **일가함수**(single valued function)이다. $\log z$는 고윳값을 이용하여

$$\log z = \text{Log } z + 2k\pi i \quad (k \in \mathbb{Z})$$

로 나타낼 수 있다.

E1. $z = 1 + i$일 때 $\log z$의 고윳값은

$$\text{Log}\,(1+i) = \ln|1+i| + i\text{Arg}(1+i) = \ln\sqrt{2} + i\frac{\pi}{4}$$

이다.

■ **로그함수의 미분**. 앞의 10절에서 정의한 미분의 개념을 다가함수에 적용하는 것은 적절하지 못하다. 극한

$$\lim_{z\to z_0}\frac{f(z)-f(z_0)}{z-z_0}$$

에서 $f(z)$가 다가함수이면 z가 z_0에 가까이 가는 동안 각각의 z에 대해 $f(z)$가 취하는 여러 값 가운데 어떤 것을 택할지 정할 수 없어 극한을 말할 수 없기 때문이다. 로그함수의 고윳값

$$\text{Log}\,z = \ln|z| + i\text{Arg}\,z, \quad z \neq 0$$

는 음의 실수축 위의 어떤 점에서도 연속이 아니므로 음의 실수축 위의 점에서 미분이 불가능 하다. 그러나 일가함수인 $\log z$의 고윳값 $\text{Log}\,z$는 $z \neq 0,\ -\pi < \arg z < \pi$)에서 미분가능한 함수이다.

$\text{Log}\,z$의 미분에 대해 알아 보자. $\text{Log}\,z$는

$$\text{Log}\,z = \ln r + i\theta \quad (z = re^{i\theta} \neq 0,\ -\pi < \theta < \pi) \tag{2.46}$$

와 같이 쓸 수 있다. 여기서

$$u(r,\theta) = \ln r, \ \ v(r,\theta) = \theta$$

라 하면 $r > 0,\ -\pi < \theta < \pi$일 때

$$u_r = \frac{1}{r} = \frac{1}{r}v_\theta, \ \ v_r = 0 = -\frac{1}{r}u_\theta$$

이므로, u, v는 연속인 도함수를 갖고 코시-리만 방정식의 극형식을 만족한다. 그러므로 $\text{Log}\,z$는 $r > 0,\ -\pi < \theta < \pi$에서 미분가능하고, 식 (2.24)에 의해

$$(\text{Log}\,z)' = e^{-i\theta}(u_r + iv_r) = e^{-i\theta}\left(\frac{1}{r} + i0\right) = \frac{1}{re^{i\theta}} = \frac{1}{z}$$

이다.

위의 Log z는 원점과 음의 실수축을 뺀 나머지 영역에서 미분가능한 함수이다. 그러나 사실 원점에서 시작하는 반직선 $z = re^{i\alpha}$ $(r \geq 0,\ \alpha \in \mathbb{R})$을 뺀 영역에서 일가함수

$$\log^* z = \ln |z| + i\theta \quad (\alpha < \theta \leq \alpha + 2\pi) \tag{2.47}$$

를 정의할 수 있고 $\log^* z$는 $z \neq 0,\ \alpha < \theta < \alpha + 2\pi$에서 미분가능한 함수이며 그 도함수는

$$(\log^* z)' = \frac{1}{z} \quad (z \neq 0,\ \alpha < \arg z < \alpha + 2\pi)$$

이다. 이렇게 $\alpha\,(0 \leq \alpha < 2\pi)$를 적절하게 선택하면 $\log z$는 $z \neq 0$인 모든 점에서 미분가능한 함수이고

$$(\log z)' = \frac{1}{z}$$

이다.

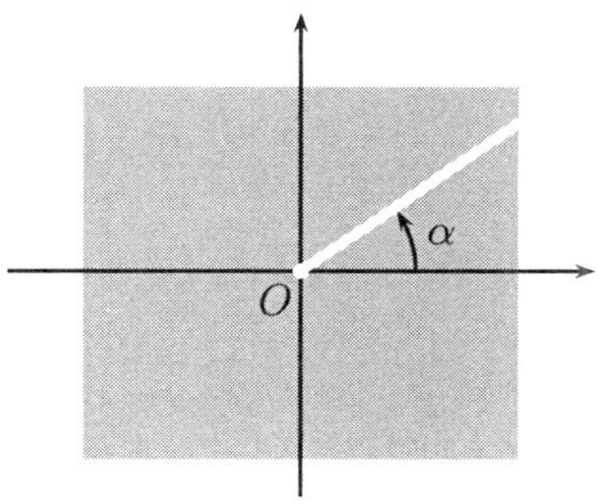

그림 2.2 분기절단 $\alpha < \theta < \alpha + 2\pi$

■ **로그함수의 분기.** 다가함수 f의 **분기**(branch)는 적절한 영역 안의 각각의 점 z에서 f의 함숫값 가운데 하나와 같은 값을 갖는 해석적인 일가함수 F를 말한다. 예를 들어 앞에서 정의한 다가함수 $\log z$의 고윳값 Log z는 영역 $\mathbb{C} - \{z = x + iy : x \leq 0,\ y = 0\}$에서 해석적인 일가함수로 $\arg z$를 $-\pi < \arg z < \pi$로 제한하면 $\text{Log} z = \log z$이다. 그러므로 Log z는 $\log z$의 분기이다.

$\log z$의 고윳값 Log z는 0과 음의 실수축을 제외한 모든 점에서 해석적이다. 이와 같이 다가함수의 분기를 정의하기 위해서 제거되어야할 직선 또는 곡선을 다가함수의 **분기절단**(branch cut)이라고 한다. 식 (2.47)의 $\log^* z$는 $\log z$의 분기이므로 원점에서 시작하는 어떤 반직선도 $\log z$의 분기절단이 될 수 있다.

f가 해석함수이면 $\log f(z)$의 미분은 연쇄법칙을 적용하여

$$\frac{d}{dz}\log f(z) = \frac{f'(z)}{f(z)} \qquad (f(z) \neq 0)$$

와 같이 구할 수 있다.

E2. $\cos z$는 정함수이므로 $\cos z \neq 0$인 점에서

$$(\log \cos z)' = \frac{(\cos z)'}{\cos z} = \frac{-\sin z}{\cos z} = -\tan z$$

이다.

■ **로그함수의 성질.** z_1, z_2가 0이 아닌 복소수일 때

$$|z_1 z_2| = |z_1||z_2|, \quad \arg(z_1 z_2) = \arg z_1 + \arg z_2$$

이므로

$$\begin{aligned} \log z_1 z_2 &= \ln|z_1 z_2| + i\arg(z_1 z_2) \\ &= \ln|z_1| + \ln|z_2| + i\arg z_1 + i\arg z_2 \\ &= (\ln|z_1| + i\arg z_1) + (\ln|z_2| + i\arg z_2) \\ &= \log z_1 + \log z_2 \end{aligned} \tag{2.48}$$

이다. 식 (2.48)은 $\log z_1$, $\log z_2$, $\log z_1 z_2$ 셋 가운데 어느 둘이 정해지면 식 (2.48)을 만족하는 나머지 하나를 결정할 수 있다는 의미이다.

E3. (1) $z_1 = z_2 = -1$일 때 $\log z_1 = 3\pi i$, $\log z_1 z_2 = \log 1 = 2\pi i$로 주어졌다면, $\log z_2 = -\pi$로 정하면 식

$$\log z_1 z_2 = \log z_1 + \log z_2$$

를 만족한다.

(2) $z_1 = z_2 = -1$가 고윳값으로 주어진 경우에는

$$\text{Log}\, z_1 + \text{Log}\, z_2 = i\pi + i\pi = 2\pi i$$

이다.

[연습문제 16]

1. 다음이 성립함을 보여라.

(1) $\operatorname{Log} i = \frac{\pi}{2}i$ (2) $\operatorname{Log}(-ei) = 1 - \frac{\pi}{2}i$

(3) $\log i = (2n\pi + \frac{\pi}{2})i$ (4) $\log(1-i) = \frac{1}{2} + (2n\pi - \frac{\pi}{4})i$

2. 다음을 보여라.

(1) $\operatorname{Log}(\frac{1}{\sqrt{2}} + \frac{i}{\sqrt{2}})^2 = 2\operatorname{Log}(\frac{1}{\sqrt{2}} + \frac{i}{\sqrt{2}})$

(2) $\operatorname{Log}(-\frac{1}{\sqrt{2}} + \frac{i}{\sqrt{2}})^2 \neq 2\operatorname{Log}(-\frac{1}{\sqrt{2}} + \frac{i}{\sqrt{2}})$

3. $\log z^{-1} = -\log z$임을 보여라.$(z \neq 0)$

4. 다음값을 모두 찾아라.

(1) $\log 1$ (2) $\log i$ (3) $\log(-i)$ (4) $\log(1+i)$

5. $\log z = \frac{\pi}{2}i$의 해를 구하여라.

6. 다음 함수 f가 음의 실수축 위의 모든 점에서 연속이 아님을 보여라.

$$f(z) = \log z \quad (z \neq 0, \ -\pi < \arg z \leq \pi)$$

7. (1) $u(x,y) = \ln\sqrt{x^2+y^2}$은 $\mathbb{C} - \{0\}$에서 조화함수인가?

(2) $\mathbb{C} - \{0\}$에서 $\operatorname{Re} f(z) = u(x,y)$인 해석함수는 존재하는가?

8. 로그함수의 분기 $\log z = \ln r + i\theta$ $(r > 0, \ \alpha < \theta < \alpha + 2\pi)$는

$$\log z = \frac{1}{2}\ln(x^2+y^2) + i\tan^{-1}\frac{y}{x}$$

로 쓸 수 있음을 보이고, 주어진 영역에서 해석적이며

$$\frac{d}{dz}\log z = \frac{1}{z}$$

임을 보여라.

9. (1) 다음을 보여라.

$$\operatorname{Re}[\log(z-1)] = \frac{1}{2}\ln[(x-1)^2+y^2]$$

(2) 위의 함수는 $z \neq 1$일 때 라플라스 방정식을 만족하는가?

17. 멱함수 z^α

임의의 복소수 α에 대해 $z \neq 0$일 때 멱함수 z^α는

$$z^\alpha = e^{\alpha \log z} = e^{\alpha(\ln|z| + i \arg z)} \quad (z \neq 0) \tag{2.49}$$

로 정의한다. 식 (2.49)에서 보는 것처럼 z^α는 로그함수를 이용하여 정의된다. 따라서 함수 z^α는 로그함수와 마찬가지로 다가함수이다. 또 $\frac{1}{e^z} = e^{-z}$이므로

$$\frac{1}{z^\alpha} = \frac{1}{e^{\alpha \log z}} = e^{-\alpha \log z} = z^{-\alpha}$$

이다.

E1. 멱함수 z^α의 정의, 식 (2.49)로부터

(1) $3^{\frac{1}{2}} = e^{\frac{1}{2}\log 3} = e^{\frac{1}{2}(\ln 3 + 2k\pi i)} = e^{\frac{1}{2}\ln 3} e^{k\pi i} = \pm\sqrt{3}$,

(2) $i^{\frac{1}{2}} = e^{\frac{1}{2}\log i} = e^{\frac{1}{2}(2k\pi + \frac{\pi}{2})i} = \pm\frac{\sqrt{2}}{2}(1+i)$,

(3) $2^i = e^{i(\log 2)} = e^{i(\ln 2 + 2k\pi i)} = e^{i\ln 2} e^{-2k\pi}$

와 같이 지수함수 z^α는 다가함수임을 알 수 있다. (여기서 k는 정수이다.)

위의 **E**1의 (3)에서 보는 것 처럼 2^i는 무한히 많은 값을 갖고, 특히 정수 k의 변화에 따라 2^i의 절댓값은 무한히 큰 값을 가질 수도, 0에 가까운 값을 가질 수도 있다.

Q1. i^{-2i}의 값은 모두 실수인가?

지수함수의 분기는 $z^\alpha = e^{\alpha \log z}$에서 로그함수의 분기를 이용하여 얻을 수 있다. $z^\alpha = e^{\alpha \log z}$에서 $\log z$를 $\log z$의 분기로 대신하면 z^α는 일가함수로 미분가능하며 도함수는 연쇄법칙을 이용하면

$$\begin{aligned}(z^\alpha)' = \left(e^{\alpha \log z}\right)' &= \frac{\alpha}{z} e^{\alpha \log z} = \alpha \frac{e^{\alpha \log z}}{e^{\log z}} = \alpha e^{(\alpha - 1)\log z} \\ &= \alpha z^{\alpha - 1} \quad (z \neq 0)\end{aligned} \tag{2.50}$$

이다. 함수 z^α가 일가함수가 되도록 로그분기를 고정하면 z^α는 로그분기가 정의된 영역에서 해석적인 함수이다. 그러므로 로그함수에서와 마찬가지로 분기를 조절하면 z^α는 $z \neq 0$인 모든 점에서 미분가능한 함수이다.

■ **z^α의 고윳값.** $\log z$의 고유분기 $\mathrm{Log}\, z$에 의해 결정된 멱함수의 분기 $z^\alpha = e^{\alpha \mathrm{Log} z}$를 z^α의 고유분기라고 한다. 고유분기에 의해 계산된 함숫값을 고윳값(principal value)라고 하고

$$PV\, z^\alpha = e^{\alpha \mathrm{Log}\, z}$$

로 나타낸다.

E2. i^i의 고윳값은

$$PV\, i^i = e^{i \mathrm{Log}\, i} = e^{i\frac{\pi}{2}} = i$$

이다.

앞의 식 (2.49)에 따라 0이 아닌 복소수 α를 밑으로 하는 함수 α^z는

$$\alpha^z = e^{z \log \alpha} \tag{2.51}$$

로 정의한다. 위의 식 (2.51)에서 $\log \alpha$의 값을 특정한 값으로 정하면 α^z는 정함수이고 도함수는

$$(\alpha^z)' = \left(e^{z \log \alpha}\right)' = e^{z \log \alpha} \log \alpha = \alpha^z \log \alpha \quad (\alpha \neq 0)$$

이다.

Q2. f가 정함수이고 α가 0이 아닌 복소수일 때 $\alpha^{f(z)}$의 도함수는?

[연습문제 17]

1. 다음이 갖는 값을 모두 찾아라.

(1) $(1+i)^i$ (2) $(-1)^{1/\pi}$

2. 다음 함수의 실수부와 허수부를 찾아라.

(1) x^x $(x \in \mathbb{R},\ x \neq 0)$ (2) $(iy)^{iy}$ $(y \in \mathbb{R},\ y \neq 0)$ (3) z^z $(z \neq 0)$

3. 다음을 구하여라.

(1) $PV\ i^{-2i}$ (2) $PV\ \left[\frac{e}{2}(-1-\sqrt{3}\,i)\right]^{3\pi i}$ (3) $PV\,(1-i)^{4i}$

4. $z \neq 0$이고 α가 실수일 때 $|z^\alpha| = PV\,|z|^\alpha$임을 보여라.

5. $\sqrt{z}$의 분기를 $\sqrt{z}$가 $\mathbb{C} - \{z = x + iy : x \leq 0, y = 0\}$에서 해석적이도록 선택할 때

(1) $f(z) = \sqrt{e^z + 1}$가 해석적인 영역은?

(2) $f'(z)$를 구하여라.

18. 삼각함수

지수함수

$$e^z = e^{x+iy} = e^x(\cos y + i \sin y)$$

에서 $z = x + iy$ 대신에 $iz = -y + ix$를 대입하면

$$e^{iz} = e^{-y+ix} = e^{-y}(\cos x + i \sin x) \tag{2.52}$$

이고, z 대신에 $-iz = y - ix$를 대입하면

$$e^{-iz} = e^{y-ix} = e^y(\cos x - i \sin x) \tag{2.53}$$

이다. 두 식 (2.52), (2.53)에서 $y = 0$일 때 지수함수로 표시된 실숫값을 갖는 삼각함수 $\sin x$, $\cos x$

$$\sin x = \frac{e^{ix} - e^{-ix}}{2i}, \quad \cos x = \frac{e^{ix} + e^{-ix}}{2} \tag{2.54}$$

를 얻을 수 있다. 복소평면에서 **삼각함수**(trigonometric functions)는 식 (2.54)를 복소평면으로 확장하여

$$\sin z = \frac{e^{iz} - e^{-iz}}{2i}, \quad \cos z = \frac{e^{iz} + e^{-iz}}{2} \tag{2.55}$$

로 정의한다.

다른 삼각함수들도 실수에서 정의되었던 것과 같은 방법으로

$$\tan z = \frac{\sin z}{\cos z}, \quad \cot z = \frac{\cos z}{\sin z}, \quad \sec z = \frac{1}{\cos z}, \quad \csc z = \frac{1}{\sin z}$$

와 같이 정의한다.

■ **삼각함수의 기본적인 성질.** 삼각함수는 지수함수를 이용하여 정의하였으므로 지수함수의 성질을 활용하면 삼각함수가 갖는 일반적인 규칙들을 알 수 있다.

E1. $\sin\left(z+\frac{\pi}{2}\right) = \cos z$이다. 식 (2.55)로부터

$$\begin{aligned}\sin\left(z+\frac{\pi}{2}\right) &= \frac{e^{i(z+\frac{\pi}{2})} - e^{-i(z+\frac{\pi}{2})}}{2i} = \frac{e^{iz}e^{\frac{i\pi}{2}} - e^{-iz}e^{-\frac{i\pi}{2}}}{2i} \\ &= \frac{ie^{iz} - (-i)e^{-iz}}{2i} = \frac{e^{iz} + e^{-iz}}{2} \\ &= \cos z\end{aligned}$$

를 얻을 수 있다.

Q1. 삼각함수의 정의, 식(2.55)를 이용하여 $\sin 2z = 2\sin z\cos z$임을 보여라.

위의 **E1**을 포함한 실함수로서 삼각함수가 갖는 다른 일반적인 성질들은 복소함수로서의 삼각함수에서도 성립한다. 예를 들어 $\sin z$는 기함수이고, $\cos z$는 우함수이다. 즉,

$$\sin(-z) = -\sin z, \quad \cos(-z) = \cos z$$

이며, $\sin z$와 $\cos z$는 주기함수로

$$\sin(z+2\pi) = \sin z, \quad \cos(z+2\pi) = \cos z$$

이다. 또한 식 (2.55)로부터

$$e^{iz} = \cos z + i\sin z$$

를 얻을 수 있고, 항등식

$$\sin(z_1 + z_2) = \sin z_1 \cos z_2 + \cos z_1 \sin z_2, \tag{2.56}$$

$$\cos(z_1 + z_2) = \cos z_1 \cos z_2 - \sin z_1 \sin z_2 \tag{2.57}$$

와

$$\sin^2 z + \cos^2 z = 1$$

이 성립함을 알 수 있다. 위의 식들은 모두 삼각함수의 정의, 식 (2.55)와 단순한 연산을 이용하여 증명할 수 있다.

복소함수로서 삼각함수 $\sin z$, $\cos z$는 모든 복소수 값을 함숫값으로 갖는다. 즉 임의의 복소수 c에 대해 방정식

$$\sin z = c, \quad \cos z = c$$

는 해를 갖는다. 사실 위 방정식은 모두 무한히 많은 해를 갖는다.

E2. 방정식 $\sin z = 5$의 해를 찾아보자. $\sin z$의 정의로부터

$$\sin z = \frac{e^{iz} - e^{-iz}}{2i} = 5$$

를 얻고, 이는 e^{iz}에 대한 방정식

$$(e^{iz})^2 - 10ie^{iz} - 1 = 0$$

으로 표현할 수 있다. 이 방정식을 e^{iz}에 대해 풀면

$$e^{iz} = \frac{10i \pm \sqrt{-100 + 4}}{2} = (5 \pm 2\sqrt{6})i$$

를 얻을 수 있다. 한편

$$e^{iz} = e^{i(x+iy)} = e^{-y}(\cos x + i \sin x) = (5 \pm 2\sqrt{6})i$$

이므로,

$$e^{-y} \cos x = 0, \quad e^{-y} \sin x = 5 \pm \sqrt{6} \tag{2.58}$$

이다. 위 (2.58)의 첫번째 식으로부터 $x = n\pi + \frac{\pi}{2}$ $(n \in \mathbb{Z})$을 얻을 수 있지만, x가 (2.58)의 두번째 식을 만족하기 위해서는 n은 짝수가 되어야

하고 $y=-\log(5\pm\sqrt{6})$이어야 한다. 따라서 방정식 $\sin z=5$는 무한히 많은 해

$$z=(2k\pi+\frac{\pi}{2})-i\log(5\pm\sqrt{6})\quad(k\in\mathbb{Z})$$

을 갖는다.

실함수로서 삼각함수가 갖는 성질이 복소수에서 모두 성립하는 것은 아니다. 실함수로서 $\sin x$는 모든 실수 x에 대해 $|\sin x|\le 1$인 유계인 함수이지만, 복소함수로서 $\sin z$는 유계인 함수가 아니다. 이것은 다음의 삼각부등식에 의해 설명될 수 있다.

$$|\sin z|=\left|\frac{e^{iz}-e^{-iz}}{2i}\right|\ge\frac{\big||e^{iz}|-|e^{-iz}|\big|}{2}=\frac{|e^{y}-e^{-y}|}{2}$$

이므로 $|y|$가 무한히 커지면 $|\sin z|$의 값도 무한히 커지게 된다. 따라서 $\sin z$는 유계인 함수가 아니다. $|z|$는 실수이므로 $\sin|z|$는 유계인 함수이지만 $\sin z$는 유계인 함수가 아니다. $\sin z$와 마찬가지로 $\cos z$ 또한 복소평면에서 유계가 아니다.

■ **$\sin z$의 실수부와 허수부**. 삼각함수의 정의(식 (2.55))로쿠터

$$\sin(iy)=\frac{e^{-y}-e^{y}}{2i}=i\,\frac{e^{y}-e^{-y}}{2}=i\sinh y,$$
$$\cos(iy)=\frac{e^{-y}+e^{y}}{2}=\cosh y$$

이므로 $z=x+iy$로 놓으면 식 (2.56), (2.57)에서

$$\sin z=\sin x\cosh y+i\cos x\sinh y \tag{2.59}$$

$$\cos z=\cos x\cosh y-i\sin x\sinh y \tag{2.60}$$

를 얻을 수 있다. $\sin z=u(x,y)+iv(x,y)$라 하면

$$u(x,y)=\sin x\cosh y,\quad v(x,y)=\cos x\sinh y$$

이다.

실함수로서 $\sin x$는 $x = n\pi$ $(n \in \mathbb{Z})$일 때만 $\sin x = 0$이다. 복소함수로서 $\sin z = 0$의 해 또한 $z = n\pi$ $(n \in \mathbb{Z})$뿐이다. $\sin z$의 정의로부터 $z = n\pi (n \in \mathbb{Z})$일 때 $\sin z = 0$임을 알 수 있다. 이제 $\sin z = 0$이면, 위의 식 (2.59)로부터

$$\begin{aligned} |\sin z|^2 &= \sin^2 x \cosh^2 y + \cos^2 x \sinh^2 y \\ &= \sin^2 x (1 + \sinh^2 y) + \cos^2 x \sinh^2 y \\ &= \sin^2 x + \sinh^2 y = 0 \end{aligned}$$

이어야 한다. 다시 말해 $\sin z = \sin(x+iy) = 0$이면 $\sin x = 0,\ \ \sinh y = 0$이어야 하므로 $x = n\pi,\ y = 0$이다. 그러므로 $\sin z = 0$의 해는 $z = n\pi (n \in \mathbb{Z})$뿐이다.

Q2. $|\cos z|^2 = \cos^2 x + \sinh^2 y$임을 보여라.

■ 삼각함수의 미분. 삼각함수는 지수함수를 이용하여 정의하였으므로 미분공식을 이용하여 도함수를 찾을 수 있다. 예를 들어 $\sin z$는

$$\sin z = \frac{e^{iz} - e^{-iz}}{2i}$$

로 정의되었고 $e^{iz},\ e^{-iz}$가 정함수이므로 $\sin z$는 정함수이고, 도함수는

$$(\sin z)' = \frac{ie^{iz} - (-i)e^{-iz}}{2i} = \frac{e^{iz} + e^{-iz}}{2} = \cos z$$

이다. 또 $\cos z$는 도함수가

$$\begin{aligned} (\cos z)' &= \left(\frac{e^{iz} + e^{-iz}}{2}\right)' = \frac{ie^{iz} - ie^{-iz}}{2} = -\frac{e^{iz} - e^{-iz}}{2i} \\ &= -\sin z \end{aligned}$$

인 정함수이다.

다른 삼각함수의 도함수는 실함수에서와 마찬가지 방법으로 삼각함수의 정의와 미분공식을 이용해서 찾을 수 있다.

E3. $\tan z = \frac{\sin z}{\cos z}$는 $\cos z = 0$인 점 $z = k\pi + \frac{\pi}{2}$ $(k \in \mathbb{Z})$를 제외한 점에서 해석적이고 도함수는

$$(\tan z)' = \left(\frac{\sin z}{\cos z}\right)' = \frac{\cos^2 z + \sin^2 z}{\cos^2 z} = \frac{1}{\cos^2 z} = \sec^2 z$$

이다.

위의 **E3**에서와 같은 방법으로 $\cot z$, $\sec z$, $\csc z$의 도함수

$$(\cot z)' = -\csc^2 z,\ (\sec z)' = \sec z \tan z,\ (\csc z)' = -\csc z \cot z$$

를 구할 수 있다.

[연습문제 18]

1. 복소평면의 모든 점 z에서 $\sin^2 z + \cos^2 z = 1$임을 보여라.

2. $e^{iz} = \cos z + i \sin z$임을 보여라.

3. 복소평면에서 $\cos z$는 유계가 아님을 보여라.

4. $\cos z$의 실수부와 허수부를 구하여라.

5. $\cos z = 0$의 해는 $z = n\pi + \frac{\pi}{2}$ $(n \in \mathbb{Z})$뿐인가?

6. 다음 부등식이 성립함을 보여라.$(z = x + iy)$

(1) $|\sin z| \geq |\sin x|$ (2) $|\cos z| \geq |\cos x|$

(3) $|\sinh y| \leq |\sin z| \leq \cosh y$ (4) $|\sinh y| \leq |\cos z| \leq \cosh y$

7. $\sin \bar{z}$는 해석함수인가?

8. 복소평면의 모든 점 z에서 $\overline{\cos(iz)} = \cos(i\bar{z})$임을 보여라.

9. $\overline{\sin(iz)} = \sin(i\bar{z})$인 점을 모두 찾아라.

19. 쌍곡선함수

복소함수로서 쌍곡선함수도 실수값을 갖는 쌍곡선 함수를 복소평면으로 확장하여 쌍곡사인(hyperbolic sine), 쌍곡코사인(hyperbolic cosine)함수를 각각

$$\sinh z = \frac{e^z - e^{-z}}{2}, \quad \cosh z = \frac{e^z + e^{-z}}{2} \tag{2.61}$$

로 약속한다. 다른 쌍곡선 함수도 실함수에서와 같은 방법으로

$$\tanh z = \frac{\sinh z}{\cosh z}, \quad \coth z = \frac{\cosh z}{\sinh z}, \quad \operatorname{sech} z = \frac{1}{\cosh z}, \quad \operatorname{csch} z = \frac{1}{\sinh z}$$

로 정의한다.

앞의 정의 (2.61)에서 보는 것처럼 $\sinh z$와 $\cosh z$는 e^z에 의해 정의되었으므로 주기가 $2\pi i$인 주기함수이고,

$$\begin{aligned}\sinh z &= \frac{e^z - e^{-z}}{2} = -i\frac{e^{-z} - e^z}{2i} = -i\frac{e^{i(iz)} - e^{-i(iz)}}{2i} \\ &= -i\sin(iz) \end{aligned} \tag{2.62}$$

이고, 비슷한 방법으로

$$\cosh z = \cos(iz) \tag{2.63}$$

임을 보일 수 있다. 다음은 쌍곡선 함수, 삼각함수를 포함하는 항등식들이다. 이 식들이 성립하는 것은 앞의 식 (2.62), (2.63)과 쌍곡선 함수의 정의를 이용하여 보일 수 있다. $z = x + iy$라 하면 다음 식들이 성립한다.

$$\sinh(-z) = -\sinh z, \quad \cosh(-z) = \cosh z, \tag{2.64}$$

$$\cosh^2 z - \sinh^2 z = 1, \tag{2.65}$$

$$\sinh(z_1 + z_2) = \sinh z_1 \cosh z_2 + \cosh z_1 \sinh z_2, \tag{2.66}$$

$$\cosh(z_1 + z_2) = \cosh z_1 \cosh z_2 + \sinh z_1 \sinh z_2, \tag{2.67}$$

$$\sinh z = \sinh x \cos y + i \cosh x \sin y, \tag{2.68}$$

$$\cosh z = \cosh x \cos y + i \sinh x \sin y, \tag{2.69}$$

$$|\sinh z|^2 = \sinh^2 x + \sin^2 y, \tag{2.70}$$

$$|\cosh z|^2 = \sinh^2 x + \cos^2 y. \tag{2.71}$$

E1. $\sinh z = 0$의 해에 대해 알아보자. 식 (2.61)로부터 $z = n\pi i$는 $\sinh z = 0$의 해임을 알 수 있다. 또 $\sinh z = 0$이면 식 (2.70)에 의해

$$\sinh^2 x = 0, \quad \sin^2 y = 0$$

이어야 하므로 $x = 0$, $y = n\pi$이다. 즉 $z = x + iy = n\pi i$ $(n \in \mathbb{Z})$만이 $\sinh z = 0$의 해이다.

■ **쌍곡선함수의 미분.** 쌍곡선함수도 삼각함수와 마찬가지로 지수함수 e^z를 이용하여 정의되었으므로 삼각함수에서와 같은 방법으로 미분을 구할 수 있다. 예를 들어 $\sinh z$는

$$\sinh z = \frac{e^z - e^{-z}}{2}$$

로 정의되었고 e^z, e^{-z}가 정함수이므로 $\sinh z$도 복소평면 위의 모든 점 z에서 미분가능한 정함수이고, 도함수는

$$(\sinh z)' = \frac{e^z + e^{-z}}{2} = \cosh z$$

이다. 같은 방법으로 $\cosh z$도 정함수이고

$$(\cosh z)' = \sinh z$$

임을 보일 수 있다. 미분공식을 이용하여 다른 쌍곡선함수의 도함수

$$(\tanh z)' = \text{sech}^2 z, \qquad (\coth z)' = -\text{csch}^2 z$$
$$(\text{sech}\, z)' = -\text{sech}\, z \tanh z, \qquad (\text{csch}\, z)' = -\text{csch}\, z \coth z$$

를 얻을 수 있다.

[연습문제 19]

1. $\cosh z = 0$의 해는 $z = \left(\frac{\pi}{2} + n\pi\right)i$뿐임을 보여라.$(n \in \mathbb{Z})$

2. $\sinh(2z) = 2\sinh z \cosh z$임을 보여라.

3. $|\sinh x| \le |\cosh z| \le \cosh x$임을 보여라.$(z = x + iy)$

4. 다음을 보여라.

(1) $\sinh(z + \pi i) = -\sinh z$　　(2) $\cosh(z + pii) = \cosh z$

(3) $\tanh(z + \pi i) = \tanh z$

5. $\tanh z = -i\tan(iz)$임을 보여라.

6. $(\tanh z)' = \text{sech}^2 z$임을 보여라.

7. 다음 방정식의 해를 찾아라.

(1) $\sinh z = i$　　(2) $\cosh z = -2$

20. 역삼각함수, 역쌍곡선함수

sin함수의 역함수는 $\sin^{-1} z$로 나타내고

$$w = \sin^{-1} z \iff z = \sin w$$

로 정의한다. 역삼각함수 $\cos^{-1} z$, $\tan^{-1} z$도 $\sin^{-1} z$와 같은 방법으로 정의한다.

■ 역삼각함수. 삼각함수는 지수함수를 이용하여 정의하였다. 그러므로 삼각함수의 역함수는 지수함수의 역함수인 로그함수와 관련이 있다. sin 함수의 역함수를 찾아보자. 주어진 $z \in \mathbb{C}$에 대해 $z = \sin w$의 해는

$$z = \sin w = \frac{e^{iw} - e^{-iw}}{2i}$$

로부터 방정식

$$e^{2iw} - 2ize^{iw} - 1 = 0$$

을 얻는다. 이 방정식은 e^{iw}에 관한 이차방정식이므로 해

$$e^{iw} = iz + (1 - z^2)^{\frac{1}{2}}$$

을 찾을 수 있다. 그러므로

$$\sin^{-1} z = w = -i \log[iz + (1 - z^2)^{\frac{1}{2}}] \tag{2.72}$$

이다. 위 식 (2.72)에서 $(1 - z^2)^{\frac{1}{2}}$은 다가함수임에 유의해야 한다. 비슷한 방법으로 $\cos z$, $\tan z$의역함수

$$\cos^{-1} z = -i \log[z + (z^2 - 1)^{\frac{1}{2}}], \quad \tan^{-1} z = \frac{i}{2} \log \frac{i + z}{i - z}$$

를 얻을 수 있다.

E1. 식 (2.72)에 의해 $\sin^{-1}(-i) = -i \log(1 \pm \sqrt{2})$이다. 그런데

$$\begin{aligned} \log(1 + \sqrt{2}) &= \ln(1 + \sqrt{2}) + 2n\pi i, \\ \log(1 - \sqrt{2}) &= \ln(\sqrt{2} - 1) + (2n + 1)\pi i \\ &= -\ln(1 + \sqrt{2}) + (2n + 1)\pi i \quad (n \in \mathbb{N}) \end{aligned}$$

또는

$$\log(1 \pm \sqrt{2}) = (-1)^n \ln(1+\sqrt{2}) + n\pi i \quad (n \in \mathbb{N})$$

이므로 $\sin^{-1}(-i)$는 무한히 많은 값

$$\sin^{-1}(-i) = n\pi + i(-1)^{n+1} \ln(1+\sqrt{2}) \quad (n \in \mathbb{Z})$$

를 갖는다.

Q1. 위의 **E**1에서 $\sin^{-1}(-i) = -i\log(1 \pm \sqrt{2})$인 이유, 즉 $\log(1+2^{\frac{1}{2}}) = \log(1 \pm \sqrt{2})$인 이유를 설명하여라.

■ **역삼각함수의 미분**. $\sin^{-1} z$, $\cos^{-1} z$, $\tan^{-1} z$는 모두 다가함수이다. 그러나 로그함수와 제곱근이 일가함수가 되도록 분기를 택하면 미분가능한 함수이다. 예를 들어

$$\sin^{-1} z = -i\log\left(iz + (1-z^2)^{\frac{1}{2}}\right)$$

의 도함수는

$$\begin{aligned}(\sin^{-1} z)' &= \frac{-i}{iz+(1-z^2)^{\frac{1}{2}}}\left(i - \frac{z}{(1-z^2)^{\frac{1}{2}}}\right) \\ &= \frac{-i}{iz+(1-z^2)^{\frac{1}{2}}} \frac{i[iz+(1-z^2)^{\frac{1}{2}}]}{(1-z^2)^{\frac{1}{2}}} \\ &= \frac{1}{(1-z^2)^{\frac{1}{2}}}\end{aligned}$$

이다. 비슷한 방법으로 $\cos^{-1} z$, $\tan^{-1} z$의 도함수

$$(\cos^{-1} z)' = -\frac{1}{(1-z^2)^{\frac{1}{2}}}, \quad (\tan^{-1} z)' = \frac{1}{1+z^2}$$

를 구할 수 있다.

■ **쌍곡선함수의 역함수**. 쌍곡선함수 sinh의 역함수는 $\sinh^{-1} z$로 나타내고

$$w = \sinh^{-1} z \Leftrightarrow z = \sinh w$$

로 정의한다. 다른 역쌍곡선함수 $\cosh^{-1} z$, $\tanh^{-1} z$도 같은 방법으로 정의한다.

쌍곡선함수의 역함수도 삼각함수의 역함수를 찾을 때와 비슷한 방법으로 구할 수 있다. 예를 들어 $\sinh w$의 역함수는

$$z = \sinh w = \frac{e^w - e^{-w}}{2}$$

로부터

$$\sinh^{-1} z = w = \log[z + (z^2 + 1)^{\frac{1}{2}}]$$

임을 알 수 있다. 여기서 $(z^2 + 1)^{\frac{1}{2}}$는 두 개의 값을 갖는 다가함수이다. 또

$$\cosh^{-1} z = \log[z + (z^2 - 1)^{\frac{1}{2}}], \quad \tanh^{-1} z = \frac{1}{2} \log \frac{1 + z}{1 - z}$$

이다.

[연습문제 20]

1. 다음 값을 모두 구하여라.

(1) $\tan^{-1}(2i)$ (2) $\cos^{-1}(-i)$ (3) $\cosh^{-1}(-1)$

2. $\cos^{-1} z = -i \log[z + (z^2 - 1)^{\frac{1}{2}}]$임을 보여라.

3. $\cos z = \sqrt{2}$의 해를 구하여라.

4. $(\tan^{-1} z)' = \frac{1}{1+z^2}$임을 보여라.

5. $\cosh^{-1} z = \log[z + (z^2 - 1)^{\frac{1}{2}}]$임을 보여라.

3

복소함수의 적분과 코시의 정리

복소함수의 적분은 경로적분으로 정의된다. 이 장에서는 복소함수 적분의 계산 방법을 공부하고 적분의 응용으로 설명할 수 있는 대수학의 기본정리, 최대절댓값 정리 등에 대해 알아본다.

21. 복소함수 $w(t)$의 적분

함수 $w(t)$를 실수 t를 변수로 갖는 복소함수 $w : [a, b] \to \mathbb{C}$라 하고

$$w(t) = u(t) + iv(t)$$

로 나타내자. 여기서 u, v는 실수를 함숫값으로 갖는 함수이다. 구간 $a \le t \le b$에서 u, v의 적분이 존재할 경우 $w(t)$의 적분은

$$\int_a^b w(t)dt = \int_a^b u(t)dt + i\int_a^b v(t)dt \tag{3.1}$$

로 정의한다. 위의 정의로부터

$$\mathrm{Re}\int_a^b w(t)dt = \int_a^b \mathrm{Re}[w(t)]dt,\ \mathrm{Im}\int_a^b w(t)dt = \int_a^b \mathrm{Im}[w(t)]dt$$

임을 알 수 있다.

E1. 구간 $0 \le t \le \pi$에서 $w(t) = \cos t + i\sin t$의 적분은

$$\int_0^\pi w(t)dt = \int_0^\pi \cos t\, dt + i\int_0^\pi \sin t\, dt = 2i$$

이다.

■ **적분의 성질**. 위의 식 (3.1)로부터 구간 $[a, b]$에서 복소함수 $w(t) = u(t) + iv(t)$의 적분은 실숫값을 갖는 함수 $u(t)$, $v(t)$에 의해 결정됨을 알 수 있다. 그러므로 $w(t)$의 적분에서도 실숫값을 갖는 함수의 적분과 관련된 기본적인 성질이 유지된다. 예를 들어 함수 w가 $[a, b]$에서 연속이고 $a < c < b$이면

$$\int_a^b w(t)\, dt = \int_a^c w(t)\, dt + \int_c^b w(t)\, dt$$

이고, 구간 $[a, b]$에서 $W(t) = U(t) + iV(t)$가 $w(t)$의 역도함수이면 $w(t)$의 적분은 미적분학의 기본정리를 만족한다. 즉

$$\begin{aligned}\int_a^b w(t)\, dt =& \int_a^b u(t)dt + i\int_a^b v(t)dt \\ =&[U(b) - U(a)] + i[V(b) - V(a)] \\ =&[U(b) + iV(b)] - i[U(a) + V(a)] = W(b) - W(a)\end{aligned} \tag{3.2}$$

이다.

E2. $w(t) = e^{2it}$, $W(t) = \frac{1}{2i}e^{2it}$라고 하면

$$W'(t) = \left(\frac{1}{2i}e^{2it}\right)' = e^{2it} = w(t)$$

이므로

$$\int_0^{\frac{\pi}{2}} e^{2it}dt = W(\frac{\pi}{2}) - W(0) = i$$

이다.

Q1. $w_1, w_2 : [a,b] \to \mathbb{C}$가 연속함수이고 $\alpha, \beta \in \mathbb{C}$일 때

$$\int_a^b [\alpha w_1(t) + \beta w_2(t)]\, dt = \alpha \int_a^b w_1(t)dt + \beta \int_a^b w_2(t)dt$$

임을 설명하여라.

■ 적분의 절댓값. 실함수의 적분이 갖는 성질

$$\left|\int_a^b f(t)dt\right| \le \int_a^b |f(t)|dt$$

는 복소함수의 적분에서도 성립한다. 실수를 변수로 갖는 복소함수 f가 $[a,b]$에서 적분가능 하다고 하자. $\int_a^b f(t)dt = 0$일 때 위 부등식은 성립한다.

$$\int_a^b f(t)dt = \alpha e^{i\theta}\ (\alpha > 0)$$

라고 하면,

$$\alpha = \left|\int_a^b f(t)dt\right| = e^{-i\theta}\int_a^b f(t)dt = \int_a^b e^{-i\theta}f(t)dt \tag{3.3}$$

이다. α는 실수이므로

$$\begin{aligned}\alpha &= \text{Re}\int_a^b e^{-i\theta}f(t)dt = \int_a^b \text{Re}\ \left(e^{-i\theta}f(t)\right) dt \\ &\le \int_a^b \left|\text{Re}\left(e^{-i\theta}f(t)\right)\right| dt \le \int_a^b |e^{-i\theta}f(t)|dt \\ &= \int_a^b |e^{-i\theta}|\,|f(t)|dt = \int_a^b |f(t)|dt \end{aligned} \tag{3.4}$$

이다. 식 (3.3), (3.4)로부터

$$\left|\int_a^b f(t)dt\right| \leq \int_a^b |f(t)|dt$$

이다.

[연습문제 21]

1. 다음 적분을 계산하여라.

(1) $\displaystyle\int_1^2 \left(\frac{1}{t} - i\right) dt$ (2) $\displaystyle\int_0^{\frac{\pi}{4}} e^{2it}\, dt$

2. 아래의 $w(t)$에 대해 $\displaystyle\int_0^1 w(t)dt$와 $\displaystyle\int_0^1 \overline{w(t)}\, dt$를 계산하여라.

(1) $w(t) = t + it$ (2) $w(t) = e^{\pi ti} - 1$

3. m, n이 정수일 때 적분 $\displaystyle\int_0^{2\pi} e^{imt}e^{-int}\, dt$를 구하여라.

4. $w : [a, b] \to \mathbb{C}$가 연속함수일 때 다음을 설명하여라.

$$\overline{\int_a^b w(t)\, dt} = \int_a^b \overline{w(t)}\, dt$$

5. 다음 부등식이 성립함을 보여라.

(1) $\displaystyle\left|\int_0^1 e^{t+it}dt\right| < e$ (2) $\displaystyle\left|\int_0^2 \frac{e^{it}}{t-i}dt\right| < 2$

22. 경로

복소평면에서 곡선(curve)은 매개변수를 이용하여

$$\gamma :\ z(t) = x(t) + iy(t), \quad a \leq t \leq b \tag{3.5}$$

로 정의된다. 여기서 함수 x, y는 실수 t를 변수로 갖는 연속함수이다. 따라서 곡선은 연결집합이며 콤팩트집합인 $[a, b]$의 연속함수에 의한 상(image)이므로 연결집합이고, 콤팩트집합이다. 곡선 γ의 점 중에서 $z(a)$와 $z(b)$를 각각 곡선 γ의 **시점**(initial point), **종점**(terminal point)이라고 부른다. 곡선 γ의 시점과 종점이 일치하면 γ를 **닫힌 곡선**(closed curve)이라 하고, $t_1 \neq t_2$일 때 $z(t_1) \neq z(t_2)$이면 γ를 **단순 곡선**(simple curve)이라 하며, 닫힌 곡선 중에서 $a < t_1 < t_2 < b$일 때 $z(t_1) \neq z(t_2)$인 곡선을 **단순닫힌 곡선**(simply closed curve), 또는 **조단 곡선**(Jordan curve)이라고 한다. 그림 3.1은 차례로 단순 곡선, 단순닫힌 곡선, 단순 곡선이 아닌 닫힌 곡선, 닫히지도 단순하지도 않은 곡선을 보여준다.

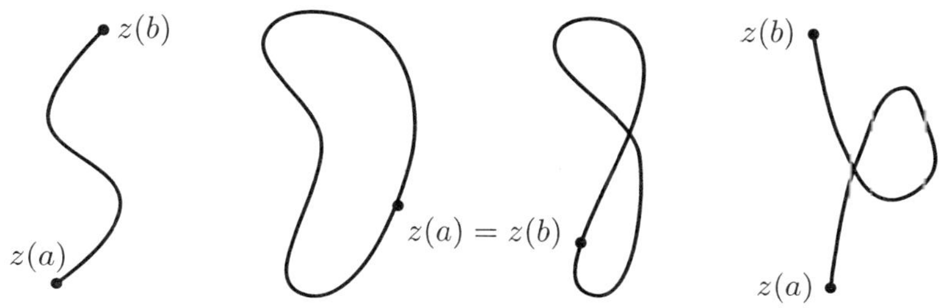

그림 3.1 곡선

E1. 곡선 $z(t) = \cos t + i \sin t,\ 0 \leq t \leq 2\pi$는 원점을 중심으로 하고 반지름이 1인 원으로 시점과 종점이 $z(0) = 1 = z(2\pi)$로 일치하는 단순닫힌 곡선이다. 이 곡선은 반시계방향으로 움직인다.

곡선의 기하학적 형태만을 고려한다면 한 곡선을 나타내는 방법은 다양하다. 위 **E1**의 곡선은 $z(t) = e^{it}$ $(0 \leq t \leq 2\pi)$로 나타낼 수 있다. 원점을 중심으로 하고 반지름이 1인 원은

$$\gamma_1 :\ z(t) = e^{-it} \quad (0 \leq t \leq 2\pi) \tag{3.6}$$

또는

$$\gamma_2 :\ z(t) = e^{i2t} \quad (0 \leq t \leq 2\pi) \tag{3.7}$$

로 나타낼 수도 있다. 그러나 식 (3.6)의 γ_1은 시계방향으로 움직여서 원을 그리고, 식 (3.7)의 γ_2는 반시계방향으로 움직이지만 원을 따라 두 바퀴를 움직인다.

■ **경로**. 곡선 $\gamma : z(t) = x(t) + iy(t),\ a \le t \le b$의 도함수 $z'(t)$가 연속이면 γ를 **매끄러운 곡선**(smooth curve)이라고 한다. 함수 $h(t)$가 구간 $[a, b]$에서 불연속인 점이 많아야 유한개이고, 각각의 불연속 점에서 왼쪽 극한과 오른쪽 극한이 존재하면, $h(t)$를 **구분적으로 연속**(sectionally continuous)인 함수라고 한다. 구분적으로 연속인 도함수를 갖는 곡선을 **경로**(contour)라고 한다. γ_1의 종점과 γ_2의 시점이 일치할 때 두 곡선 γ_1, γ_2의 합은 γ_1의 종점과 γ_2의 시점을 연결하는 것으로 정의하고 $\gamma_1 + \gamma_2$로 표현한다. 경로 γ는 유한개의 매끄러운 곡선 $\gamma_1, \gamma_2, \cdots, \gamma_n$의 합

$$\gamma = \gamma_1 + \gamma_2 + \cdots + \gamma_n \tag{3.8}$$

으로 나타낼 수 있다. 곡선 $z = z(t)$가 경로이면, $z(t)$는 연속 함수이고, $z'(t)$는 구분적으로 연속인 함수이다. 경로 γ가 단순닫힌 곡선이면 γ를 **단순닫힌 경로**(simple closed contour)라고 한다. 곡선 γ와 같은 모양이지만 움직이는 방향이 γ와 반대 방향인 곡선은 $-\gamma$로 나타낸다.

E2. 구간 $0 \le t \le 1$에서 정의된 두 곡선

$$\gamma_1 : z_1(t) = t + it, \quad \gamma_2 : z_2(t) = (1+t) + i(1-t)$$

는 모두 매끄러운 곡선이고 γ_1의 종점과 γ_2의 시점은 $1+i$로 같다. 그러므로 γ_1의 종점과 γ_2의 시점을 연결한 곡선 $\gamma = \gamma_1 + \gamma_2$는 경로이고

$$\gamma : z(t) = \begin{cases} t + it, & 0 \le t < 1 \\ t + i(2-t), & 1 \le t \le 2 \end{cases}$$

로 나타낼 수 있다.(그림 3.2)

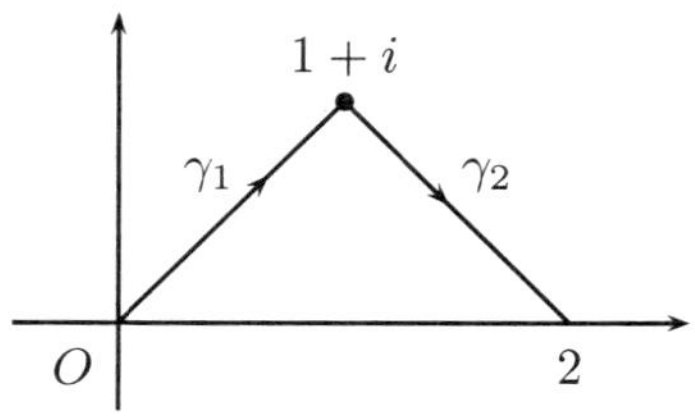

그림 3.2 경로 $\gamma_1 + \gamma_2$

■ **단순연결영역**. 한 영역 D안에 들어있는 모든 단순닫힌 곡선의 안쪽의 점들이 모두 D의 점이면 D를 **단순연결 영역**(simply connected domain)이라고 한다. 단순연결 영역이 아닌 영역 즉, D에 속하지 않는 점을 안쪽에 포함하는 단순닫힌 곡선을 D안에 그릴 수 있으면 영역 D를 **다중연결 영역**(multiply connected domain)이라고 한다.

(a) (b)

그림 3.3 (a) 단순연결 영역 (b) 다중연결 영역

E3. $D_1 = \{z : |z| < 1\}$는 단순연결 영역이지만, $D_2 = \{z : 1 < |z| < 3\}$은 다중연결 영역이다. 단순닫힌 곡선 $|z| = 2$는 D_2안에 놓여 있지만 $|z| = 2$의 안쪽에 놓인 점 $z = 0$는 D_2에 속하지 않는다.

γ를 영역 D의 경계라고 하자. γ의 진행 방향을 따라 γ 위를 움직일 때 영역 D 안의 점들이 진행방향의 왼쪽에 있을 때 γ는 **양의 방향**(positive orientation)을 갖는다고 한다. 다음의 그림 3.4의 γ_1, γ_2는 다중연결 영역의 경계의 양의 방향을 보여주고 있다. 그러나 γ가 영역의 경계가 아니라 영역의 안쪽에 놓여있는 단순닫힌 곡선인 경우에는 반시계방향을 양의 방향으로 정한다.

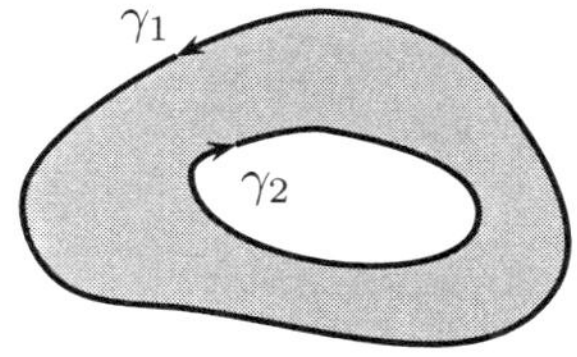

그림 3.4 다중연결 영역의 경계

E4. 곡선 $z(t) = \cos t + i \sin t$, $0 \le t \le 2\pi$는 반시계 방향으로 원을 그리므로 양의 방향을 갖지만, 곡선 $z(t) = \cos t - i \sin t$, $0 \le t \le 2\pi$은 시계방향으로 원을 그리므로 양의 방향이 아니다.

[연습문제 22]

1. 다음 곡선의 개형을 그려라.

(1) $z(t) = t + i\sin t \ (0 \le t \le \pi)$

(2) $z(t) = \sinh t + it \ (0 \le t \le 1)$

(3) $z(t) = 2\cos t + 3i\sin t \ (-\pi \le t \le \pi)$

2. 다음 곡선을 나타내는 식을 찾아라.

(1) 원점과 점 $1+i$를 연결하는 선분

(2) $-1+i$를 중심으로 하고 반지름이 1인 양의 방향을 갖는 원

3. 곡선 γ가 $z(t) = (2-t) + it \, (0 \le t \le 1)$로 주어졌을 때 $-\gamma$를 매개변수를 이용하여 나타내어라.

4. 모든 곡선은 유계임을 설명하여라.

23. 경로적분

이제 복소수를 변수로 갖는 복소함수의 적분에 대해 알아보자. 복소함수의 적분은 복소평면 위의 경로 γ 위에서 함숫값 $f(z)$와 연관지어 정의된다. 복소함수의 적분은 **경로적분**(contour integral)이다. 그러므로 적분은 함수 f와 경로 γ에 의존한다. 경로 γ의 시점을 z_0, 종점을 z_1이라고 하면 복소함수 $f(z)$의 경로 γ 위에서의 적분은

$$\int_\gamma f(z)\,dz, \quad \text{또는} \quad \int_{z_0}^{z_1} f(z)\,dz \tag{3.9}$$

로 나타낸다. 그러나 앞에서 언급한 것처럼 적분은 경로에 의존적이기 때문에 위의 (3.9)의 두 번째 표현은 f의 정의역 안의 z_0와 z_1을 연결하는 경로의 선택에 무관하게 적분의 결과가 같은 값을 가질 때에 사용된다.

■ **적분의 정의**. 곡선 $\gamma : z(t) = x(t) + iy(t), \ a \le t \le b$가 매끄러운 곡선이고, 함수

f가 γ 위에서 연속이면 $f(z(t))z'(t)$는 구간 $a \le t \le b$에서 연속이다. 그러므로 구간 $a \le t \le b$에서 $f(z(t))z'(t)$는 적분가능한 함수이다.

함수 f가 매끄러운 곡선 $\gamma : z(t) = x(t) + iy(t),\ a \le t \le b$ 위에서 연속이면 f의 γ에서의 적분은

$$\int_\gamma f(z)\ dz = \int_a^b f(z(t))z'(t)\ dt \tag{3.10}$$

로 정의한다.

위의 식 (3.10)의 피적분 함수 $f(z(t))z'(t)$는 앞의 21절에서 다루었던 실수를 변수로 갖는 복소함수 $w(t)$와 같은 형태이다.

E1. 경로 $\gamma : z(t) = re^{it}$ $(r > 0,\ 0 \le t \le 2\pi)$는 양의 방향을 갖는 곡선으로 $z'(t) = ire^{it}$인 매끄로운 곡선(경로)이다. 곡선 γ 위에서 함수 $f(z) = \frac{1}{z}$의 적분은

$$f(z(t))z'(t) = \frac{1}{z(t)}z'(t) = \frac{1}{re^{it}}ire^{it} = i$$

이므로 식 (3.10)에 의해

$$\int_\gamma \frac{1}{z}\ dz = \int_0^{2\pi} \frac{1}{re^{i\theta}}ire^{i\theta}\ d\theta = \int_0^{2\pi} i\ d\theta = 2\pi i$$

이다. 위에서 적분의 결과는 원의 반지름 r의 크기에 관계없이 $2\pi i$로 일정하다.

Q1. 주어진 경로γ_1, γ_2를 따라 적분 $\int_{\gamma_k} z^2\ dz$ $(k = 1, 2)$를 구하여라.

(1) $\gamma_1 : z(t) = t + it$ $(0 \le t \le 1)$

(2) $\gamma_2 : z(t) = t + it^2$ $(0 \le t \le 1)$

■ **경로에 따른 적분.** $\gamma : z = z(t),\ \ a \le t \le b$가 z_1을 시점으로 하고 z_2를 종점으로하는 경로일 때 z_2를 시점으로 하고 γ와 역방향을 가지며 z_1을 종점으로 하는 경로를 $-\gamma$로 나타내며 $-\gamma$는 매개변수를 이용하여

$$-\gamma :\ z = z(-t),\ \ -b \le t \le -a$$

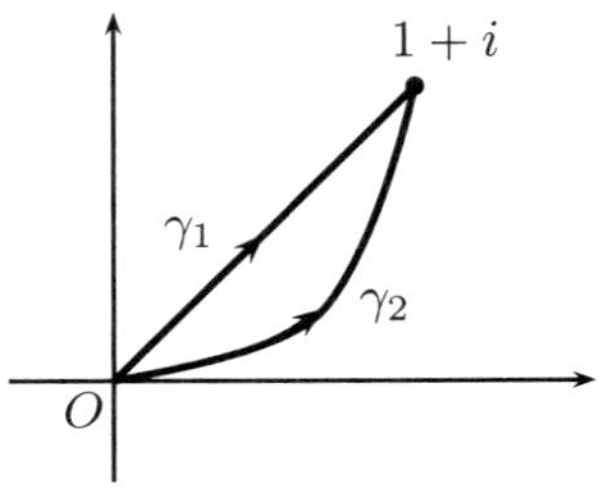

그림 3.5 경로 γ_1, γ_2

로 쓸 수 수 있다. 그러므로

$$\int_{-\gamma} f(z)dz = \int_{-b}^{-a} f(z(-t))\frac{d}{dt}z(-t)\,dt \tag{3.11}$$

이다. 식 (3.11)에서 $s=-t$로 놓으면

$$f(z(-t))\frac{d}{dt}z(-t)\,dt = f(z(s))[-z'(s)(-ds) = f(z(s))z'(s)\,ds$$

이므로

$$\int_{-\gamma} f(z)dz = \int_{b}^{a} f(z(s))z'(s)ds = -\int_{a}^{b} f(z(s))z'(s)ds$$
$$= -\int_{\gamma} f(z)dz \tag{3.12}$$

이다.

E2. $\gamma : z(t) = 2e^{it}$ $(0 \le t \le \pi)$일 때 적분 $\int_{-\gamma} \bar{z}\,dz$은

$$\int_{-\gamma} \bar{z}\,dz = -\int_{\gamma} \bar{z}\,dz = -\int_0^{\pi} \overline{z(t)}\,z'(t)\,dt = -\int_0^{\pi} 2e^{-it}(2ie^{it})\,dt$$
$$= -4i\int_0^{\pi} 1\,dt = -4\pi i$$

와 같이 계산할 수 있다.

앞 절의 식 (3.8)과 같이 주어진 경로 $\gamma = \gamma_1+\gamma_2+\cdots+\gamma_n$에서 연속인 함수 f의 경로 γ 위에서의 적분은

$$\int_{\gamma} f(z)dz = \int_{\gamma_1+\gamma_2+\cdots+\gamma_n} f(z)dz$$
$$= \int_{\gamma_1} f(z)dz + \int_{\gamma_2} f(z)dz + \cdots + \int_{\gamma_n} f(z)dz \tag{3.13}$$

와 같이 계산한다.

E3. 두 경로가 $\gamma_1 : z_1(t) = t + it\ (0 \le t \le 1),\ \gamma_2 : z_2(t) = t + 1 + i,\ (0 \le t \le 1)$ 로 주어졌을 때 γ_1의 종점과 γ_2의 시점이 같으므로 $\gamma = \gamma_1 + \gamma_2$는 경로이다. 그러므로 γ 위에서의 적분 $\int_\gamma (2z-1)dz$은 식 (3.13)에 의해

$$\begin{aligned}\int_\gamma (2z-1)\ dz &= \int_{\gamma_1} (2z-1)\ dz + \int_{\gamma_2} (2z-1)\ dz \\ &= \int_0^1 [(2(t+it)-1](1+i)dt + \int_0^1 [2(t+1+i)-1)dt \\ &= \int_0^1 [-1+i(4t-1)]\,dt + \int_0^1 (2t+1+2i)\ dt \\ &= 1+3i\end{aligned}$$

이다.

[연습문제 23]

1. γ_1를 원점과 i를 연결하는 선분, γ_2를 i와 $1+i$를 연결하는 선분, γ_3를 원점과 $1+i$를 연결하는 선분이라 하자. $f(z) = z^2$일 때 다음 적분을 구하여라.

(1) $\int_{\gamma_1} f(z)dz$ (2) $\int_{\gamma_2} f(z)dz$ (3) $\int_{\gamma_3} f(z)dz$

(4) $\int_{\gamma_1+\gamma_2} f(z)dz$ (5) $\int_{\gamma_1+\gamma_2-\gamma_3} f(z)dz$

2. γ가 $z(t) = z_0 + re^{it}\ (r > 0,\ 0 \le t \le 2\pi)$이고 n은 정수일 때

$$\int_\gamma (z-z_0)^n\,dz = \begin{cases} 2\pi i, & n = -1 \\ 0, & n \ne -1 \end{cases}$$

임을 보여라.

3. 곡선 γ가 $z(t) = z_0 + re^{it}\ (r > 0,\ a \le t \le b)$일 때

$$\frac{1}{2\pi i}\int_\gamma \frac{1}{z-z_0}dz = \frac{b-a}{2\pi}$$

임을 보여라.

4. 주어진 경로 γ에 대해 적분 $\int_\gamma x\,dz$, $\int_\gamma y\,dz$, $\int_\gamma \bar{z}\,dz$를 계산하여라.

(1) γ: 원점에서 $1+i$를 잇는 선분

(2) γ: 원점에서 $1-i$를 잇는 선분

(3) γ: 양의 방향을 갖는 원 $|z|=1$

5. 곡선 $\gamma : z(t) = \cos t + i\sin t$ $(0 \le t \le \frac{\pi}{2})$일 때 적분 $\int_\gamma e^z\,dz$를 계산하여라.

6. 경로 γ가 아래와 같이 주어졌을 때 적분 $\int_\gamma \bar{z}\,dz$를 계산하여라.

(1) $z(t) = e^{it}$ $(0 \le t \le 2\pi)$

(2) $z(t) = e^{it} - 1$ $(0 \le t \le 2\pi)$

(3) $z(t) = t + it$ $(0 \le t \le 2)$

(4) $z(t) = 5e^{it} + 3$ $(0 \le t \le \pi)$

24. 복소함수 적분의 절댓값의 상계

미적분학에서 매개변수로 정의된 매끄러운 곡선

$$C:\ x = x(t),\ y = y(t),\quad a \le t \le b \tag{3.14}$$

의 길이는 적분

$$l(C) = \int_a^b \sqrt{x'(t)^2 + y'(t)^2}\ dt = \int_a^b \sqrt{\left(\frac{dx}{dt}\right)^2 + \left(\frac{dy}{dt}\right)^2}\,dt$$

로 계산하였다. 복소평면에 주어진 매끄러운 곡선

$$\gamma : z(t) = x(t) + iy(t),\quad a \le t \le b \tag{3.15}$$

는 본질적으로 매개변수로 표시된 곡선 (3.14)와 같으므로 복소평면에서 곡선 (3.15)의 길이도 적분

$$l(\gamma) = \int_a^b |z'(t)|\ dt = \int_a^b \left|\frac{dx}{dt} + i\frac{dy}{dt}\right| dt \tag{3.16}$$

로 계산할 수 있다. z가 곡선 γ 위의 점일 때

$$|dz| = |z'(t)|\, dt$$

로 약속하고, 앞의 식 (3.16)을

$$l(\gamma) = \int_{\gamma} |dz|$$

와 같이 쓴다.

E1. 곡선 γ가 $z(t) = \sin t + i\cos t$ $(0 \le t \le \pi)$로 주어졌을 때 $z'(t) = \cos t - i\sin t$이므로

$$|dz| = |z'(t)|dt = \sqrt{(\cos t)^2 + (-\sin t)^2}\, dt = dt$$

이다. 그러므로 곡선 γ의 길이는

$$l(\gamma) = \int_{\gamma} |dz| = \int_0^{\pi} dt = \pi$$

이다.

■ **적분의 절댓값의 상계.** 주어진 경로 위에서 해석적인 함수의 적분은 적분경로의 길이를 이용하여 그 적분 크기의 상계(upper bound)를 추정할 수 있다. 적분 크기의 상계는 적분경로에서 피적분함수의 최대 절댓값에 의하 결정된다.

[정리 3.1] 함수 f가 경로 γ에서 연속이고, γ 위의 모든 점 z에서 $|f(z)| \le M$ 이면

$$\left|\int_{\gamma} f(z)dz\right| \le Ml(\gamma)$$

이다.

(증명) 경로 γ가 $z(t)$ $(a \le t \le b)$로 주어졌다고 하자. 경로적분의 정의에 따라

$$\begin{aligned}\left|\int_{\gamma} f(z)\, dz\right| &= \left|\int_a^b f(z(t))z'(t)\, dt\right| \le \int_a^b |f(z(t))|\, |z'(t)|\, dt \\ &\le M\int_a^b |z'(t)|\, dt = M\int_{\gamma} |dz| \\ &= Ml(\gamma)\end{aligned}$$

이다. □

E2. 함수 $f(z) = \frac{1}{z^2+10}$은 단순닫힌 경로 $\gamma : z(t) = 2e^{it} \quad (0 \le t \le 2\pi)$ 위에서

$$|f(z)| = \left|\frac{1}{z^2+10}\right| \le \frac{1}{10-|z|^2} = \frac{1}{6}$$

이고 $l(\gamma) = 4\pi$이므로

$$\left|\int_\gamma \frac{1}{z^2+10}\,dz\right| \le \frac{1}{6}\,l(\gamma) = \frac{2}{3}\pi$$

이다.

E3. $f(z) = \frac{e^z}{z}$는 곡선 $\gamma : z(t) = e^{it},\ 0 \le t \le \pi$에서

$$\left|\frac{e^z}{z}\right| = \left|\frac{e^{e^{it}}}{e^{it}}\right| = |e^{\cos t + i\sin t}| = e^{\cos t} \le e$$

이다. 또 γ는 원점을 중심으로 하고 반지름이 1인 원의 상반부이므로 $l(\gamma) = \pi$이다. 그러므로

$$\left|\int_\gamma \frac{e^z}{z}\,dz\right| \le \int_\gamma \left|\frac{e^z}{z}\right|\,|dz| \le e\int_\gamma |dz| = e\,l(\gamma) = \pi e$$

이다.

[연습문제 24]

1. 다음 곡선의 길이를 구하여라.

(1) $z(t) = 3e^{2it} + 2 \quad (0 \le t \le 2\pi)$

(2) $z(t) = e^t\cos t + ie^t\sin t \quad (-\pi \le t \le \pi)$

2. γ가 곡선 $z(t) = e^{it}\ (0 \le t \le 2\pi)$일 때 다음 적분을 구하여라.

(1) $\displaystyle\int_\gamma \frac{1}{|z|}\,dz$ (2) $\displaystyle\int_\gamma \frac{1}{z}\,|dz|$ (3) $\displaystyle\int_\gamma \frac{1}{|z|}\,|dz|$

3. 다음 부등식이 성립함을 보여라.

$$\left|\int_{|z|=1} \frac{\sin z}{z}\,dz\right| \le 2\pi e$$

4. γ가 $|z|=2$의 제일사분면에 속한 호일 때 다음이 성립함을 보여라.

$$\left|\int_\gamma \frac{1}{z^2+1}\,dz\right| \le \frac{\pi}{3}$$

5. 곡선 $\gamma : z(t)=2e^{it},\ 0\le t\le \frac{\pi}{2}$일 때 다음 부등식이 성립함을 보여라.

$$\left|\int_\gamma \frac{z+4}{z^3+1}dz\right| \le \frac{6\pi}{7}$$

6. $\gamma_R = Re^{it}\ (0\le t\le \pi)$일 때

$$\lim_{R\to\infty}\int_{\gamma_R}\frac{z+1}{(z^2+4)(z^2+9)}\,dz=0$$

임을 보여라.

7. 함수 $f(z)=z^{\frac{1}{2}}=e^{\frac{1}{2}\log z}=\sqrt{r}e^{\frac{i\theta}{2}},\ \theta\in\left(-\frac{\pi}{2},\frac{3\pi}{2}\right)$에 대해 적분 $\int_{C_R}\frac{z^{\frac{1}{2}}}{z^2+1}dz$의 절댓값의 상계를 찾고 $\lim_{R\to\infty}\int_{C_R}\frac{z^{\frac{1}{2}}}{z^2+1}dz = 0$임을 보여라. 여기서 $C_R=Re^{i\theta},\ \theta\in[0,\pi]$이다.

8. $C_R=Re^{i\theta},\ \theta\in[-\frac{\pi}{2},\frac{\pi}{2}]$일 때 $\lim_{n\to\infty}\int_{C_R}\frac{\operatorname{Log} z}{z^2+1}\,dz=0$임을 보여라.

25. 적분과 역도함수

복소평면 위의 고정된 점 z_1에서 z_2까지 복소함수 f의 경로적분은 z_1과 z_2를 연결하는 경로를 어떻게 선택하는가에 따라 그 값이 결정된다. 그러나 어떤 복소함수의 경로적분은 경로의 선택에 독립적인 경우도 있다. 이 절에서는 어떤 경우에 복소함수의 경로적분이 경로의 선택에 무관하게 같은 적분값을 갖게 되는가에 대해 알아본다.

■ **역도함수**. 영역 D에서 정의된 함수 f를 도함수로 갖는 함수 F가 존재하면, 다시 말해

$$F'(z)=f(z),\quad z\in D$$

인 함수 F가 존재하면 F를 f의 **역도함수**(antiderivative)라고 한다. 함수 f의 역도함수 F는 해석적인 함수이며, G가 f의 또 다른 역도함수이면 D에서 $G(z) = F(z) + c$ $(c \in \mathbb{C})$이다.

[정리 3.2] 함수 f가 영역 D에서 연속일 때 다음 세 명제는 동치이다.

(a) D에서 f의 역도함수 F가 존재한다.

(b) γ가 D안의 임의의 두 점 z_1과 z_2를 연결하는 D안에 놓인 임의의 경로라 할 때 γ를 따라 계산한 경로적분은 모두 같은 값

$$\int_\gamma f(z)\,dz = \int_{z_1}^{z_2} f(z)\,dz = F(z_2) - F(z_1) \tag{3.17}$$

을 갖는다.

(c) γ가 D안에 놓인 닫힌경로이면 $\int_\gamma f(z)dz = 0$이다.

(증명) 정리가 사실임을 보이기 위해 (a) ⇒ (b) ⇒ (c) ⇒ (a)의 순서로 증명하기로 한다.

(a) ⇒ (b): f의 역도함수 F가 존재한다고 가정하자. 경로 $\gamma : z(t)$ $(a \leq t \leq b)$를 두 점 z_1와 z_2를 잇는 D에 놓인 매끄러운 곡선이라고 하자. F가 f의 역도함수이고, γ가 D안에 놓여 있으므로

$$\frac{d}{dt}F(z(t)) = f(z(t))z'(t)$$

이다. 그러므로 미적분학의 기본정리(21절의 식 (3.2) 참고)에 따라

$$\begin{aligned}\int_\gamma f(z)dz = &\int_a^b f(z(t))z'(t)\,dt = F(z(b)) - F(z(a))\\ =&F(z_2) - F(z_1)\end{aligned} \tag{3.18}$$

이다. 적분의 성질에 의해 위의 적분 (3.18)은 γ가 매끄러운 곡선일 때 뿐만 아니라 경로인 경우에도 성립한다. 즉 z_1, z_2를 연결하는 경로가 D 안에 놓여 있기만 하면 경로의 선택에 의존하지 않고 같은 적분값

$$\int_{z_1}^{z_2} f(z)dz = F(z_2) - F(z_1)$$

을 갖는다.

(b) ⇒ (c): γ를 영역 D안에 놓인 닫힌 경로라고 하고 z_1, z_2를 γ 위의 서로 다른 두 점이라고 하자. γ_1, γ_2를 z_1을 시점, z_2를 종점으로 하는 $\gamma = \gamma_1 - \gamma_2$인 경로라고 하면, 명제 (b)에 의해

$$\int_{\gamma_1} f(z)dz = \int_{\gamma_2} f(z)dz,$$

이므로

$$\int_{\gamma} f(z)dz = \int_{\gamma_1-\gamma_2} f(z)dz = \int_{\gamma_1} f(z)dz - \int_{\gamma_2} f(z)dz = 0$$

이다.

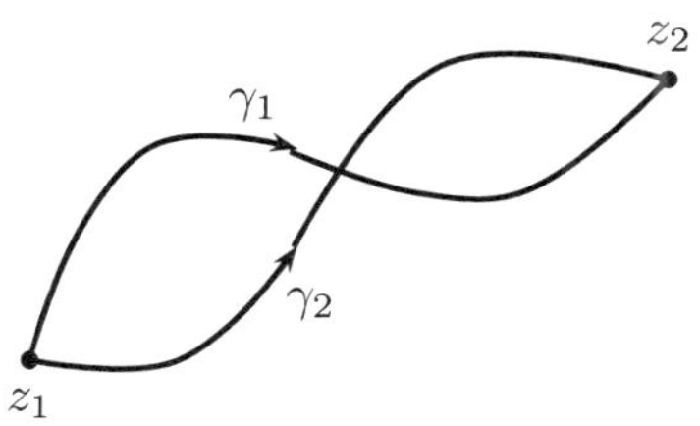

그림 3.6 $\gamma = \gamma_1 - \gamma_2$

(c) ⇒ (a): 명제 (c)가 사실이라고 가정하자. z_1, z_2를 영역 D안에 임의로 주어진 두 점이라하고 위의 그림 3.6에서 처럼 γ_1, γ_2를 z_1을 시점, z_2를 종점으로 하는 경로라고 하자. 그러면 $\gamma = \gamma_1 - \gamma_2$ 닫힌 경로이므로

$$\int_{\gamma} f(z)dz = \int_{\gamma_1} f(z)dz - \int_{\gamma_2} f(z)dz = 0$$

이다. 이는 영역 D에서 f의 경로적분은 경로의 선택에 독립적임을 말한다. 따라서 $z_0(\in D)$를 고정된 한 점이라고 할 때 함수

$$F(z) = \int_{z_0}^{z} f(\zeta)\, d\zeta$$

는 D에서 잘 정의된 함수이다.

이제 $F'(z) = f(z)$임을 보이면 증명을 완성할 수 있다. z를 D의 한 점이라하자. $|h|$를 충분히 작게 택하여 $z+h$가 D에 속하도록 하면,

$$F(z+h) - F(z) = \int_{z_0}^{z+h} f(\zeta)d\zeta - \int_{z_0}^{z} f(\zeta)d\zeta = \int_{z}^{z+h} f(\zeta)d\zeta \quad (3.19)$$

이다. f의 적분은 경로에 독립적이므로 식 (3.19)에서 경로를 z와 $z+h$를 연결하는 선분으로 택하자. $f(z)$는

$$f(z) = \frac{1}{h}\int_z^{z+h} f(z)d\zeta$$

로 나타낼 수 있으므로 식 (3.19)로부터

$$\frac{F(z+h)-F(z)}{h} - f(z) = \frac{1}{h}\int_z^{z+h}[f(\zeta)-f(z)]d\zeta \tag{3.20}$$

이다.

$\epsilon > 0$이 주어졌다고 하자. f가 z에서 연속이므로, $|\zeta - z| < \delta$이면 $|f(\zeta) - f(z)| < \epsilon$을 만족하는 $\delta > 0$가 존재한다. 그러므로 식 (3.20)에서 $|h| < \delta$이면

$$\begin{aligned}\left|\frac{F(z+h)-F(z)}{h} - f(z)\right| &\le \frac{1}{|h|}\int_z^{z+h}|f(\zeta)-f(z)|\,|d\zeta| \\ &< \frac{\epsilon}{|h|}\int_z^{z+h}|d\zeta| = \frac{\epsilon}{|h|}|h| \\ &= \epsilon,\end{aligned}$$

즉

$$F'(z) = \lim_{h\to 0}\frac{F(z+h)-F(z)}{h} = f(z)$$

이다. 그러므로 영역 D에서 $F(z)$는 $f(z)$의 역도함수이다. □

위의 정리 3.2는 f가 연속함수일 때 명제 (a), (b), (c) 가운데 어느 하나가 사실이면 나머지 둘도 사실임을 의미한다. 정리의 명제 (a), (b)는 f의 역도함수가 존재하면 복소함수의 적분에서도 미적분학의 기본정리가 성립함을 말한다.

Q1. γ가 원점을 중심으로 하는 반지름 1인 양의 방향을 갖는 원일 때 위의 정리 3.2를 이용하여 $\int_\gamma \frac{1}{z^2}\,dz = 0$이지만 $\int_\gamma \frac{1}{z}\,dz = 0$일 필요가 없음을 설명하여라.

Q2. γ가 $z(t) = z_0 + re^{it}$ $(r > 0,\ 0 \le t \le 2\pi)$로 주어졌을 때 위의 정리 3.2를 이용하여

$$\int_\gamma (z-z_0)^{n-1}\,dz = 0 \qquad (n = \pm 1, \pm 2, \cdots)$$

임을 설명하여라.

[연습문제 25]

1. 다음 적분의 계산에서 미적분학의 기본정리를 이용할 수 있는지 판단하고 적용 가능하면 적분을 계산하여라.

(1) $\displaystyle\int_{-\pi i}^{\pi i} e^z\,dz$ (2) $\displaystyle\int_{1-i}^{2i} (z^2+3z-2)\,dz$

2. 주어진 적분에서 피적분 함수의 역도함수를 찾고 적분을 계산하여라.

(1) $\displaystyle\int_0^{1+i} z^2\,dz$ (2) $\displaystyle\int_0^{\pi+2i} \cos\frac{z}{2}\,dz$

3. γ가 서로 다른 두 점 z_1에서 z_2를 잇는 경로일 때

$$\int_\gamma \sin z\,dz = \cos z_2 - \cos z_1$$

임을 설명하여라.

4. $z^i = e^{i\operatorname{Log} z}$일 때 다음 식이 성립함을 보여라.(여기서 두 점 $1, -1$을 잇는 경로는 $1, -1$를 빼고 모두 실수축의 위쪽에 있다.)

$$\int_{-1}^{1} z^i\,dz = \frac{1+e^{-\pi}}{2}(1-i)$$

5. $G = \{z : \operatorname{Re} z > 0\}$이고, γ가 G의 두 점 z_0에서 z_1을 잇는 G의 안쪽에 놓인 경로일 때 적분

$$\int_\gamma \frac{1}{z}\,dz$$

를 구하여라.

26. 해석함수와 그린의 정리

$f(z) = u(x,y) + iv(x,y)$가 매끄러운 곡선

$$\gamma : z(t) = x(t) + iy(t), \quad a \le t \le b$$

위에서 연속인 함수라 하면 경로적분의 정의, 식 (3.10)에 의해

$$\begin{aligned}\int_\gamma f(z)dz &= \int_a^b f(z(t))z'(t)dt \\ &= \int_a^b [u(z(t)) + iv(z(t))](x'(t) + iy'(t))dt \\ &= \int_a^b [u(z(t))x'(t) - v(z(t))y'(t)]dt + i\int_a^b [u(z(t))y'(t) + v(z(t))x'(t)]dt\end{aligned}$$

이고, 위 식의 마지막 적분에서 $u = u(z(t))$, $v = v(z(t))$라 놓으면

$$\int_\gamma f(z)dz = \int_a^b (ux' - vy')dt + i\int_a^b (uy' + vx')dt \tag{3.21}$$

이다. 실숫값을 갖는 함수 $P(x, y)$, $Q(x, y)$에 대해

$$\int_C P(x, y)dx + Q(x, y)dy$$

를 실함수의 곡선 C에서의 **선적분**(line integral)이라고 한다. 복소함수의 적분 (3.21)은 실함수의 선적분의 합

$$\int_\gamma f(z)dz = \int_\gamma u\,dx - v\,dy + i\int_\gamma u\,dy + v\,dx \tag{3.22}$$

로 나타낼 수 있다.

E1. $\gamma : z(t) = t + it^2$ $(0 \le t \le 1)$일 때 식 (3.21)을 이용하여 적분 $\int_\gamma z^2\,dz$를 계산해 보자. $z^2 = (x^2 - y^2) + 2xyi$이므로

$$u(x, y) = x^2 - y^2,\ v(x, y) = 2xy,\ x(t) = t,\ y(t) = t^2$$

이라 놓으면, 식 (3.21)에 의해

$$\begin{aligned}\int_\gamma z^2\,dz &= \int_\gamma (x^2 - y^2)\,dx - 2xy\,dy + i\int_\gamma 2xy\,dx + (x^2 - y^2)\,dy \\ &= \int_0^1 [(t^2 - t^4) - (2t^3)(2t)]dt + i\int_0^1 [2t^3 + (t^2 - t^4)(2t)]dt \\ &= -\frac{2}{3} + \frac{2}{3}i\end{aligned}$$

이다.

■ **그린의 정리.** 그린의 정리는 닫힌 단순연결영역의 경계를 따라 계산한 적분과 닫힌 단순연결영역 위에서 면적분과의 관계를 말해준다.

[정리 3.3] (그린의 정리, Green's theorem) 닫힌 단순연결영역 G에서 함수 $P(x,y)$, $Q(x,y)$와 P, Q의 일계 편도함수들이 모두 연속이라고 하자. G의 경계를 $\text{bd}(G)=\gamma$라고 하면

$$\int_\gamma P(x,y)dx+Q(x,y)dy=\iint_G\left(\frac{\partial Q}{\partial x}-\frac{\partial P}{\partial y}\right)dxdy \tag{3.23}$$

이다. (γ는 양의 방향을 갖는 것으로 가정한다.)

(증명) 그린의 정리는 닫힌 단순연결영역에서 성립한다. 그러나 여기서 단순한 닫힌 단순연결영역인 직사각형의 경우에 대해서만 증명하기로 한다.

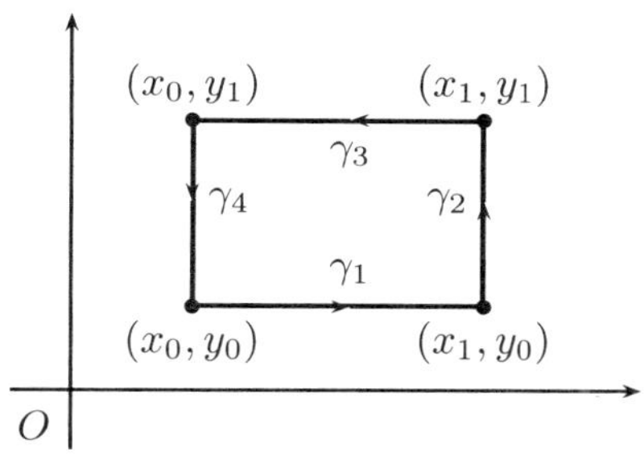

그림 3.7

영역 G의 경계 $\gamma=\text{bd}(G)$가 양의 방향을 갖고 그림 3.7에서와 같이

$$\gamma=\gamma_1+\gamma_2+\gamma_3+\gamma_4$$

라고 하자. γ_2, γ_4는 허수축과 나란하므로 γ_2, γ_4에서 $dx=0$이고, γ_1, γ_3는 실수축과 나란하므로 γ_1, γ_3에서 $dy=0$이다. 그러므로

$$\begin{aligned}\int_\gamma P(x,y)\,dx+Q(x,y)\,dy&=\int_{x_0}^{x_1}P(x,y_0)\,dx+\int_{y_0}^{y_1}Q(x_1,y)\,dy\\&\quad+\int_{x_1}^{x_0}P(x,y_1)\,dx+\int_{y_1}^{y_0}Q(x_0,y)\,dy\\&=\int_{x_0}^{x_1}[P(x,y_0)-P(x,y_1)]\,dx+\int_{y_0}^{y_1}[Q(x_1,y)-Q(x_0,y)]\,dy\end{aligned}$$

이다. 앞의 식의 마지막 적분은 미적분학의 기본정리에 의해

$$
\begin{aligned}
\int_\gamma P(x,y)\,dx + Q(x,y)\,dy &= \int_{x_0}^{x_1}\int_{y_0}^{y_1} -\frac{\partial P}{\partial y}\,dy\,dx + \int_{y_0}^{y_1}\int_{x_0}^{x_1}\frac{\partial Q}{\partial x}\,dx\,dy \\
&= \int_{y_0}^{y_1}\int_{x_0}^{x_1}\left(\frac{\partial Q}{\partial x} - \frac{\partial P}{\partial y}\right)dx\,dy \\
&= \iint_G \left(\frac{\partial Q}{\partial x} - \frac{\partial P}{\partial y}\right)dx\,dy
\end{aligned}
\tag{3.24}
$$

로 쓸 수 있다. 식 (3.24)에서 적분 순서의 변경은 $\frac{\partial P}{\partial y}$가 G에서 연속이라 가정하였으므로 **푸비니의 정리**(Fubini's Theorem)에 의해 가능하다. □

E2. $G = [0,1]\times[0,1]$일 때 선적분 $\int_{\mathrm{bd}(G)} xy\,dx + (x^2+y^2)\,dy$는

$$P(x,y) = xy,\ Q(x,y) = x^2 + y^2$$

이라 놓으면

$$\frac{\partial P}{\partial y} = x,\quad \frac{\partial Q}{\partial x} = 2x$$

이므로, 그린의 정리에 의해

$$\int_{\mathrm{bd}(G)} xy\,dx + (x^2+y^2)\,dy = \int_0^1\int_0^1 (2x - x)\,dxdy = \frac{1}{2}$$

이다.

Q1. 영역 G가 (1,1), (2,1), (2,2)를 꼭짓점으로 갖는 삼각형일 때 선적분

$$\int_{\mathrm{bd}(G)} x\,dy - y\,dx$$

를 계산하여라.

■ **코시의 정리 I.** 앞 절의 정리 3.2에서 함수 f가 영역 D에서 연속이고 역도함수를 가지면 D 안에 놓인 모든 닫힌 경로에서 f의 적분값은 0임을 보았다. 만약 D에서 해석적인 함수 $f = u + iv$가 연속인 도함수를 갖는다면 연속인 함수 u, v는 연속인 편도함수를 가지므로 D안의 닫힌 경로 γ에 대한 적분 $\int_\gamma f(z)dz$

의 계산에 그린의 정리를 적용할 수 있다. f가 해석함수이면 f는 연속인 도함수를 갖지만 이를 아직 증명하지 않았으므로 다음의 정리에서는 f가 연속인 도함수를 갖는다고 가정하였다.(정리 3.10 참고)

[정리 3.4] (코시의 정리 I, Cauchy's theorem I) f가 단순연결영역 G에서 연속인 도함수를 갖는 해석함수이고, γ가 영역 G 안에 놓인 닫힌 경로이면,

$$\int_\gamma f(z)\,dz = 0 \tag{3.25}$$

이다.

(증명) $f(z) = u(x,y) + iv(x,y)$라 하면 식 (3.22)에 의해

$$\int_\gamma f(z)\ dz = \int_\gamma (u\ dx - v\ dy) + i\int_\gamma (v\ dx + u\ dy)$$

로 쓸 수 있다. $f'(z)$가 G에서 연속이고,

$$f'(z) = \frac{\partial u}{\partial x} + i\frac{\partial v}{\partial x} = \frac{\partial v}{\partial y} - i\frac{\partial u}{\partial y}$$

이므로 u, v의 일계도함수들이 γ와 그 안쪽에서 연속이다. γ와 그 안쪽 영역을 A라 하면 그린의 정리에 의해

$$\int_\gamma (u\ dx - v\ dy) = \iint_A \left(-\frac{\partial v}{\partial x} - \frac{\partial u}{\partial y}\right)\ dxdy,$$

$$\int_\gamma (v\ dx + u\ dy) = \iint_A \left(\frac{\partial u}{\partial x} - \frac{\partial v}{\partial y}\right)\ dxdy$$

이다. 그런데 u, v가 G에서 코시-리만 방정식 $\frac{\partial u}{\partial x} = \frac{\partial v}{\partial y}$, $\frac{\partial v}{\partial x} = -\frac{\partial u}{\partial y}$를 만족하므로 위 두 식의 오른쪽 적분에서 피적분함수는 0이다. 따라서

$$\int_\gamma f(z)\ dz = 0$$

이다. □

그러나 코시의 정리 I은 다중연결 영역에서는 성립하지 않는다. 앞의 25절의 **Q**1에서 본 것처럼 $f(z) = \frac{1}{z}$는 다중연결 영역 $\{z : |z| > 0\}$에서 해석적이고

연속인 도함수를 갖지만 단순닫힌 경로 $\gamma : z(t) = re^{it}$ $(r > 0,\ 0 \leq t \leq 2\pi)$ 위에서 경로적분은

$$\int_\gamma \frac{1}{z}\, dz = \int_0^{2\pi} \frac{1}{re^{i\theta}} ire^{i\theta}\, d\theta = \int_0^{2\pi} i\, d\theta = 2\pi i \neq 0$$

으로 코시의 정리 I을 따르지 않는다.

반면에 복소평면 전체에서 연속인 도함수를 갖는 정함수인 $\sin z$의 경로적분은 경로 γ가 닫힌경로이기만 하면

$$\int_\gamma \sin z\, dz = 0$$

이다.

[연습문제 26]

1. 다음 적분을 계산하여라.

(1) $\displaystyle\int_\gamma x^2 y\, dx + (2x+1)y^2\, dy$, γ: $(1,0), (1,-1), (2,-1), (2,0)$를 꼭짓점으로 하는 사각형

(2) $\displaystyle\int_\gamma y^2\, dx + x^2\, dy$, $\gamma : x = a\cos^3 t,\ y = a^3 \sin^3 t,\ (0 \leq t \leq 2\pi)$

(3) $\displaystyle\int_\gamma \frac{xy^2}{x^2+y^2} dy$, γ: 원 $|z| = 1$

2. γ가 단순닫힌경로이고 γ 안쪽의 넓이가 A일 때 다음이 성립함을 보여라.

$$A = \frac{1}{2}\int_\gamma x\, dy - y\, dx = -\int_\gamma y\, dz = -i\int_\gamma x\, dz = -\frac{i}{2}\int_\gamma \bar{z}\, dz$$

3. 다음 함수에 대해 코시의 정리 1(정리 3.4)이 성립함을보여라.

(1) $2z - i$ (2) $z^2 - 3zi$

4. 다음 적분이 적분경로에 관계없이 같은 값을 가짐을 설명하고 적분을 계산하여라.

(1) $\displaystyle\int_{-\pi i}^{\pi i} e^z\, dz$ (2) $\displaystyle\int_0^{\pi+i} e^{iz}\, dz$ (3) $\displaystyle\int_{1-i}^{2+i} (z^2 + 3z - 2)dz$

27. 코시의 정리

앞 절의 코시의 정리 I(정리 3.4)에서 f는 단순연결 영역에서 연속인 도함수를 갖는 해석함수로 가정하였다. 다음의 코시의 정리 II에서는 연속인 도함수를 갖는다는 조건 없이도 코시의 정리 I과 같은 결과를 얻을 수 있음을 보여준다. 이런 이유에서 코시의 정리 I을 약한 코시의 정리(weak Cauchy's thecrem)라고 부르기도 한다.

■ **코시-구르사의 정리.** 먼저 직사각형 경로 위에서 코시의 정리를 증명하기로 한다. 다음 정리는 코시-구르사의 정리로 알려져 있다.

[정리 3.5] (코시-구르사의 정리, Cauchy-Goursat's theorem) f가 직사각형 γ를 포함하는 단순연결 영역 G에서 해석적인 함수이면,

$$\int_{\gamma} f(z)dz = 0$$

이다.

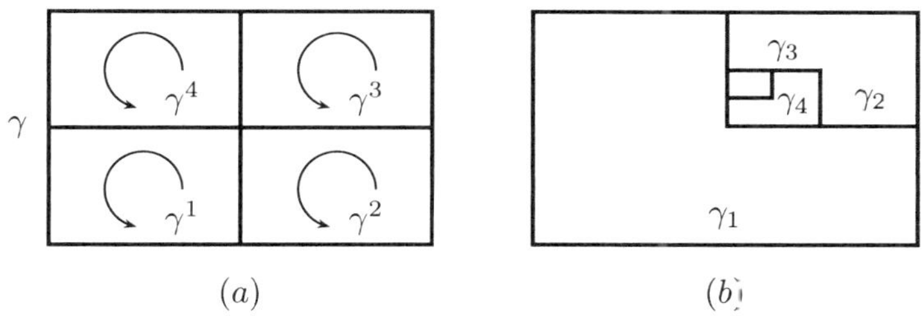

그림 3.8

(증명) 그림 3.8(a)와 같이 사각형 γ를 합동인 네 개의 사각형 γ^1 $\gamma^2, \gamma^3, \gamma^4$로 나누면, 두 사각형이 겹치는 변에서 두 경로의 방향이 반대이므로 겹치는 변에서의 적분은 서로 상쇄된다. 그러므로

$$\int_{\gamma} f(z)dz = \int_{\gamma^1} f(z)dz + \int_{\gamma^2} f(z)dz + \int_{\gamma^3} f(z)dz + \int_{\gamma^4} f(z)dz$$

이고,

$$\left|\int_{\gamma} f(z)dz\right| \leq \left|\int_{\gamma^1} f(z)dz\right| + \left|\int_{\gamma^2} f(z)dz\right|$$
$$+ \left|\int_{\gamma^3} f(z)dz\right| + \left|\int_{\gamma^4} f(z)dz\right| \tag{3.26}$$

이다.

따라서 식 (3.26)의 오른쪽 변의 적분 가운데 적어도 하나($\int_{\gamma_1} f(z)dz$라 하자.)는 부등식

$$\left|\int_{\gamma_1} f(z)dz\right| \geq \frac{\left|\int_{\gamma} f(z)dz\right|}{4}$$

를 만족한다. 이제 다시 위에서와 같은 방법으로 사각형 γ_1을 네 개의 합동인 사각형으로 나누면 그 가운데 적어도 하나의 사각형(이를 γ_2라 하자.)에서의 적분은 부등식

$$\left|\int_{\gamma_2} f(z)dz\right| \geq \frac{\left|\int_{\gamma_1} f(z)dz\right|}{4} \geq \frac{\left|\int_{\gamma} f(z)dz\right|}{4^2}$$

를 만족한다. 이 과정을 반복하면 그림 3.8(b)와 같은 사각형의 열 (γ_n)을 얻을 수 있고 이들 각각의 사각형 γ_n 위에서의 적분은 부등식

$$\left|\int_{\gamma_n} f(z)dz\right| \geq \frac{\left|\int_{\gamma_{n-1}} f(z)dz\right|}{4} \geq \frac{\left|\int_{\gamma} f(z)dz\right|}{4^n} \tag{3.27}$$

를 만족한다. 점 z_0을 모든 γ_n의 위 또는 안쪽에 공통으로 포함되는 유일한 점이라고 하자. (**참고**: R_n를 사각형 γ_n의 위와 안쪽을 포함하는 집합이라 하면 R_n은 닫힌 집합이고 $R_1 \supset R_2 \supset R_3 \supset \cdots$ 이고 n이 커짐에 따라 R_n의 넓이는 0에 가깝게 되므로 $\bigcap_{n=1}^{\infty} R_n$은 단 하나의 점을 포함한다.)

$\epsilon > 0$이라고 하자. 함수 f는 z_0에서 미분가능하므로 $|z - z_0| < \delta$이면

$$f'(z_0) = \frac{f(z) - f(z_0)}{z - z_0} - \eta(z) \tag{3.28}$$

을 만족하는 $\delta > 0$가 존재한다. 여기서 $|\eta(z)| < \epsilon$이다. 식 (3.28)을 $f(z)$에 관하여 정리한 후 γ_n을 따라 적분하면

$$\int_{\gamma_n} f(z)\,dz = \int_{\gamma_n} [f(z_0) + f'(z_0)(z - z_0)]dz + \int_{\gamma_n} \eta(z)(z - z_0)\,dz \tag{3.29}$$

를 얻는다. 그런데 $f(z_0)+f'(z_0)(z-z_0)$는 연속인 도함수를 갖는 해석함수이므로 코시의 정리 I에 의해

$$\int_{\gamma_n}[f(z_0)+f'(z_0)(z-z_0)]dz=0$$

이다. 따라서 식 (3.29)는

$$\int_{\gamma_n} f(z)\,dz=\int_{\gamma_n}\eta(z)(z-z_0)\,dz$$

로 쓸 수 있다.

여기서 n을 충분히 크게 택하여 $\gamma_n\subset N(z_0,\delta)$라 하면

$$\begin{aligned}\left|\int_{\gamma_n} f(z)dz\right|=&\left|\int_{\gamma_n}\eta(z)(z-z_0)\,dz\right|\le\int_{\gamma_n}|\eta(z)|\,|(z-z_0)|\,|dz|\\ <&\epsilon\int_{\gamma_n}|(z-z_0)|\,|dz|\end{aligned}\tag{3.30}$$

이다. 사각형 γ_n의 대각선의 길이를 D_n, 둘레 길이를 L_n이라고 하면 γ_n의 모든 점 z에 대해 $|z-z_0|\le D_n$이므로 식 (3.30)으로부터

$$\left|\int_{\gamma_n} f(z)\,dz\right|\le\epsilon D_nL_n=\epsilon\frac{D}{2^n}\frac{L}{2^n}=\frac{\epsilon DL}{4^n}\tag{3.31}$$

을 얻는다. 여기서 D와 L은 각각 사각형 γ의 대각선의 길이와 둘레 길이이다. 식 (3.27), (3.31)로부터

$$\left|\int_{\gamma} f(z)\,dz\right|\le 4^n\frac{\epsilon DL}{4^n}=\epsilon DL$$

을 얻을 수 있다. 그런데 ϵ은 임의의 양수로 택했기 때문에

$$\int_{\gamma} f(z)\,dz=0$$

이라 결론지을 수 있다. □

■ **코시의 정리**. 앞의 26절의 코시의 정리 I(정리 3.4)에서 한 영역에서 연속인 도함수를 갖는 함수의 닫힌 경로에서의 적분은 0임을 보였다. 위의 코시-구르사의 정리는 도함수의 연속에 대한 조건 없이 사각형 경로에서 적분이 0임을 보였다. 이제 직사각형 경로 대신 일반적인 형태의 닫힌 경로의 경우를 살펴보자.

[정리 3.6] (코시의 정리, Cauchy's theorem) f가 단순연결 영역 G에서 해석적인 함수이고 γ가 G안에 놓인 닫힌 경로이면,

$$\int_\gamma f(z)dz = 0$$

이다.

(증명) 함수 f가 G에서 연속이므로 정리 3.2에 의해 G에서 $F'(z) = f(z)$인 함수 F가 존재함을 보이면 된다. 한 점 $z_0(\in G)$를 고정하고, z를 G의 임의의 한 점이라 하자. γ_1, γ_2를 각각 그림 3.9와 같이 z_0와 z를 실수축, 허수축과 나란한 선분으로 연결하는 G안에 놓인 꺾인 곡선이라 하고 $F(z)$를

$$F(z) = \int_{\gamma_1} f(z)\ dz$$

로 정의하자.

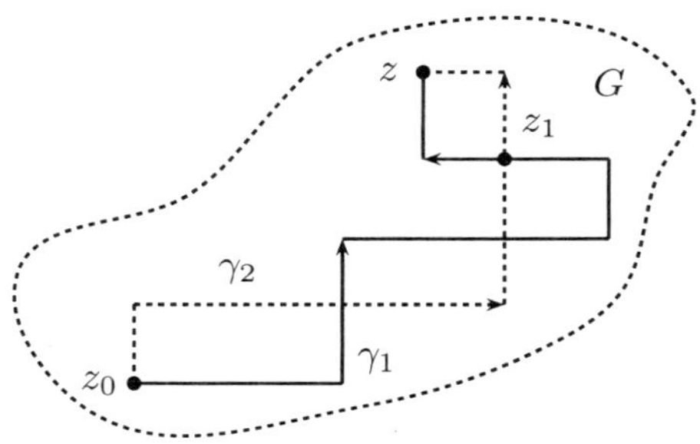

그림 3.9

경로 $\gamma_1 - \gamma_2$는 사각형들의 조합이므로 코시-구르사의 정리(정리 3.5)에 의해

$$\int_{\gamma_1-\gamma_2} f(z)\ dz = \int_{\gamma_1} f(z)\ dz - \int_{\gamma_2} f(z)\ dz = 0$$

이다. 따라서

$$F(z) = \int_{\gamma_2} f(z)\ dz$$

로 쓸 수 있고 F는 단순연결영역 G에서 잘 정의된 함수이다.

그림 3.9에서 처럼 $z_1 = x_1 + iy_1$를 γ_1과 γ_2가 만나는 마지막 교점이라 하고, z_1과 $z = x + iy$를 꼭짓점으로 갖는 마지막 사각형에서 γ_1은 수평,

수직방향의 순서로, γ_2는 수직, 수평방향의 순서로 z_1과 z를 연결한다고 가정하자. 다시 코시-고르사의 정리에 의해 γ_1, γ_2를 따라 z_0에서 z_1까지 $f(z)$를 적분한 값은 같다. 그 값을 K라 하고, $z = x + iy$로 놓으면

$$\begin{aligned} F(z) &= \int_{\gamma_1} f(s)\, ds \\ &= K + \int_{x_1}^{x} f(t + iy_1)\ dt + \int_{y_1}^{y} f(x + it)i\ dt, \end{aligned} \tag{3.32}$$

또는

$$\begin{aligned} F(z) &= \int_{\gamma_2} f(s)\, ds \\ &= K + \int_{y_1}^{y} f(x_1 + it)i\ dt + \int_{x_1}^{x} f(t + iy)\ dt \end{aligned} \tag{3.33}$$

이다. 그러므로 식(3.32)에서

$$\frac{\partial F}{\partial y} = \frac{\partial}{\partial y}\left(\int_{y_1}^{y} f(x + it)\, i\, dt\right) = if(x + iy) = if(z),$$

식 (3.33)에서

$$\frac{\partial F}{\partial x} = \frac{\partial}{\partial x}\left(\int_{x_1}^{x} f(t + iy)\ dt\right) = f(x + iy) = f(z)$$

를 얻을 수 있다. 따라서

$$\frac{\partial F}{\partial x} = -i\frac{\partial F}{\partial y} = f(z) \tag{3.34}$$

이다. 식 (3.34)는 $F(z)$가 코시-리만 방정식을 만족함을 나타내며 $f(z)$가 연속이기 때문에 $F(z)$의 편도함수들도 연속이다. 그러므로

$$F'(z) = \frac{\partial F}{\partial x} = f(z) \quad (z \in G) \tag{3.35}$$

이고, $F(z)$는 단순연결영역 G에서 해석적인 함수이다.(정리 2.6) 즉 $F(z)$는 $f(z)$의 역도함수이다. 그러므로 정리 3.2의 (c)에 의해 단순연결 영역 G안의 모든 닫힌 경로 γ 위에서

$$\int_{\gamma} f(z)\, dz = 0$$

이다. □

E1. $f(z)=e^z$는 정함수이므로 γ가 닫힌경로이면 언제나 코시의 정리에 의해

$$\int_\gamma e^z\,dz=0$$

이다. $g(z)=\frac{\sin z}{z-1}$는 $z=1$을 뺀 모든 점에서 해석적이므로 $z=1$이 단순닫힌 경로 γ의 위 또는 안쪽에 놓인 점이 아니면 코시의 정리에 의해

$$\int_\gamma \frac{\sin z}{z-1}\,dz=0$$

이다.

정리 3.6의 증명으로부터 아래의 따름정리를 얻을 수 있다. 다음의 따름정리 3.7을 정리 3.2와 비교해서 생각해 보는 것은 의미있는 일이다. 단순연결 영역에서 해석적인 함수 f는 코시의 정리를 만족한다. 이는 정리 3.2의 명제 (c)를 의미하는 것이므로 f는 역도함수를 갖는다.

[따름정리 3.7] 단순연결영역 G에서 해석적인 함수 f는 역도함수를 갖는다. 즉 G에서

$$F'(z)=f(z)$$

인 함수 $F(z)$가 존재한다.

[연습문제 27]

1. γ가 원 $|z-i|=1$일 때 다음 적분값을 찾아라.

(1) $\displaystyle\int_\gamma \sin(\cos z)\,dz$ (2) $\displaystyle\int_\gamma \frac{z-i}{(z-1)^2}\,dz$ (3) $\displaystyle\int_\gamma \tan z\,dz$

2. 양의 값을 갖는 모든 r에 대해 $\int_{|z|=r} f(z)\,dz=0$을 만족하는 함수 $f(z)$를 찾아라.

3. 적분 $\int_{|z|=\frac{1}{2}} \sqrt{z^2-1}\,dz$를 계산하여라.

4. 적분 $\int_{|z|=1} e^z\,dz$를 계산하고

$$\int_{-\pi}^{\pi} e^{\cos\theta}\cos(\theta+\sin\theta)\,d\theta=\int_{-\pi}^{\pi} e^{\cos\theta}\sin(\theta+\sin\theta)\,d\theta=0$$

임을 보여라.

28. 다중연결영역에서 코시의 정리

집합 D가 다중연결영역이면 D^c는 유계인 성분(component)를 갖는다. D^c의 유계인 성분을 D의 **홀**(hole)이라고 한다.

E1. 영역 $D = \{z : 1 < |z| < 2\}$의 여집합은 유계인 성분 $\{z : |z| \leq 1\}$을 가지므로 D는 하나의 홀을 갖는 다중연결영역이다

[정리 3.8] f가 다중연결영역 D와 D의 경계 ∂D에서 해석적인 함수이고, 경로 γ가 양의 방향을 갖는 D의 경계이면,

$$\int_\gamma f(z)\, dz = 0$$

이다.

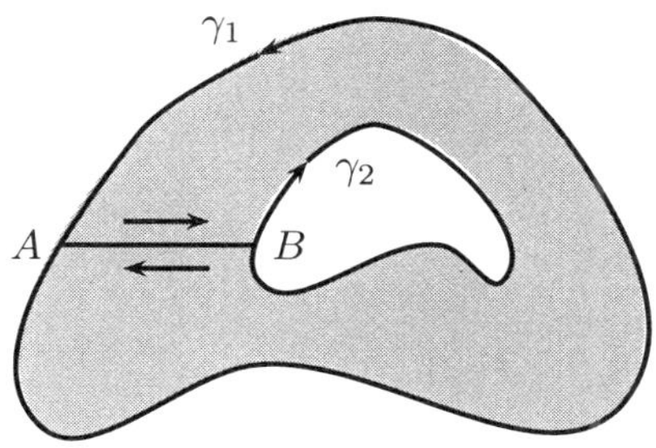

그림 3.10

(증명) 그림 3.10에서와 같이 하나의 홀을 갖는 다중연결 영역에 대해 증명하면 유한개의 홀을 갖는 경우로의 일반화가 가능하다. 그림에서와 같이 A에서 B를 연결하는 선분을 AB, B에서 A를 연결하는 선분을 BA, D의 영역의 바깥쪽 경계를 γ_1, 영역의 안쪽 경계 γ_2라고 하면 경로

$$\Gamma := \gamma_1 + AB + \gamma_2 + BA$$

는 단순연결영역의 경계로 양의 방향을 갖는 닫힌 경로이므로 코시의

정리(정리 3.6)에 의해

$$
\begin{aligned}
\int_\Gamma f(z)\,dz &= \int_{\gamma_1+AB+\gamma_2+BA} f(z)\,dz \\
&= \int_{\gamma_1} f(z)\,dz + \int_{AB} f(z)\,dz + \int_{\gamma_2} f(z)\,dz + \int_{BA} f(z)\,dz \\
&= 0 \qquad (3.36)
\end{aligned}
$$

이다. 그런데 AB, BA의 방향이 서로 반대이므로

$$\int_{AB} f(z)\,dz = -\int_{BA} f(z)\,dz \qquad (3.37)$$

이다. 그러므로 두 식 (3.36), (3.37)로부터

$$\int_\gamma f(z)\,dz = \int_{\gamma_1} f(z)\,dz + \int_{\gamma_2} f(z)\,dz = 0$$

이다. □

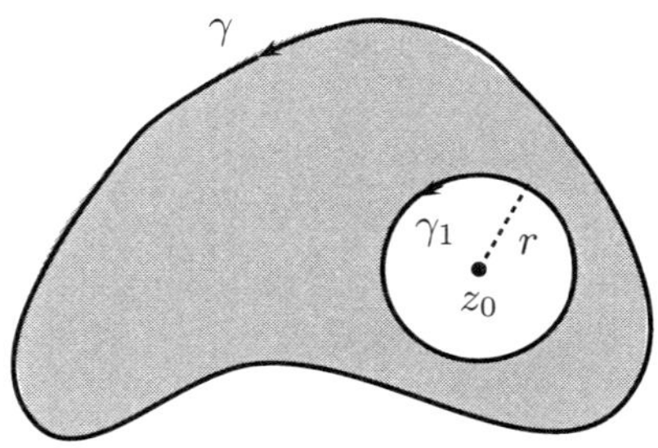

그림 3.11

E2. 경로 γ가 그림 3.11과 같을 때 적분 $\int_\gamma \frac{1}{z-z_0}\,dz$를 구해보자. γ_1을 그림에서와 같은 방향을 갖는 원 $|z-z_0| = r$이라 하면, 정리 3.8에 의해

$$\int_\gamma \frac{1}{z-z_0}\,dz + \int_{-\gamma_1} \frac{1}{z-z_0}\,dz = 0$$

이다. 그러므로

$$
\begin{aligned}
\int_\gamma \frac{1}{z-z_0}\,dz = \int_{\gamma_1} \frac{1}{z-z_0}\,dz &= \int_0^{2\pi} \frac{1}{(z_0+re^{i\theta})-z_0}\, ire^{i\theta}\,d\theta \\
&= 2\pi i
\end{aligned}
$$

이다.(그림 3.10과 3.11의 안쪽 경계의 방향에 유의하자.)

정리 3.8은 다중연결영역 D가 n개의 홀을 갖는 일반적인 경우로 확장하여 적용할 수있다. 그림 3.12(a)와 같이 다중연결영역 D의 바깥쪽 경계를 γ, 안쪽 홀의 경계를 $\gamma_1, \gamma_2, \cdots, \gamma_n$이라고 하면

$$\int_{\gamma} f(z)\,dz = \sum_{k=1}^{n} \int_{\gamma_k} f(z)\,dz \tag{3.38}$$

이다.

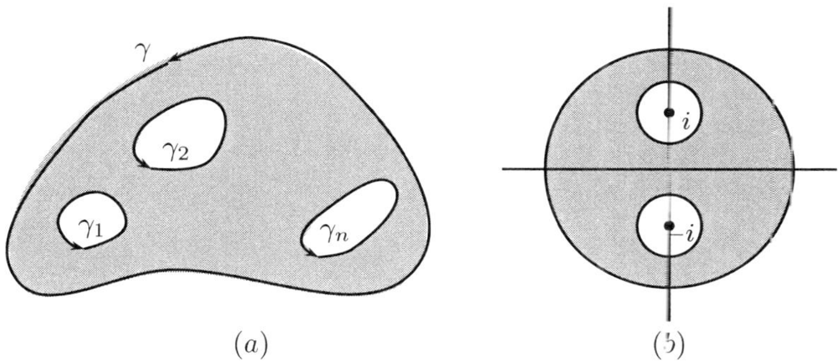

그림 3.12

E3. $f(z) = \frac{1}{z-i} + \frac{1}{z+i}$일 때 적분 $\int_{|z|=2} f(z)\,dz$를 계산해 보자. $f(z)$는 원 $|z| = 2$ 안의 두 점 $i, -i$에서 해석적이지 않지만 그림 3.12(b)의 다중연결 영역과 그 경계 위에서 해석적이므로 식 (3.38)에 의해

$$\begin{aligned}\int_{|z|=2} f(z)\,dz &= \int_{|z-i|=\frac{1}{2}} f(z)\,dz + \int_{|z+i|=\frac{1}{2}} f(z)\,dz \\ &= \int_{|z-i|=\frac{1}{2}} \frac{1}{z-i}\,dz + \int_{|z-i|=\frac{1}{2}} \frac{1}{z+i}\,dz \\ &\quad + \int_{|z+i|=\frac{1}{2}} \frac{1}{z-i}\,dz + \int_{|z+i|=\frac{1}{2}} \frac{1}{z+i}\,dz\end{aligned}$$

이다. 코시의 정리에 의해 $\int_{|z-i|=\frac{1}{2}} \frac{1}{z+i}\,dz = 0$, $\int_{|z+i|=\frac{1}{2}} \frac{1}{z-i}\,dz = 0$이므로

$$\begin{aligned}\int_{|z|=2} f(z)\,dz &= \int_{|z-i|=\frac{1}{2}} \frac{1}{z-i}\,dz + \int_{|z+i|=\frac{1}{2}} \frac{1}{z+i}\,dz \\ &= 2\pi i + 2\pi i = 4\pi i\end{aligned}$$

이다.

[연습문제 28]

1. γ가 아래의 원일 때 적분 $\displaystyle\int_\gamma \frac{1}{z^2+2z}\,dz$를 계산하여라.

(1) $|z-2|=1$ (2) $|z|=1$ (3) $|z+2|=1$ (4) $|z|=3$

2. $f(z)=\frac{2z}{z^2+1}$일 때 다음 적분을 계산하여라.

(1) $\displaystyle\int_{|z-i|=1} f(z)dz$ (2) $\displaystyle\int_{|z+i|=\frac{1}{2}} f(z)dz$

(3) $\displaystyle\int_{|z|=3} f(z)dz$ (4) $\displaystyle\int_{|z|=\frac{1}{2}} f(z)dz$

3. γ_1을 $1+i,\ -1+i,\ -1-i,\ 1-i$를 꼭짓점으로 하는 양의 방향을 갖는 사각형, γ_2를 양의 방향을 갖는 원 $|z|=4$일 때 다음의 함수 $f(z)$에 대해

$$\int_{\gamma_1} f(z)\,dz = \int_{\gamma_2} f(z)\,dz$$

이 성립하지 않는 것을 찾고 그 이유를 설명하여라.

(1) $f(z)=\frac{1}{2z^2+i}$ (2) $f(z)=\frac{1}{z(z+3)}$ (3) $f(z)=\frac{1}{\sin\frac{z}{2}}$

4. γ가 $2i, -2i, 3-2i, 3+2i$를 꼭짓점으로 하는 사각형의 둘레일 때 적분 $\displaystyle\int_\gamma \left(\frac{1}{z^2-1}+\frac{2}{z-1+i}\right)dz$를 계산하여라.

29. 코시의 적분공식 I

코시의 적분공식은 단순닫힌 경로 γ의 위와 그 안쪽에서 함수 f가 해석적이면 γ 안쪽의 점 z_0에서 f의 함숫값은 경로 γ 위에서 f의 함숫값에 의해 결정된다는 것이다. 여기서는 다른 언급이 없으면 단순닫힌 곡선 γ는 양의 방향을 갖는 것으로 가정한다.

[정리 3.9] (코시의 적분공식 I, Cauchy's integral formula I) 함수 f가 단순닫힌 경로 γ의 위와 안쪽의 모든 점에서 해석적이라 하자. z_0가 γ의 안쪽에 놓인

점이면

$$f(z_0) = \frac{1}{2\pi i}\int_\gamma \frac{f(z)}{z-z_0}dz$$

이다.

(증명) $\epsilon\,(>0)$이 주어졌다고 하자. 충분히 작은 $r\,(>0)$을 선택하여 경로 $\gamma_1 : |z-z_0| = r$이 γ의 안쪽에 놓이게 하자.(그림 3 13) 함수 f가 z_0에서 연속이므로 γ_1 위의 모든 점 z에서 부등식

$$|f(z) - f(z_0)| < \frac{\epsilon}{2\pi}$$

을 만족하도록 $r > 0$을 택할 수 있다.

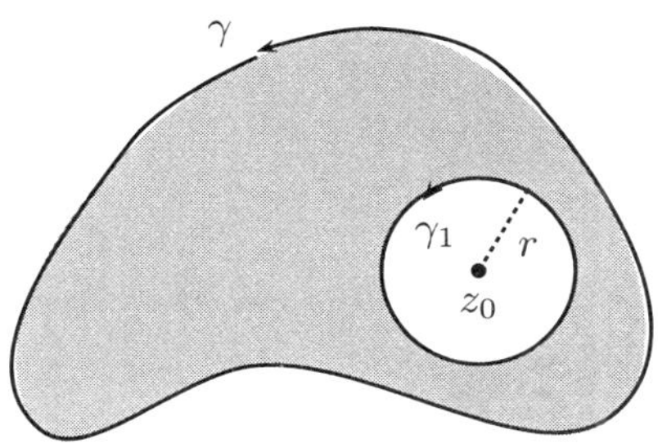

그림 3.13

$\frac{f(z)}{z-z_0}$는 z_0를 뺀 γ안의 점에서 해석적이므로 다중연결 영역에서의 코시의 정리(정리 3.8)에 의해

$$\int_\gamma \frac{f(z)}{z-z_0}\,dz = \int_{\gamma_1} \frac{f(z)}{z-z_0}\,dz \tag{3.39}$$

이다. 위의 식 (3.39)는

$$\begin{aligned}\int_\gamma \frac{f(z)}{z-z_0}\,dz &= \int_{\gamma_1} \frac{f(z_0) + [f(z) - f(z_0)]}{z-z_0}\,dz \\ &= \int_{\gamma_1} \frac{f(z_0)}{z-z_0}\,dz + \int_{\gamma_1} \frac{f(z)-f(z_0)}{z-z_0} \\ &= 2\pi i f(z_0) + \int_{\gamma_1} \frac{f(z)-f(z_0)}{z-z_0}\,dz \end{aligned} \tag{3.40}$$

로 쓸 수 있다. 그런데 γ_1 위의 모든 점에서 $|f(z)-f(z_0)|<\frac{\epsilon}{2\pi}$이고 $|z-z_0|=r$이므로 식 (3.40)의 마지막 적분에서 부등식

$$\begin{aligned}\left|\int_{\gamma_1}\frac{f(z)-f(z_0)}{z-z_0}\,dz\right| &\le \int_{\gamma_1}\frac{|f(z)-f(z_0)|}{|z-z_0|}\,|dz| \\ &<\frac{\epsilon}{2\pi r}\int_{\gamma_1}|dz|=\frac{\epsilon}{2\pi r}2\pi r \\ &=\epsilon\end{aligned}$$

을 얻는다. 여기서 $\epsilon>0$은 임의로 택하였으므로

$$\int_{\gamma_1}\frac{f(z)-f(z_0)}{z-z_0}\,dz=0 \tag{3.41}$$

이다. 따라서 식 (3.40), (3.41)로부터

$$f(z_0)=\frac{1}{2\pi i}\int_{\gamma}\frac{f(z)}{z-z_0}\,dz$$

이다. □

E1. 경로 γ가 $|z|=2$ 일 때

(1) $f(z)=z^2-1$라고 하면 f는 정함수이고 $z_0=0$은 단순닫힌 경로 γ의 안쪽에 있으므로

$$\int_{\gamma}\frac{z^2-1}{z}dz=\int_{\gamma}\frac{z^2-1}{z-0}dz=2\pi i f(0)=-2\pi i,$$

(2) $f(z)=\sin z$는 정함수이고 $z_0=\frac{\pi}{2}$는 γ의 안쪽에 있으므로

$$\int_{\gamma}\frac{\sin z}{z-\frac{\pi}{2}}dz=2\pi i f(\frac{\pi}{2})=2\pi i,$$

(3) 함수 $\frac{\cos z}{z-\pi}$는 γ의 위와 안쪽에서 해석적이므로 코시의 정리에 의해

$$\int_{\gamma}\frac{\cos z}{z-\pi}dz=0$$

이다.

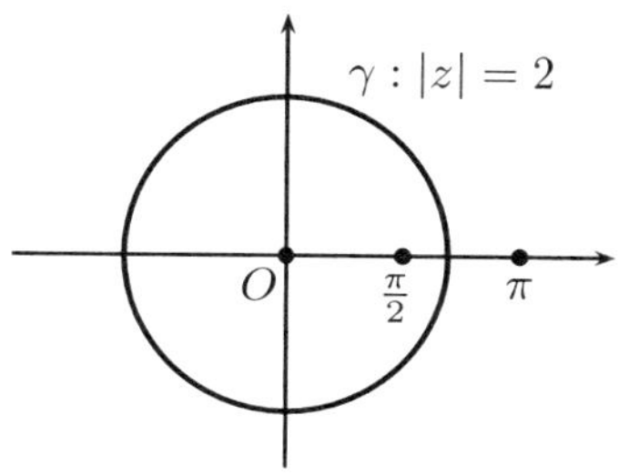

그림 3.14

Q1. 적분 $\int_{|z-i|=1} \frac{2z}{z^2+1}\,dz$를 계산하여라.

E2. 적분 $\int_{|z|=4} \frac{\cos z}{(z+\pi)(z+5)}\,dz$에서 피적분 함수 $\frac{\cos z}{(z+\pi)(z+5)}$는 $z = -\pi$를 제외한 원 $|z| = 4$의 위와 안쪽의 모든 점에서 해석적이다. $f(z) = \frac{\cos z}{z-5}$라 하면 $f(z)$는 곡선 $|z| = 4$의 위와 안쪽에서 해석적이므로 코시의 적분공식 I에 의해

$$\int_{|z|=4} \frac{\cos z}{(z+\pi)(z+5)} = \int_{|z|=4} \frac{\frac{\cos z}{z+5}}{z+\pi}\,dz = 2\pi i f(-\pi)$$
$$= \frac{2\pi}{\pi-5} i$$

이다.

[연습문제 29]

1. γ가 양의 방향을 갖는 원 $|z| = 2$일 때 다음 적분을 계산하여라.

(1) $\int_\gamma \frac{\cos z}{z} dz$ (2) $\int_\gamma \frac{\cos z}{z-\pi} dz$

(3) $\int_\gamma \frac{z^2}{z-1}\,dz$ (4) $\int_\gamma \frac{1}{z^2-2z-3}\,dz$

2. 다음 적분을 계산하여라.

(1) $\int_{|z|=3} \frac{e^z}{z-2}\,dz$ (2) $\int_{|z|=3} \frac{e^{z^2}}{z-2}\,dz$

(3) $\int_{|z|=3} \frac{\cos \pi z}{z+2}\,dz$ (4) $\int_{|z|=3} \frac{z^2+2z-3}{(z+1)(z-2)}\,dz$

3. 다음에 주어진 경로 γ에서 적분 $\displaystyle\int_\gamma \frac{z}{(16-z^2)(z+i)}dz$를 계산하여라.

(1) $|z|=2$ (2) $|z-4|=2$ (3) $|z+4|=2$ (4) $|z|=\frac{1}{2}$

4. f가 단순닫힌 곡선 γ의 위와 안쪽에서 해석적이고 γ 위에서 $f=0$이면 γ의 안쪽에 놓인 모든 점 z에서 $f(z)=0$인가?

5. γ가 $z(t)=e^{i\theta}\,(-\pi\le\theta\le\pi)$로 주어지고, a는 실수일 때 다음이 성립함을 보여라.

(1) $\displaystyle\int_\gamma \frac{e^{az}}{z}\,dz = 2\pi i$ (2) $\displaystyle\int_{-\pi}^{\pi} e^{a\cos\theta}\cos(a\sin\theta)\,d\theta = 2\pi$

30. 코시의 적분공식 II

지금까지 해석함수는 연속인 일차도함수를 갖는 것으로 가정하였다. 코시의 적분공식 II는 이 가정이 사실일뿐만 아니라 해석함수는 무한번 미분가능한 함수임을 보여준다. 관례적으로 $f^{(0)}(z)=f(z)$, $0!=1$로 나타낸다. 앞에서 증명한 코시의 적분공식(정리 3.9)는 다음의 코시의 적분공식 II에서 $n=0$인 경우에 해당한다.

[정리 3.10] (코시의 적분공식 II, Cauchy's integral formula II) 함수 f가 양의 방향을 갖는 단순닫힌 경로 γ의 위와 안쪽에서 해석적이라고 하자. z_0가 γ의 안쪽에 있는 점이면 f는 z_0에서 무한번 미분가능하며

$$f^{(n)}(z_0)=\frac{n!}{2\pi i}\int_\gamma \frac{f(z)}{(z-z_0)^{n+1}}\,dz \quad (n\in\mathbb{N}) \tag{3.42}$$

이다.

(증명) 여기서는 $n=1$인 경우 즉,

$$f'(z_0)=\frac{1}{2\pi i}\int_\gamma \frac{f(z)}{(z-z_0)^2}\,dz$$

임을 보인다. $|h|$를 충분히 작게 택하여 z_0+h가 γ의 안쪽에 놓이게 하면 코시의 적분공식(정리 3.9)에 의해

$$f(z_0)=\frac{1}{2\pi i}\int_\gamma \frac{f(z)}{z-z_0}\,dz, \quad f(z_0+h)=\frac{1}{2\pi i}\int_\gamma \frac{f(z)}{z-(z_0+h)}\,dz$$

이므로

$$\begin{aligned}\frac{f(z_0+h)-f(z_0)}{h} &= \frac{1}{h}\frac{1}{2\pi i}\int_\gamma\left(\frac{1}{z-z_0-h}-\frac{1}{z-z_0}\right)f(z)\,dz\\ &= \frac{1}{2\pi i}\int_\gamma \frac{f(z)}{(z-z_0-h)(z-z_0)}\,dz \end{aligned} \tag{3.43}$$

이다. 따라서 $n=1$인 경우의 증명을 위해서는

$$\lim_{h\to 0}\frac{1}{2\pi i}\int_\gamma \frac{f(z)}{(z-z_0)(z-z_0-h)}\,dz=\frac{1}{2\pi i}\int_\gamma \frac{f(z)}{(z-z_0)^2}$$

임을 보이면 된다. 그런데

$$\begin{aligned}&\left|\frac{1}{2\pi i}\int_\gamma \frac{f(z)}{(z-z_0)(z-z_0-h)}\,dz-\frac{1}{2\pi i}\int_\gamma\frac{f(z)}{(z-z_0)^2}\,dz\right|\\ &\qquad=\left|\frac{h}{2\pi i}\int_\gamma \frac{f(z)}{(z-z_0)^2(z-z_0-h)}\,dz\right|\end{aligned} \tag{3.44}$$

이다. 이제 양의 방향을 갖는 원 $\gamma_1: |z-z_0|=r$이 주어진 단순닫힌 경로 γ의 안쪽에 놓이도록 $r>0$을 택하자.(그림 3.15) h를 $|h|<\frac{r}{2}$을 만족하도록 선택하면 z_0와 z_0+h는 γ_1의 안쪽에 놓이게 되므로 다중연결 영역에서의 코시의 정리(정리 3.8)에 의해

$$\frac{h}{2\pi i}\int_\gamma \frac{f(z)}{(z-z_0)^2(z-z_0-h)}\,dz=\frac{h}{2\pi i}\int_{\gamma_1}\frac{f(z)}{(z-z_0)^2(z-z_0-h)}\,dz \tag{3.45}$$

이다. 함수 f가 콤팩트집합 γ_1에서 연속이므로 γ_1의 모든 점에서 $|f(z)|\le M$인 $M>0$이 존재한다. 그러므로 식 (3.45)로부터

$$\begin{aligned}\frac{|h|}{2\pi}\int_{\gamma_1}\frac{|f(z)|}{|z-z_0|^2|z-z_0-h|}|dz| &\le \frac{|h|M}{2\pi r^2}\int_{\gamma_1}\frac{|dz|}{|z-z_0|-|h|}\\ &< \frac{|h|M}{2\pi r^2}\int_{\gamma_1}\frac{2}{r}\,|dz|\le\frac{|h|M}{\pi r^3}\int_{\gamma_1}|dz|\\ &= |h|\left(\frac{2M}{r^2}\right)\end{aligned} \tag{3.46}$$

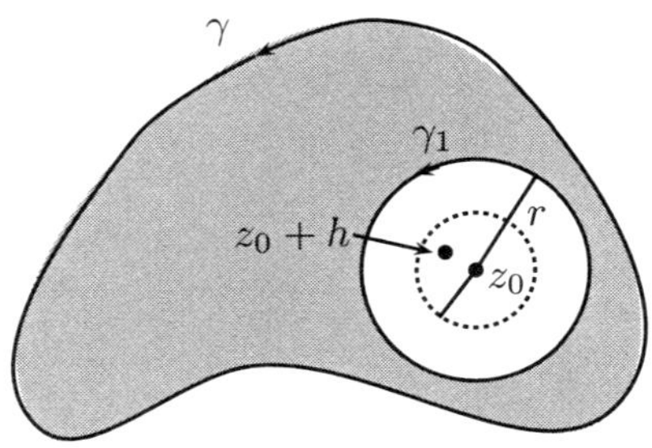

그림 3.15

를 얻는다. 그러므로 위 식 (3.44), (3.46)으로부터

$$\lim_{h\to 0}\left|\frac{1}{2\pi i}\int_\gamma \frac{f(z)}{(z-z_0)(z-z_0-h)}\,dz - \frac{1}{2\pi i}\int_\gamma \frac{f(z)}{(z-z_0)^2}\,dz\right|$$
$$\le \lim_{h\to 0}|h|\left(\frac{2M}{r^2}\right) = 0$$

이다. 따라서

$$\lim_{h\to 0}\frac{1}{2\pi i}\int_\gamma \frac{f(z)}{(z-z_0)(z-z_0-h)}\,dz = \frac{1}{2\pi i}\int_\gamma \frac{f(z)}{(z-z_0)^2}\,dz \tag{3.47}$$

임을 알 수 있다. 이제 식 (3.43), (3.47)로부터

$$f'(z_0) = \lim_{h\to 0}\frac{f(z_0+h)-f(z_0)}{h} = \lim_{h\to 0}\frac{1}{2\pi i}\int_\gamma \frac{f(z)}{(z-z_0-h)(z-z_0)}\,dz$$
$$= \frac{1}{2\pi i}\int_\gamma \frac{f(z)}{(z-z_0)^2}\,dz$$

이다. 따라서 $n = 1$인 경우 정리가 성립한다.

위와 같은 과정을 $f'(z)$에 적용하여

$$\frac{f'(z_0+h)-f'(z_0)}{h} = \frac{1}{2\pi i}\int_\gamma \frac{[2(z-z_0)-h]f(z)}{(z-z_0)^2(z-z_0-h)^2}\,dz \tag{3.48}$$

을 얻고, 다시 $h \to 0$일 때의 극한을 계산하면

$$f''(z_0) = \frac{2}{2\pi i}\int_\gamma \frac{f(z)}{(z-z_0)^3}\,dz \tag{3.49}$$

를 얻을 수 있다. 이 과정을 반복하여 z_0에서의 n차 도함숫값이

$$f^{(n)}(z_0) = \frac{n!}{2\pi i}\int_\gamma \frac{f(z)}{(z-z_0)^{n+1}}\,dz$$

로 주어짐을 보일 수 있다. □

앞 절의 코시 적분공식 I은 코시의 적분공식II에서 $n = 0$인 경우이다. 이런 이유에서 식

$$f^{(n)}(z_0) = \frac{n!}{2\pi i}\int_\gamma \frac{f(z)}{(z-z_0)^{n+1}}\,dz \quad (n = 0, 1, 2, \cdots)$$

코시 적분공식이라고 부른다.

E1. $f(z) = \sin z$, γ는 양의 방향을 갖는 원 $|z-\pi| = 1$일 때

$$\int_\gamma \frac{\sin z}{(z-\pi)^4}dz = \frac{2\pi i}{3!}f^{(3)}(\pi) = \frac{\pi i}{3}(-\cos\pi) = \frac{\pi i}{3}$$

이다.

Q1. γ가 양의 방향을 갖는 원 $|z+3| = 2$일 때 적분 $\int_\gamma \frac{2z+1}{z(z+2)^2}dz$를 계산하여라.

[연습문제 30]

1. γ가 원 $|z| = 1$ 다음 적분을 계산하여라.

(1) $\displaystyle\int_\gamma \frac{\cos z}{z^2}\,dz$ (2) $\displaystyle\int_\gamma \frac{\sin z}{z^2}\,dz$ (3) $\displaystyle\int_\gamma \frac{e^z + z}{z^3}\,dz$

2. 다음 적분을 계산하여라.

(1) $\displaystyle\int_{|z|=5} \frac{\sin 3z}{z+\pi}dz$ (2) $\displaystyle\frac{1}{2\pi i}\int_{|z|=2} \frac{e^{3z}}{z^2+1}dz$

(3) $\displaystyle\int_{|z+i|=4} \frac{e^{iz}}{(z-i)^5}dz$ (4) $\displaystyle\frac{1}{2\pi i}\int_{|z|=1} \frac{\sin^6 z}{(z-\pi/6)^3}dz$

3. (1) $p(z)$가 n차 다항함수이면

$$\int_{|z|=2} \frac{p(z)}{(z-1)^{n+2}}dz = 0$$

임을 보여라.

(2) m, n이 양의 정수, γ가 z_0을 싸고도는 단순닫힌 경로일 때

$$\int_\gamma \frac{(n-1)!e^z}{(z-z_0)^n}dz = \int_\gamma \frac{(m-1)!e^z}{(z-z_0)^m}dz$$

임을 보여라.

4. 다음에 주어진 경로 γ에서 적분 $\displaystyle\int_\gamma \frac{z}{(16-z^2)(z+i)}dz$를 계산하여라.

(1) $|z|=2$ (2) $|z-4|=2$ (3) $|z+4|=2$ (4) $|z|=\frac{1}{2}$

5. 다음 적분을 계산하여라.

$$\int_{|z|=2} \frac{\sin \pi z}{e^z(z-1)^3}dz$$

6. 적분 $\displaystyle\int_0^{2\pi} e^{-i\theta}e^{e^{i\theta}}\, d\theta$를 계산하여라.

7. f가 단순닫힌경로 γ의 안쪽과 위에서 해석적인 함수이고 $z_0 \in D$가 γ위의 점이 아니면 다음이 성립함을 설명하여라.

$$\int_\gamma \frac{f'(z)}{z-z_0}\, dz = \int_\gamma \frac{f(z)}{(z-z_0)^2}\, dz$$

8. $\gamma : z(\theta) = e^{i\theta}, \ -\pi \le \theta \le \pi$, a는 실수일 때

$$\int_\gamma \frac{e^{az}}{z}dz = 2\pi i$$

임을 보이고 이를 이용하여

$$\int_{-\pi}^{\pi} e^{a\cos\theta}\cos(a\sin\theta)d\theta = 2\pi$$

임을 보여라.

9. 함수 f가 단순닫힌경로 γ에서 연속일때

$$g(z) = \int_\gamma \frac{f(\zeta)}{\zeta - z}\, d\zeta$$

가 γ의 안쪽에서 해석적이고

$$g'(z) = \int_\gamma \frac{f(\zeta)}{(\zeta - z)^2}\, d\zeta$$

임을 보여라.

10. f가 단순연결영역 D에서 해석적이고 $f(z) \neq 0$이다. D안의 임의의 단순닫힌경로 γ에 대해 $\displaystyle\int_\gamma \frac{f'(z)}{f(z)}dz = 0$임을 설명하여라.

31. 코시의 부등식

영역 D의 각각의 점 z에 대해 양의 방향을 갖는 원 $\gamma_z : |\zeta - z| = r_z$와 그 안쪽이 D에 속하도록 $r_z > 0$를 택할 수 있다. 그러므로 f가 영역 D에서 해석적이면 코시의 적분공식(정리 3.10)에 의해 f는 각각의 점 $z \in D$에서 무한번 미분가능하고 n차 도함수는

$$f^{(n)}(z) = \frac{n!}{2\pi i}\int_{\gamma_z} \frac{f(\zeta)}{(\zeta - z)^{n+1}}\, d\zeta \quad (n \in \mathbb{N})$$

이다. 위의 식으로부터 다음의 정리를 얻는다.

[정리 3.11] f가 영역 D에서 해석적인 함수이면 f의 도함수 f'도 D에서 해석적이다.

함수 $f(z) = u(x,y) + iv(x,y)$가 $z = x + iy$에서 해석적이면 f'도 해석적이므로 f'은 z에서 연속이다. 그런데

$$f'(z) = u_x + iv_x = v_y - iu_y$$

이므로 u, v는 (x,y)에서 연속인 편도함수를 갖는다. 또 f''이 해석적이므로

$$f''(z) = u_{xx} + iv_{xx} = v_{yx} - iu_{yx} = -u_{yy} - iv_{yy} \tag{3.50}$$

이므로 u, v는 연속인 이계 편도함수를 갖는다. 이 사실을 반복적으로 적용하여 다음의 따름정리 3.12를 얻을 수 있다.

Q1. f가 영역 D에서 해석적이면 D의 모든 점에서

$$u_{xx} = v_{xy} = v_{yx} = -u_{yy}, \quad v_{xx} = -u_{xy} = -u_{yx} = -v_{yy}$$

인가?

[따름정리 3.12] 함수 $f(z) = u(x,y) + iv(x,y)$가 $z = x + iy$에서 해석적이면 $f(z)$의 실수부와 허수부 $u(x,y)$, $v(x,y)$는 모든 계수의 연속인 편도함수를 갖는다.

■ **모레라의 정리**. 코시의 정리(정리 3.6)에서 f가 단순연결영역 G에서 해석적인 함수이고, γ가 G 안에 놓인 닫힌단순 경로이면 $\int_\gamma f(z)dz = 0$임을 알았다. 그렇다면 단순연결 영역 G 안에 놓인 닫힌단순 경로 γ 위에서의 적분이 $\int_\gamma f(z)dz = 0$인 함수 f는 G에서 해석적인 함수일까? 다음의 모레라의 정리는 이 문제에 대한 부분적인 답을 준다.

[정리 3.13] (모레라의 정리, Morera's theorem) f가 영역 D에서 연속인 함수라고 하자. 만약 D안에 놓인 모든 단순닫힌 경로 γ에 대해 $\int_\gamma f(z)dz = 0$ 이면 f는 D에서 해석적인 함수이다.

(증명) f가 영역 D에서 연속이고 D안에 놓인 모든 단순닫힌 경로 γ에 대해 $\int_\gamma f(z)dz = 0$인 함수라고 하자. z_0가 D에 속하는 고정된 점일 때 정리 3.2의 증명에서 정의된 함수

$$F(z) = \int_{z_0}^{z} f(\zeta)\, d\zeta \quad (z \in D)$$

는 f의 역도함수이다. 그러므로 코시의 적분공식에 의해 F는 D에서 모든 차수의 도함수를 갖고, $f'(z) = F''(z)$이므로 f는 해석적인 함수이다. □

■ **코시의 부등식**. 다음 코시의 부등식은 코시의 적분공식으로부터 쉽게 얻을 수 있다. 코시의 부등식은 복소해석에서 중요한 주제 가운데 하나인 대수학의 기본정리를 증명하는데 중심적인 역할을 한다.

[정리 3.14] (코시의 부등식, Cauchy's inequality) 함수 f가 양의 방향을 갖는 원 γ_R : $|z-z_0| = R$과 그 안쪽에서 해석적이라고 하자. 만약 γ_R 위의 모든 점에서 $|f(z)| \le M_R$이면

$$|f^{(n)}(z_0)| \le \frac{n! M_R}{R^n} \tag{3.51}$$

이다.

(증명) 코시의 적분공식(정리 3.10)

$$f^{(n)}(z_0) = \frac{n!}{2\pi i} \int_{\gamma_R} \frac{f(z)}{(z-z_0)^{n+1}}\, dz$$

로부터

$$\left|f^{(n)}(z_0)\right| \leq \frac{n!}{2\pi}\int_\gamma \frac{|f(z)|}{|z-z_0|^{n+1}}\,|dz| \leq \frac{n!M_R}{2\pi R^{n+1}}\int_\gamma |dz| = \frac{n!M_R}{2\pi R^{n+1}}2\pi R$$
$$= \frac{n!M_R}{R^n}$$

이다. □

[연습문제 31]

1. f가 정함수이고 $\lim_{z\to\infty}\frac{f(z)}{z} = 0$이면 f는 상수임을 보여라.

2. $f(z)$가 경로 γ 위에서 연속일 때(해석적이지 않을 수 있음), γ 위에 있지 않은 점 z에서 $F(z) = \int_\gamma \frac{f(\zeta)}{\zeta - z}\,d\zeta$가 해석적임을 보여라.

3. $f(z)$가 복소평면의 모든 점 z에서 $|f(z)| \leq A|z|$를 만족하는 정함수이면 $f(z) = az$임을 보여라. 여기서 A는양의 실수이고 a는 복소수이다.

4. f가 정함수이고 $R(>0)$이 고정된 수일 때 원 $|z| = R$ 위에서 $|f(z)| \leq M$이면, $0 \leq r < R$에 대해

$$|f^{(n)}(re^{i\theta})| \leq \frac{n!M}{(R-r)^n} \quad (n = 0, 1, 2, \cdots)$$

임을 보여라.

32. 리우빌의 정리와 대수학의 기본정리

이 절에서는 코시의 부등식으로부터 얻을 수 있는 리우빌의 정리를 공부하고, 또 리우빌의 정리를 이용하여 상수가 아닌 다항함수는 복소평면에서 반드시 영점을 가짐을 보인다.

■ **리우빌의 정리.** 코시의 적분공식으로부터 얻은 코시의 부등식은 상수함수가 아닌 어떤 정함수도 복소평면 전체에서 유계일 수 없다는 사실을 증명할 수 있게 해준다. 이 사실은 리우빌의 정리로 알려져 있다.

[정리 3.15] (리우빌의 정리, Liouville's theorem) 정함수 f가 복소평면 $\mathbb{C}$에서 유계이면 $f(z)$는 상수이다.

(증명) 복소평면 위의 모든 점 z에서 $f'(z) = 0$임을 보이면 된다. 함수 f가 유계이므로 복소평면의 모든 점 z에서 $|f(z)| \leq M$인 $M > 0$이 존재한다. z_0를 복소평면 위의 임의의 한 점이라고 하면, 코시의 부등식 (3.51)에서 $M_R = M$, $n = 1$일 때를 고려하면 부등식

$$|f'(z_0)| \leq \frac{M}{R} \tag{3.52}$$

을 얻는다. 그런데 f가 정함수이므로 위의 부등식 (3.52)는 모든 $R > 0$에 대해 성립한다. 그러므로 R을 무한히 크게 하여 $f'(z_0) = 0$을 얻을 수 있다. 여기서 z_0는 임의로 선택하였으므로 복소평면 위의 모든 점 z에서 $f'(z) = 0$이다. 그러므로 복소평면에서 $f(z)$는 상수이다. □

Q1. 리우빌의 정리(정리 3.15)를 이용하여 복소평면에서 $\cos z$가 유계가 아님을 설명하여라.

다음의 정리는 리우빌의 정리를 이용하여 설명할 수 있는 정함수의 성질이다. 정리 3.17은 정리 3.16보다 발전된 결과를 보여준다. 정리 3.17의 증명은 생략한다.

[정리 3.16] f가 상수가 아닌 정함수이면 임의의 $\epsilon > 0$과 임의의 복소수 a에 대해 부등식 $|f(z) - a| < \epsilon$을 만족하는 점 $z \in \mathbb{C}$가 존재한다.

(증명) 모든 $z(\in \mathbb{C})$에 대해 $|f(z) - a| \geq \epsilon$인 a와 $\epsilon\,(> 0)$이 존재한다고 가정하자. 함수 g를

$$g(z) = \frac{1}{f(z) - a}$$

로 정의하면 g는 정함수이고

$$|g(z)| = \left|\frac{1}{f(z)-a}\right| \le \frac{1}{\epsilon}, \quad z \in \mathbb{C}$$

이다. 이것은 정함수 g가 유계임을 의미하므로 리우빌의 정리에 의해 $g(z)$는 상수이다. 따라서 $f(z) = \frac{1}{g(z)} + a$도 상수이다. 이것은 $f(z)$가 상수가 아니라는 가정에 모순이다. □

[정리 3.17] [(피카드의 정리, Picard's theorem) f가 상수가 아닌 정함수이면 많아야 하나의 복소수를 제외한 나머지 모든 복소수 a에 대해 방정식 $f(z) = a$는 해를 갖는다.

E1. 방정식 $\cos z = a$는 모든 복소수 a에 대해 해를 갖고, $e^z = a$는 $a = 0$일 때만 해를 갖지 않는다.

Q2. 피카드의 정리를 이용하여 $\text{Re} f(z) > 0$인 정함수 f는 상수함수뿐임을 설명하여라.

■ 대수학의 기본정리. 방정식 $x^2 + x + 1 = 0$은 실수해를 갖지 않는다. 그러나 복소평면에서 방정식 $z^2 + z + 1 = 0$은 두 개의 해를 갖는다. $p(z)$가 상수가 아닌 다항식이면 방정식 $p(z) = 0$은 복소평면에서 적어드 하나의 해를 갖는다. 이것을 대수학의 기본정리라고 한다. 대수학의 기본정리를 증명하기 위해서 먼저 다항식이 갖는 다음 성질을 알아보자.

[정리 3.18] n차 다항식 $p(z) = a_n z^n + a_{n-1} z^{n-1} + \cdots + a_0$ $(n \ge 1,\ a_n \ne 0)$은 충분히 큰 $|z| = r$에 대해 부등식

$$\frac{|a_n|}{2} r^n \le |p(z)| \le \frac{3|a_n|}{2} r^n \tag{3.53}$$

을 만족한다.

(증명) 다항식 $p(z)$를

$$p(z) = z^n \left(a_n + \frac{a_{n-1}}{z} + \frac{a_{n-2}}{z^2} + \cdots + \frac{a_0}{z^n}\right), \quad z \ne 0$$

로 쓰면 삼각부등식에 의해

$$\begin{aligned}|z|^n\left(|a_n|-\left|\frac{a_{n-1}}{z}+\cdots+\frac{a_0}{z^n}\right|\right)&\le|p(z)|\\&\le|z|^n\left(|a_n|+\left|\frac{a_{n-1}}{z}+\cdots+\frac{a_0}{z^n}\right|\right)\end{aligned}\tag{3.54}$$

을 얻는다. $|z|=r>1$일 때

$$\begin{aligned}\left|\frac{a_{n-1}}{z}+\frac{a_{n-2}}{z^2}+\cdots+\frac{a_0}{z^n}\right|&\le\frac{|a_{n-1}|}{r}+\frac{|a_{n-2}|}{r^2}+\cdots+\frac{|a_0|}{r^n}\\&\le\frac{|a_{n-1}|+|a_{n-2}|+\cdots+|a_0|}{r}\end{aligned}$$

이므로 $K=|a_{n-1}|+|a_{n-2}|+\cdots+|a_0|$라 하면 식(3.54)로부터 부등식

$$r^n\left(|a_n|-\frac{K}{r}\right)\le|p(z)|\le r^n\left(|a_n|+\frac{K}{r}\right)\quad(r>1)\tag{3.55}$$

을 얻는다. 식 (3.53)에서 $r>\frac{2K}{|a_n|}$이면 부등식 (3.53)이 성립한다. □

정리 3.18로부터 $p(z)$가 $n(\ge 1)$차 다항식이면

$$\lim_{z\to\infty}p(z)=\infty\tag{3.56}$$

임을 알 수 있다. 다항함수는 정함수이다. 그러나 식 (3.56)이 모든 정함수에서 성립하는 것은 아니다. 사실 이 성질을 만족하는 정함수는 상수가 아닌 다항함수뿐이다. 다항함수가 아닌 정함수를 **초월정함수**(transcendental entire function)이라 한다. 초월정함수 e^z는 다항함수와는 달리 $\lim_{z\to\infty}e^z\ne\infty$이다.

Q3. $\lim_{z\to\infty}e^z\ne\infty$임을 설명하여라.

이제 대수학의 기본정리를 증명할 수 있는 준비가 되었다. 대수학의 기본정리를 증명하는데 리오빌의 정리를 이용할 수 있다.

[정리 3.19] (대수학의 기본정리, fundamental theorem of algebra) $p(z)$가 상수가 아닌 다항함수이면 방정식 $p(z)=0$은 적어도 하나의 해를 갖는다.

(증명) 모든 $z \in \mathbb{C}$에서 $p(z) \neq 0$이라고 가정하자. 그러면 $\frac{1}{p(z)}$는 정함수이다. 앞의 정리 3.18(또는 식 (3.53)에 의해

$$\lim_{z \to \infty} \frac{1}{p(z)} = 0$$

이므로 $|z| \geq R$이면 $\left|\frac{1}{p(z)}\right| \leq 1$인 $R > 0$이 존재한다. 또 $\frac{1}{p(z)}$는 연속함수이므로 컴팩트집합 $|z| \leq R$에서 유계이다. 그러므로 $\frac{1}{p(z)}$는 복소평면에서 유계인 정함수이다. 따라서 리우빌의 정리에 의해 $\frac{1}{p(z)}$는 상수함수이다. 이것은 $p(z)$가 상수임을 의미하므로 가정에 모순이다. 따라서 $p(z) = 0$인 점 z가 존재한다. □

위의 대수학의 기본정리로부터 다음의 따름정리를 얻을 수 있다.

[따름정리 3.20] $p(z)$가 $\deg p = n \geq 1$인 다항함수이면 방정식 $p(z) = 0$은 중복을 고려하면 n개의 해를 갖는다.

(증명) 대수학의 기본정리에 의해 방정식 $p(z) = 0$는 적어도 하나의 해 α_1을 갖는다. 그러므로

$$p(z) = (z - \alpha_1)\, p_{n-1}(z)$$

로 쓸 수 있다. 여기서 $p_{n-1}(z)$는 $n-1$차 다항식이다. 만일 $p_{n-1}(z)$가 상수가 아니라면 다시 적어도 하나의 해 α_2를 가질 것이다. 이를 반복하면

$$p(z) = c(z - \alpha_1)(z - \alpha_2) \cdots (z - \alpha_n), \quad c \in \mathbb{C}$$

와 같이 쓸 수 있으므로 $p(z) = 0$는 n개의 해를 갖는다. □

Q4. $p(z)$는 $\deg p = n \geq 1$인 다항함수이다. 모든 복소수 a에 대해 방정식 $p(z) = a$는 중복을 고려하면 n개의 해를 가짐을 설명하여라.

[연습문제 32]

1. f가 정함수이고 모든 $z \in \mathbb{C}$에서 $|f(z)| \geq 1$이면 $f(z)$는 상수임을 보여라.

2. $f(\mathbb{C}) \subset \{z : \operatorname{Re} z > 1\}$인 상수함수가 아닌 정함수 f가 존재하는가?

3. f가 복소평면의 모든 점 z에서 $|f(z)| \le |e^z|$를 만족하는 정함수이면 $f(z) = Ae^z$ $(|A| \le 1)$임을 보여라.

4. f가 정함수이고 a, b가 고정된 양수일 때

$$f(z+a) = f(z+ib) = f(z)$$

이면 $f(z)$는 상수임을 보여라.

5. f가 상수함수가 아닌 정함수일 때 임의의 복소수 a에 대해

$$\lim_{n\to\infty} f(z_n) = a$$

인 수열 (z_n)이 존재함을 보여라.

6. f는 정함수, a는 임의의 실수일 때 다음을 증명하여라.
   (1) 모든 $z \in \mathbb{C}$에 대해 $\operatorname{Re} f(z) \le a$이면 f는 상수이다.
   (2) 모든 $z \in \mathbb{C}$에 대해 $\operatorname{Re} f(z) \ge a$이면 f는 상수이다.
   (3) 모든 $z \in \mathbb{C}$에 대해 $[\operatorname{Re} f(z)]^2 \le [\operatorname{Im} f(z)]^2$이면 f는 상수이다.
   (4) 모든 $z \in \mathbb{C}$에 대해 $[\operatorname{Re} f(z)]^2 \ge [\operatorname{Im} f(z)]^2$이면 f는 상수이다.
   (5) h가 정함수이고, 모든 $z \in \mathbb{C}$에 대해 $\operatorname{Re} f(z) \le b \operatorname{Re} h(z)$를 만족하는 $b > 0$가 존재하면 $f(z) = \alpha h(z) + \beta$인 α, β를 찾을 수 있다.

7. $u(x,y)$가 $\mathbb{R}^2$에서 유계인 조화함수이면 $u(x,y)$는 상수임을 보여라.

8. $p(z) = a_n z^n + \cdots + a_1 z + a_0,\ q(z) = b_m z^m + \cdots + b_1 z + b_0$ $(n > m)$일 때 충분히 큰 $|z| = r$에 대해 다음 부등식이 성립함을 보여라.

$$\frac{|p(z)|}{|q(z)|} \ge \frac{|a_n|}{3|b_m|} r^{n-m}$$

33. 최대절댓값 정리

점 z_0를 중심으로 하고 반지름이 $r_0 > 0$인 닫힌 원판에서 해석적인 함수 f의 z_0에서의 함숫값 $f(z_0)$는 원 $|z-z_0| = r_0$ 위에서의 함숫값 $f(z)$의 평균값으로 나타낼 수 있다. 이를 가우스의 평균값 정리라고 한다. 아래의 증명에서 볼 수 있는 것처럼 가우스의 평균값 정리는 $0 < r \le r_0$인 모든 원 $|z-z_0| = r$에서 성립한다.

[정리 3.21] (가우스 평균값 정리, Gauss mean value theorem) 함수 f가 닫힌 원판 $|z-z_0| \le r$ 위에서 해석적이면

$$f(z_0) = \frac{1}{2\pi}\int_0^{2\pi} f(z_0 + re^{i\theta})\, d\theta \tag{3.57}$$

이다.

(증명) γ를 양의 방향을 갖는 원 $|z-z_0| = r$이라 하면 코시의 적분공식에 의해

$$f(z_0) = \frac{1}{2\pi i}\int_\gamma \frac{f(z)}{z-z_0}\, dz$$

이다. 여기서 γ를 $z(\theta) = z_0 + re^{i\theta}$ $(0 \le \theta \le 2\pi)$로 놓으면 적분의 정의로부터

$$f(z_0) = \frac{1}{2\pi i}\int_0^{2\pi} \frac{f(z_0 + re^{i\theta})}{re^{i\theta}} ire^{i\theta} d\theta = \frac{1}{2\pi}\int_0^{2\pi} f(z_0 + re^{i\theta})\, d\theta$$

이다. □

■ **최대절댓값 정리.** 실함수 $f(x) = -x^2$은 열린 구간 $(-1, 1)$에서 최댓값을 갖는다. 그러나 상수함수가 아닌 복소해석함수는 (열린) 영역에서 최댓값 또는 최솟값을 갖지 않는다. 다시 말해 (열린) 영역에서 최대 또는 최솟값을 갖는 해석함수는 상수함수뿐이다. 복소평면 위에서 영역(domain)은 연결된 열린 집합으로 정의하였음에 유의하자.

[정리 3.22] 함수 f가 영역 $|z-z_0|<R$에서 해석적이고 $|z-z_0|<R$에 속하는 각각의 z에서 대해 $|f(z)| \le |f(z_0)|$이면 $f(z)$는 $|z-z_0|<R$에서 상수이다.

(증명) $0<r<R$인 r에 대해 가우스의 평균값 정리

$$f(z_0) = \frac{1}{2\pi}\int_0^{2\pi} f(z_0 + re^{i\theta})d\theta \tag{3.58}$$

가 성립하고 식 (3.58)로부터 부등식

$$|f(z_0)| \le \frac{1}{2\pi}\int_0^{2\pi} |f(z_0 + re^{i\theta})|\, d\theta \tag{3.59}$$

를 얻을 수 있다. 그런데 $|f(z_0+re^{i\theta})| \le |f(z_0)|$이므로 부등식

$$\frac{1}{2\pi}\int_0^{2\pi} |f(z_0 + re^{i\theta})|\, d\theta \le \frac{1}{2\pi}\int_0^{2\pi} |f(z_0)|\, d\theta = |f(z_0)| \tag{3.60}$$

이 성립한다. 식 (3.59), (3.60)으로부터

$$|f(z_0)| = \frac{1}{2\pi}\int_0^{2\pi} |f(z_0 + re^{i\theta})|\, d\theta$$

또는

$$\frac{1}{2\pi}\int_0^{2\pi} (|f(z_0)| - |f(z_0 + re^{i\theta})|)\, d\theta = 0 \tag{3.61}$$

이다. 위 식 (3.61)에서 $|f(z_0)| - |f(z_0+re^{i\theta})|$는 구간 $0 \le \theta \le 2\pi$에서 연속이고, $|f|$는 z_0에서 최댓값을 가지므로 $|f(z_0)| - |f(z_0+re^{i\theta})| \ge 0$ 이다. 그러므로

$$|f(z_0)| = |f(z_0 + re^{i\theta})|, \qquad 0 \le \theta \le 2\pi$$

이다. 다시 말해 원 $|z-z_0| = r$ 위의 각각의 점 z에서 $|f(z)| = |f(z_0)|$ 이다. 이것은 $0<r<R$인 모든 r에 대해 성립하므로 영역 $|z-z_0|<R$ 에서 $|f(z)| = |f(z_0)|$이다. 따라서 영역 $|z-z_0|<R$에서 $f(z) = f(z_0)$ 이다.(연습문제 12의 7 참고) □

[정리 3.23] (최대절댓값 정리, maximum modulus theorem) 함수 f가 영역 D에서 해석적이고, 상수가 아니면 $|f(z)|$는 D에서 최댓값을 갖지 않는다. 즉, 모든 $z \in D$에 대해 $|f(z)| \le |f(z_0)|$인 z_0가 D안에 존재하지 않는다.

(증명) $|f(z)|$가 $z_0 \in D$에서 최댓값을 갖는다고 가정하자. 임의 점 $z_a \in D$에 대해 $f(z_a) = f(z_0)$임을 보이면 $f(z)$는 상수이므로 앞의 가정은 정리의 조건에 모순이다. D가 영역(연결된 열린집합)이므로 D안에서 z_0와 z_a를 연결하는 꺾은선(polygonal line)이 있다. 이 꺾은선을 L, L과 D의 경계와의 거리를 $\rho = d(L, \partial D)$라고 하자.

꺾은선 L이 컴팩트집합이므로 다음 조건을 만족하는 점 $z_1, z_2, \cdots, z_n$을 L 위에서 찾을 수 있다.

(1) $|z_k - z_{k-1}| < \rho \quad (k = 1, 2, \cdots, n)$

(2) $L \subset \bigcup_{k=0}^{n} N(z_k, \rho)$

조건 (1)에 따라 각각의 k에 대해 $N(z_k, \rho) \subset D$이다. $|f|$가 $N(z_0, \rho)$의 점 z_0에서 최댓값을 가지므로 앞의 정리 3.22에 의해 $f(z)$는 $N(z_0, \rho)$에서 상수이다. 다시 조건 (1)에 의해 $z_1 \in N(z_0, \rho)$이므로 $f(z_1) = f(z_0)$이다. 따라서 $|f|$는 $N(z_1, \rho)$의 점 z_1에서 최댓값을 가지므로 $f(z)$는 $N(z_1, \rho)$에서 상수 $f(z_0)$이다.

조건 (2)에 의해 위의 과정을 n번 반복하여 $f(z)$가 $N(z_n, \rho)$에서 상수 $f(z_0)$임을 말할 수 있다. 마지막으로 $z_a \in N(z_n, \rho)$이므로 $f(z_a) = f(z_0)$이다. □

콤팩트집합에서 연속인 함수는 최댓값과 최솟값을 갖는다. 그러므로 정리 3.23으로부터 다음의 정리를 얻는다.

[정리 3.24] 상수가 아닌 함수 f가 유계인 영역 D에서 해석적이고, $\mathrm{bd}(D)$에서 연속이면 $|f(z)|$는 $\mathrm{bd}(D)$에서 최댓값을 갖는다.

(증명) D가 유계이므로 $\mathrm{cl}(D) = D \cup \partial D$는 컴팩트 집합이다. 그러므로 $\mathrm{cl}(D)$에서 연속인 $|f|$는 최댓값을 갖는다. 그러나 최대절댓값 정리(정리 3.23)에 의해 $|f(z)|$는 D에서 최댓값을 가질 수 없으므로 $\mathrm{bd}(D)$에서 최댓값을 갖는다. □

■ **최소절댓값 정리.** 위의 정리는 함수 f가 유계인 영역 D에서 해석적이고, $\mathrm{bd}(D)$

에서 연속이면 모든 $z \in \mathrm{cl}(D)$에 대해 $|f(z_0)| \geq |f(z)|$를 만족하는 점 $z_0 \in \mathrm{bd}(D)$가 존재함을 의미한다. 이 사실은 $|f|$의 최솟값에 대해서도 성립한다.

[정리 3.25] (최소절댓값 정리, minimum modulus theorem) 상수가 아닌 함수 f가 영역 D에서 해석적이고 $f(z) \neq 0$이면, $|f(z)|$는 D에서 최솟값을 갖지 않는다. 또한 D가 유계이고 f가 $\mathrm{bd}(D)$에서 연속이면 $|f(z)|$는 $\mathrm{bd}(D)$에서 최솟값을 갖는다.

(증명) 영역 D의 모든 점 z에서 $f(z) \neq 0$이므로 함수 $g(z) = \frac{1}{f(z)}$는 해석적이고, $|g(z)|$는 영역 D에서 최댓값을 갖지 않는다. $|g(z)|$의 최댓값은 $|f(z)|$의 최솟값이므로 $|f(z)|$는 D에서 최솟값을 갖지 않는다. 그러므로 컴팩트집합 $\overline{D}$에서 연속인 함수 $|f(z)|$는 $\overline{D}$에서 최솟값을 갖고, 최솟값을 갖는 점은 $\mathrm{bd}(D)$에 있다. □

■ **최대절댓값 함수**. 영역 $|z| < R$에서 정의된 해석함수 f의 **최대절댓값 함수** (maximum modulus function)는 실숫값을 갖는 함수 $M_f : [0, R) \to \mathbb{R}$,

$$M_f(r) := \max_{|z|=r} |f(z)|$$

로 정의한다. f가 상수가 아닌 정함수이면

$$M_f(r) = \max_{|z|=r} |f(z)| = \max_{|z|\leq r} |f(z)|$$

이다. 또한 리우빌의 정리에 따라

$$\lim_{r\to\infty} M_f(r) = \infty$$

이다.

Q1. f가 상수가 아닌 정함수일 때 $M_f(r)$은 단순증가 함수인가?

[연습문제 33]

1. 세 점 $0, 2, i$를 꼭짓점으로 하는 삼각형 영역에서 $|(z+1)^2|$이 최댓값을 갖는 점과 최솟값을 갖는 점은?

2. f는 $|z| \le 1$에서 해석적이고 $|f'(z)| \le \sqrt{2}$인 함수이다. $f(0) = 0$, $f'(0) = 1+i$일 때 $f(z)$는?

3. $u(x, y)$가 단순연결영역 G에서 정의된 상수가 아닌 조화함수이면 u는 G에서 최댓값과 최솟값을 갖지 않음을 보여라.

4. $f(z)$가 $|z - z_0| \le r$에서 해석적이고 $|z - z_0| \le r$의 모든 점에서 $f(z) \ne 0$이면

$$\log|f(z_0)| = \frac{1}{2\pi}\int_0^{2\pi} \log|f(z_0 + re^{i\theta})|\, d\theta$$

임을 보여라.

5. f는 영역 D에서 해석적이고 $f'(z) \ne 0$인 함수이다. $z_0 \in D$에서 $f(z_0) \ne 0$이면 주어진 $\epsilon > 0$에 대해 $|s - z_0| < \epsilon$, $|t - z_0| < \epsilon$이고

$$|f(s)| > |f(z_0)|, \quad |f(t)| < |f(z_0)|$$

인 점 s, t가 D안에 있음을 설명하여라.

6. 상수가 아닌 함수 f가 영역 D에서 해석적이고 ∂D에서 연속이며, ∂D에서 $|f(z)|$가 상수이면 $f(z_0) = 0$인 $z_0 \in D$가 존재함을 설명하여라.

7. 함수 f, g가 유계인 영역 D에서 해석적이고 ∂D에서 연속이라고 하자. 만약 ∂D에서 $f = g$이면 D에서도 $f = g$임을 보여라.

4

급수

함수 f가 점 z_0에서 해석적이면 z_0 근방에서 테일러급수로 나타낼 수 있고, z_0를 뺀 근방에서 해석적이면 f는 z_0 근방에서 로랑의 급수로 나타낼 수 있다. 함수를 z_0에서 급수로 나타내면 z_0 근방에서 함수 f의 더 많은 특성을 알아낼 수 있다. 이 장에서는 함수를 급수로 나타내는 방법에 대해 알아 본다.

34. 복소수를 항으로 갖는 급수

복소수열 (z_n)에 의해 정의된 무한급수

$$\sum_{n=1}^{\infty} z_n = z_1 + z_2 + z_3 + \cdots$$

가 어떤 복소수 S로 수렴한다는 것은 급수의 부분합 $s_n = \sum_{k=1}^{n} z_k$를 항으로 갖는 수열 (s_n)이 S에 수렴하는 것을 말하고

$$\sum_{n=1}^{\infty} z_n = S \;\Leftrightarrow\; \lim_{n\to\infty} s_n = S$$

로 나타낸한다. 따라서 급수의 성질은 급수의 부분합을 항으로 갖는 수열 (s_n)이 갖는 성질과 관련이 있다.

■ **수렴하는 급수의 성질.** 복소수 $s_n = \alpha_n + i\beta_n$을 항으로 갖는 복소수열 (s_n)이 $s = \alpha + i\beta$로 수렴하기 위한 필요충분 조건은 수열의 실수부를 항으로 갖는 수열 (α_n)이 α로, 허수부를 항으로 갖는 수열 (β_n)이 β로 수렴하는 것이었음을 기억하자.(정리 1.2참고) 이 사실로부터 복소수를 항으로 갖는 급수의 수렴에 관한 다음 정리를 얻을 수 있다.

[정리 4.1] $z_n = x_n + iy_n$, $S = a + ib$라고 할 때 $\sum_{n=1}^{\infty} z_n = S$일 필요충분조건은

$$\sum_{n=1}^{\infty} x_n = a, \;\; \sum_{n=1}^{\infty} y_n = b$$

이다.

정리 4.1은 $\sum_{n=1}^{\infty} z_n$이 수렴하거나, $\sum_{n=1}^{\infty} x_n$과 $\sum_{n=1}^{\infty} y_n$이 모두 수렴하면

$$\sum_{n=1}^{\infty} z_n = \sum_{n=1}^{\infty}(x_n + iy_n) = \sum_{n=1}^{\infty} x_n + i\sum_{n=1}^{\infty} y_n$$

으로 쓸 수 있음을 말한다.

E1. 급수 $\sum_{n=1}^{\infty}\left(\frac{1}{2^n}+i\frac{1}{n^2}\right)$에서 각 항의 실수부를 항으로 갖는 급수 $\sum_{n=1}^{\infty}\frac{1}{2^n}$과 허수부를 항으로 갖는 급수 $\sum_{n=1}^{\infty}\frac{1}{n^2}$은 차례로 1과 $\frac{\pi^2}{6}$에 수렴한다. 그러므로 정리 4.1에 따라 주어진 급수는 수렴하고

$$\sum_{n=1}^{\infty}\left(\frac{1}{2^n}+i\frac{1}{n^2}\right)=\sum_{n=1}^{\infty}\frac{1}{2^n}+i\sum_{n=1}^{\infty}\frac{1}{n^2}=1+\frac{\pi^2}{6}i$$

이다.

E2. 급수 $\sum_{n=1}^{\infty}\left(\frac{2}{n^2}+i\frac{1}{n}\right)$의 각 항의 실수부를 항으로 갖는 급수 $\sum_{n=1}^{\infty}\frac{2}{n^2}$는 수렴하지만 허수부를 항으로 갖는 급수 $\sum_{n=1}^{\infty}\frac{1}{n}$은 수렴하지 않으므로 급수 $\sum_{n=1}^{\infty}\left(\frac{2}{n^2}+i\frac{1}{n}\right)$은 발산한다.

Q1. $\sum_{n=1}^{\infty}z_n=S$이면 $\sum_{n=1}^{\infty}\overline{z_n}=\overline{S}$ 인가?

급수 $\sum_{n=1}^{\infty}z_n=\sum_{n=1}^{\infty}(x_n+iy_n)$이 수렴하면 정리 4.1에 의해 실수를 항으로 갖는 두 급수 $\sum_{n=1}^{\infty}x_n$, $\sum_{n=1}^{\infty}y_n$도 수렴해야 하므로 수열 (x_n)과 (y_n)은 모두 0에 수렴한다. 이 사실로부터 다음의 따름정리를 얻을 수 있다.

[따름정리 4.2] 급수 $\sum_{n=1}^{\infty}z_n$이 수렴하면 $\lim_{n\to\infty}z_n=0$이다.

Q2. 앞의 **E**1을 참고하여 $\lim_{n\to\infty}\left(\frac{1}{2^n}+i\frac{1}{n^2}\right)=0$임을 설명하여라.

또 $z_n=x_n+iy_n$이라 하면

$$|x_n|\le|x_n+iy_n|=\sqrt{{x_n}^2+{y_n}^2}=|z_n|,$$
$$|y_n|\le|x_n+iy_n|=\sqrt{{x_n}^2+{y_n}^2}=|z_n|$$

이므로, 급수 $\sum_{n=1}^{\infty}z_n$이 절대수렴하면, 즉 $\sum_{n=1}^{\infty}|z_n|$이 수렴하면, 실수를 항으로 갖는 급수의 수렴에 관한 비교판정법에 의해 $\sum_{n=1}^{\infty}|x_n|$, $\sum_{n=1}^{\infty}|y_n|$도 수렴한다. 따라서 실수 x_n, y_n을 항으로 하는 급수 $\sum_{n=1}^{\infty}x_n$, $\sum_{n=1}^{\infty}y_n$도 수렴한다. 그러므로 앞의 정리 4.1에 의해 복소수를 항으로 갖는 급수도 절대수렴하면 수렴함을 알 수 있다.

[따름정리 4.3] 급수 $\sum_{n=1}^{\infty}|z_n|$이 수렴하면 $\sum_{n=1}^{\infty}z_n$도 수렴한다.

E3. 급수 $\sum_{n=1}^{\infty} \frac{\sqrt{n}}{n^2+in}$은

$$\sum_{n=1}^{\infty} \left| \frac{\sqrt{n}}{n^2+in} \right| = \sum_{n=1}^{\infty} \frac{\sqrt{n}}{\sqrt{n^4+n^2}} < \sum_{n=1}^{\infty} \frac{\sqrt{n}}{n^2} < \sum_{n=1}^{\infty} \frac{1}{n\sqrt{n}}$$

이므로 p-급수와의 비교판정법에 의해 절대수렴한다. 그러므로 따름정리 4.3에 의해 $\sum_{n=1}^{\infty} \frac{\sqrt{n}}{n^2+in}$은 수렴한다.

■ **급수의 수렴판정**. 급수 $\sum_{n=1}^{\infty} |z_n|$은 실수를 항으로 갖는다. 그러므로 p-급수판정법, 비교판정법, 비판정법, 근판정법 등의 실수를 항으로 갖는 급수의 수렴판정에 사용했던 방법을 복소수를 항을 갖는 급수의 수렴판정에서도 이용할 수 있다. 여기서는 필요에 따라 근판정법에 대해서만 기술하기로 한다.

[정리 4.4] (근판정법, root test) 복소수열 (z_n)에서

$$\limsup |z_n|^{\frac{1}{n}} = \beta$$

일 때, 급수 $\sum_{n=0}^{\infty} z_n$은 $\beta < 1$이면 절대수렴하고 $\beta > 1$이면 발산한다.

(증명) 만일 $\beta < 1$이면 $\beta < r < 1$인 r을 택할 수 있고, $\limsup |z_n|^{\frac{1}{n}} = \beta$이므로 $n > N$일 때

$$|z_n|^{\frac{1}{n}} < r \text{ 또는 } |z_n| < r^n$$

인 자연수 N이 존재한다. 그런데 $0 < r < 1$이므로 $\sum_{n=0}^{\infty} r^n$은 수렴한다. 따라서 비교판정법에 의해 $\sum_{n=0}^{\infty} |z_n|$도 수렴한다.

$\beta > 1$이면 $|z_n|^{\frac{1}{n}} > 1$ 또는 $|z_n| > 1$인 항들이 무한히 많게 된다. 이것은 $\lim_{n\to\infty} z_n \neq 0$임을 의미하므로 따름정리 4.2에 의해 $\sum_{n=0}^{\infty} z_n$은 발산한다.
□

앞의 정리 4.4에서 $\beta = 1$일 때는 근판정법으로 급수의 수렴여부를 판정할 수 없다. 예를 들어 급수 $\sum_{n=0}^{\infty} \frac{1}{n^2}$은 수렴하고 $\sum_{n=0}^{\infty} \frac{1}{n}$은 발산하지만

$$\limsup \left| \frac{1}{n^2} \right|^{\frac{1}{n}} = 1 = \limsup \left| \frac{1}{n} \right|^{\frac{1}{n}}$$

이다. 극한 $\lim_{n\to\infty} |z_n|^{\frac{1}{n}}$이 존재하면 $\lim_{n\to\infty} |z_n|^{\frac{1}{n}} = \limsup |z_n|^{\frac{1}{n}}$이므로 $\lim_{n\to\infty} |z_n|^{\frac{1}{n}} < 1$이면 급수 $\sum_{n=1}^{\infty} z_n$은 수렴한다.

Q3. $a_{2n} = \frac{1}{2^{2n+1}n}$, $a_{2n+1} = \frac{2i}{3^{2n+1}}$일 때 $\limsup |a_n|^{\frac{1}{n}}$은? 급수 $\sum_{n=0}^{\infty} a_n$은 수렴하는가?

[연습문제 34]

1. 다음 급수의 수렴여부를 판정하여라.

(1) $\displaystyle\sum_{n=1}^{\infty}\left(\frac{1}{2^n}+i\right)$ (2) $\displaystyle\sum_{n=1}^{\infty}\left(\frac{1}{2^n}+\frac{i}{n}\right)$ (3) $\displaystyle\sum_{n=1}^{\infty}\left(\frac{1}{2^n}+\frac{i}{n^2}\right)$

2. $\sum_{n=0}^{\infty} z_n = A$, $\sum_{n=0}^{\infty} w_n = B$일 때

$$\sum_{n=0}^{\infty}(\alpha z_n + \beta w_n) = \alpha A + \beta B \ (\alpha, \beta \in \mathbb{C})$$

임을 보여라.

3. 다음 급수의 수렴여부를 판정하여라.

(1) $\displaystyle\sum_{n=1}^{\infty}\frac{1}{n^2+i}$ (2) $\displaystyle\sum_{n=1}^{\infty}\left((-1)^n\frac{2}{n}+\frac{i}{n}\right)$

(3) $\displaystyle\sum_{n=1}^{\infty}\frac{1}{(2+i)^n}$ (4) $\displaystyle\sum_{n=1}^{\infty}\left(\frac{1}{n^2+1}+\frac{2i}{n^2+n-1}\right)$

4. 각각의 자연수 n에 대해 $|z_n|^{\frac{1}{n}} < 1$이면 급수 $\sum_{n=0}^{\infty} z_n$은 수렴하는가?

5. $z_n = x_n + iy_n$일 때 다음을 보여라.

$$\sum_{n=1}^{\infty}|z_n| < \infty \quad \Leftrightarrow \quad \sum_{n=1}^{\infty}|x_n| < \infty, \ \sum_{n=1}^{\infty}|y_n| < \infty$$

6. $0 < r < 1$일 때 다음을 보여라.($z = re^{i\theta}$라 하고 $\sum_{n=0}^{\infty} z^n$에 대해 정리 4.1을 이용할 수 있다.)

$$\sum_{n=0}^{\infty} r^n \cos n\theta = \frac{r\cos\theta - r^2}{1-2r\cos\theta+r^2}, \quad \sum_{n=0}^{\infty} r^n \sin n\theta = \frac{r\sin\theta}{1-2r\cos\theta+r^2}$$

35. 복소함수열과 균등수렴

각각의 $n \in \mathbb{N}$에 대해 집합 $E(\subset \mathbb{C})$에서 정의된 함수 $f_n : E \to \mathbb{C}$들을 차례로 나열한 것을 **함수열**(sequence of functions)이라 하고 (f_n)으로 나타낸다. (f_n)이 E에서 정의된 함수열이면 각각의 점 $z_0 \in E$에 대해 $(f_n(z_0))$는 복소수열이다. E에 속하는 각각의 점 z에 대해 수열 $(f_n(z))$가 수렴하면 함수열 (f_n)이 **점마다 수렴한다**(converge pointwise)고 한다. 다시 말해 함수열 (f_n)이 점마다 함수 f로 수렴한다는 것은 각각의 점 $z \in E$에서 $\lim_{n\to\infty} f_n(z) = f(z)$임을 말하는 것으로 각각의 $z \in E$와 $\epsilon > 0$에 대해 $n \geq N = N(z, \epsilon)$이면

$$|f_n(z) - f(z)| < \epsilon \tag{4.1}$$

을 만족하는 자연수 N이 존재한다는 것과 같은 의미이다.

■ **함수열의 균등수렴**. 위의 식 (4.1)을 만족하는 자연수 N의 선택은 ϵ뿐만 아니라 점 $z \in E$에도 의존한다. 이와는 달리 E의 모든 점에서 부등식 (4.1)을 만족하게 하는 자연수 N을 찾을 수 있다면, 즉 N의 선택이 ϵ에만 의존할 뿐, 점 $z \in E$의 위치에 영향을 받지 않을 경우 (f_n)이 f로 **균등수렴한다**(converge uniformly)고 한다. 다시 말해 $f_n : E \to \mathbb{C}$일 때 함수열 (f_n)이 f로 균등수렴한다는 것은 주어진 $\epsilon > 0$에 대해 $n \geq N = N(\epsilon)$이면 모든 점 $z \in E$에서

$$|f_n(z) - f(z)| < \epsilon$$

을 만족하는 자연수 N이 존재하는 것이다.

E에서 정의된 함수열 (f_n)이 f로 점마다 수렴할 때는 기호 $f_n \to f$로, 균등수렴할 때는 $f_n \rightrightarrows f$로 나타낸다. 균등수렴하는 함수열은 점마다 수렴하지만 점마다 수렴하는 함수열이 균등수렴할 필요는 없다.

E1. $f_n(z) = \frac{1}{nz}$일 때 함수열 (f_n)은 영역 $0 < |z| < 1$에서 $f \equiv 0$으로 점마다 수렴하지만 균등수렴하지는 않는다.

(1) 각각의 점 z_0 $(0 < |z_0| < 1)$와 주어진 $\epsilon > 0$에 대해 $N > \frac{1}{\epsilon|z_0|}$인 자연수 N을 택하면 $n \geq N$일 때

$$\left|\frac{1}{nz_0} - 0\right| \leq \frac{1}{N|z_0|} < \epsilon$$

이므로 $f_n \to 0$이다.

(2) 만일 f_n이 0으로 균등수렴한다면 주어진 $\epsilon(0 < \epsilon < 1)$과 모든 $0 < |z| < 1$에 대해, $n \geq N$이면 $\left|\frac{1}{nz} - 0\right| < \epsilon < 1$을 만족하는 자연수 N이 존재한다. 그러나 $z = \frac{1}{N}$은 주어진 영역 $0 < |z| < 1$에 속하는 점이지만

$$|f_N(z) - f(z)| = \left|\frac{1}{Nz} - 0\right| = \frac{1}{N\frac{1}{N}} = 1 > \epsilon$$

이다. 그러므로 함수열 (f_n)은 0으로 균등수렴하지 않는다.

Q1. $f_n(z) = z^n$일 때 함수열 (f_n)은 영역 $|z| < 1$에서 점마다 수렴하는가? 또 $0 < r < 1$일 때 함수열 (f_n)은 닫힌 원판 $|z| \leq r$에서 균등수렴하는가?

■ **균등수렴의 판정.** 집합 E에서 정의된 함수들의 함수열 (f_n)이 주어진 $\epsilon > 0$에 대해 $n \geq m > N$일 때 E의 모든 점 z에서

$$|f_n(z) - f_m(z)| < \epsilon$$

을 만족하는 자연수 $N = N(\epsilon)$이 존재하면 함수열 (f_n)을 E에서 **균등코시수열**(uniform Cauchy sequence)이라고 한다. (f_n)이 E에서 균등코시수열이면 각각의 점 $z_0 \in E$에 대해 $(f_n(z_0))$는 코시수열이므로 수렴한다. 그러므로 (f_n)이 E에서 균등코시수열이면 (f_n)는 E에서 점마다 수렴하고 더욱이 균등수렴하는 함수열이다.

[정리 4.5] 집합 E에서 정의된 함수들의 함수열 (f_n)이 f로 균등수렴하면 (f_n)은 균등코시수열이고, (f_n)이 균등코시수열이면 (f_n)은 f로 균등수렴한다. 여기서 $f(z) = \lim_{n\to\infty} f_n(z)$이다.

(증명) 먼저 $\epsilon(> 0)$이 주어졌고 E에서 (f_n)이 f로 균등수렴한다고 가정하면, 모든 $z \in E$에 대해 $n \geq N$이면

$$|f_n(z) - f(z)| < \frac{\epsilon}{2}$$

인 자연수 N이 존재한다. 그러므로 모든 $z \in E$에 대해 $n \geq m > N$이면

$$\begin{aligned} |f_n(z) - f_m(z)| &\leq |f_n(z) - f(z)| + |f(z) - f_m(z)| \\ &< \frac{\epsilon}{2} + \frac{\epsilon}{2} = \epsilon \end{aligned}$$

이다. 따라서 (f_n)는 E에서 균등코시수열이다.

반대로 (f_n)이 E에서 균등코시수열이라면 각각의 점 $z_0 \in E$에서 $(f_n(z_0))$는 코시수열이므로 (f_n)은 점마다 수렴한다. $f(z) = \lim_{n\to\infty} f_n(z)$라고 하자. (f_n)이 E에서 균등코시수열이므로 임의로 주어진 $\epsilon(> 0)$에 대해 $n \geq m > N$이면

$$|f_n(z) - f_m(z)| < \frac{\epsilon}{2} \quad (z \in E)$$

인 자연수 N이 존재한다. 여기서 m을 고정하고 n을 무한히 크게하면

$$|f(z) - f_m(z)| = \lim_{n\to\infty} |f_n(z) - f_m(z)| \leq \frac{\epsilon}{2} < \epsilon$$

이고, 위 식은 모든 $z \in E$와 $m > N$에 대해 성립하므로 E에서 (f_n)은 f로 균등수렴한다. □

함수열 (f_n)이 E에서 균등수렴한다는 것을 말하기 위해서는 먼저 (f_n)이 E에서 점마다 수렴하는가를 판단하여야 한다. 점마다 수렴할 경우 $f(z) = \lim_{n\to\infty} f_n(z)$라고 하고 (f_n)이 E에서 f로 균등수렴함을 보이는 것이 좋다.

E2. $f_n(z) = \frac{e^z}{n}$일 때 함수열 (f_n)은 집합 $E = \{z \in \mathbb{C} : \mathrm{Re}\, z \leq 0\}$에서 균등수렴하는가? (f_n)은 집합 E에서 균등코시수열인가?

(1) 각각의 점 $z \in E$에서 $|e^z| = |e^{\mathrm{Re} z}| \leq 1$이므로 $\lim_{n\to\infty} f_n(z) = 0$이다. 또 $\epsilon > 0$일 때 자연수 N을 $N > \frac{1}{\epsilon}$로 택하면, $n > N$일 때 모든 $z \in E$에서

$$|f_n(z) - 0| \leq \frac{1}{n} < \frac{1}{N} < \epsilon$$

이므로 (f_n)은 0으로 균등수렴한다.

(2) (f_n)이 E에서 0으로 균등수렴하므로 (f_n)은 균등코시수열이다.

[연습문제 35]

1. $f_n(z)$가 아래와 같을 때 $|z| \le 1$에서 함수열 (f_n)이 균등수렴하는 것은?

(1) $\dfrac{z}{z^2+2n^2}$ (2) ze^{-nz} (3) $\dfrac{e^{nz}}{n}$ (4) $\dfrac{1}{1+z^n}$

2. $f_n(z) = z^n$일 때 함수열 (f_n)은 영역 $|z| < 1$에서 균등수렴하는가? (앞의 **Q**1과 비교해 보자.)

3. $(f_n = u_n + iv_n)$이 $E(\subset \mathbb{C})$에서 $f = u + iv$에 균등수렴하기 위한 필요충분조건이 (u_n)이 u에, (v_n)이 v에 균등수렴하는 것임을 보여라.

4. 집합 $E(\subset \mathbb{C})$에서 $f_n \rightrightarrows f$, $g_n \rightrightarrows g$일 때 (f_n+g_n)이 $f+g$로 균등수렴함을 보여라.

5. 집합 $E(\subset \mathbb{C})$에서 $f_n \rightrightarrows f$이고, $|f_n(z)| \le M$이면 f가 유계임을 보여라.

6. 집합 $E(\subset \mathbb{C})$에서 $f_n \rightrightarrows f$, $g_n \rightrightarrows g$이고, $|f_n(z)| \le M_1$, $|g_n(z)| \le M_2$ 이면 $f_n g_n \rightrightarrows fg$임을 보여라.

7. $f_n(z) = \frac{z}{n^2}$일 때 (f_n)은 $|z| \le R$에서 $f \equiv 0$로 균등수렴하지만, 복소평면 $\mathbb{C}$에서는 균등수렴하지 않음을 보여라. $(R > 0)$

36. 복소함수를 항으로 갖는 급수

이제 집합 E에서 정의된 함수열 (f_n)을 항으로 갖는 급수 $\sum_{n=1}^{\infty} f_n(z)$의 수렴에 관해 생각해 보자. 부분합 $s_n(z) = \sum_{k=1}^{n} f_k(z)$를 항으로 하는 새로운 함수열 (s_n)이 E에서 점마다 수렴할 때 즉, E의 모든 점 z에서 극한 $\lim_{n\to\infty} s_n(z)$가 존재할 때 함수 $f(z)$를

$$f(z) = \lim_{n\to\infty} s_n(z) = \sum_{n=1}^{\infty} f_n(z)$$

로 나타내자. 함수열 (s_n)이 집합 E에서 f로 균등수렴하면 급수 $\sum_{n=1}^{\infty} f_n(z)$가 **균등수렴한다**(converge unformly)고 한다. 이 정의에서 짐작할 수 있는 것처럼 함수를 항으로 갖는 급수의 수렴은 함수열의 수렴과 밀접한 관계에 있으므로

함수열에서 공부한 것을 급수의 문제에서도 적용할 수 있다. 급수 $\sum_{n=1}^{\infty}|f_n(z)|$ 이 수렴하면, $\sum_{n=1}^{\infty} f_n(z)$이 **절대수렴한다**(converge absolutely)고 한다.

■ **바이어스트라스 $M-$ 판정법**. 먼저 앞 절의 정리 4.5에서 언급한 함수열의 균등수렴과 균등코시수열의 관계를 함수를 항으로 갖는 급수에 적용해 보자.

[정리 4.6] (f_n)을 집합 E에서 정의된 함수열이라고 할 때 급수 $\sum_{n=1}^{\infty} f_n(z)$가 E에서 균등수렴하기 위한 필요충분조건은 주어진 $\epsilon > 0$에 대해 $n \geq m > N$이면 부등식

$$\left|\sum_{k=m}^{n} f_k(z)\right| < \epsilon \quad (z \in E) \tag{4.2}$$

을 만족하게 하는 자연수 $N = N(\epsilon)$이 존재하는 것이다.

Q1. $s_n(z) = \sum_{k=1}^{n} f_k(z)$라 하고 정리 4.5를 이용하여 위의 정리 4.6이 성립함을 설명하여라.

앞의 정리 4.6에서식 (4.2)는 $n > N$인 모든 n에 대해 성립하므로 식 (4.2)는

$$\left|\sum_{k=m}^{\infty} f_k(z)\right| < \epsilon \quad (z \in E)$$

로 대신할 수 있다.

앞의 정리 4.6은 함수를 항으로 갖는 급수의 균등수렴 여부를 판단할 수 있는 중요한 내용이지만 실제로 균등수렴의 판단에서는 이 정리의 응용된 형태인 다음의 정리를 이용하는 것이 편리하다.

[정리 4.7] (바이어스트라스 M-판정법, Weierstrass M-test) (f_n)을 E에서 정의된 함수열이라고 하자. 각각의 자연수 n과 모든 $z \in E$에 대해 $|f_n(z)| \leq M_n$인 수열 (M_n)이 존재하고 $\sum_{n=1}^{\infty} M_n < \infty$이면, $\sum_{n=1}^{\infty} f_n(z)$는 E에서 균등수렴하고 절대수렴한다.

(증명) 양의 실수를 항으로 갖는 급수 $\sum_{n=1}^{\infty} M_n$이 수렴하므로, 주어진 $\epsilon > 0$에 대해 $n \geq m > N$이면 $\sum_{k=m}^{n} M_k < \epsilon$ 을 만족하는 자연수 N이

존재한다. 그런데 모든 $n \geq m > N$과 $z \in E$에 대해

$$\left|\sum_{k=m}^{n} f_k(z)\right| \leq \sum_{k=m}^{n} |f_k(z)| \leq \sum_{k=m}^{n} M_k < \epsilon$$

이므로 앞의 정리 4.6에 의해 급수 $\sum_{k=1}^{\infty} f_k(z)$는 E에서 균등수렴하고 절대수렴한다. □

Q2. 각각의 자연수 n에 대해 $M_n \geq 0$이고 $\sum_{n=1}^{\infty} M_n < \infty$이면 급수 $\sum_{n=1}^{\infty} M_n$이 수렴함을 설명하여라.

E1. 급수 $\sum_{n=1}^{\infty} \frac{\sin^2 z}{n\sqrt{n}}$은 콤팩트집합 $K(\subset \mathbb{C})$에서 균등수렴하는가?

(풀이) 함수 $\sin^2 z$는 K에서 연속이므로

$$|\sin^2 z| \leq M,\ \ z \in K$$

인 M이 존재한다. 각각의 자연수 n에 대해 $M_n = \frac{M}{n\sqrt{n}}$이라 하면 $\sum_{n=1}^{\infty} M_n$은 수렴하므로 바이어스트라스 M-판정법에 의해 $\sum_{n=1}^{\infty} \frac{\sin^2 z}{n\sqrt{n}}$은 콤팩트집합 K에서 균등수렴한다.

Q3. 급수 $\sum_{n=1}^{\infty} \frac{\cos z}{n\sqrt{n}}$는 복소평면 $\mathbb{C}$에서 균등수렴하는가?

E2. 리만-제타 함수(Riemann-zeta function)로 알려진 급수 $\sum_{n=1}^{\infty} \frac{1}{n^z}$는 영역 $\text{Re } z > 1$에서 절대수렴하고, $\text{Re } z \geq 1 + \epsilon$ $(\epsilon > 0)$에서 균등수렴한다. $z = x + iy$라 하면

$$n^z = e^{z \operatorname{Log} n} = e^{(x+iy)\operatorname{Log} n}$$

이므로

$$\left|\frac{1}{n^z}\right| = \frac{1}{e^{x \operatorname{Log} n}} = \frac{1}{n^x}$$

이다. 또

$$\sum_{n=1}^{\infty}\left|\frac{1}{n^z}\right| = \sum_{n=1}^{\infty} \frac{1}{n^x}$$

은 $x = \text{Re } z > 1$일 때 p-급수 수렴판정법에 의해 수렴하고, 바이어스트라스 M-판정법에 의해 $\text{Re } z \geq 1 + \epsilon$일 때 균등수렴한다.(그림 4.1)

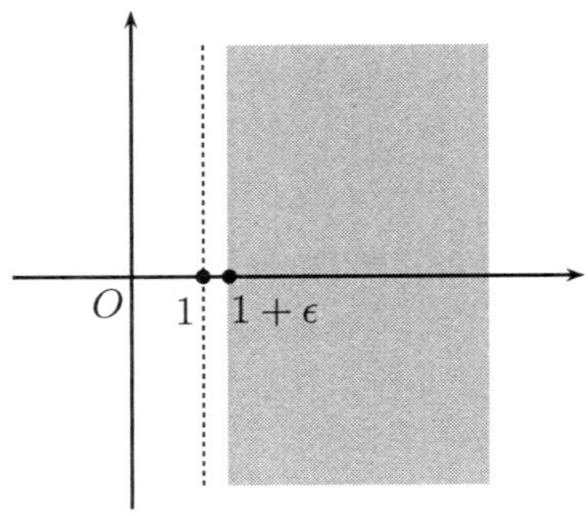

그림 4.1

[연습문제 36]

1. 다음 급수가 주어진 집합에서 균등수렴함을 보여라.

(1) $\displaystyle\sum_{n=1}^{\infty} \frac{z^n}{z^{2n}+1} \quad (|z| \le r < 1)$

(2) $\displaystyle\sum_{n=1}^{\infty} \frac{1}{(z^2-1)^n} \quad (|z| \ge r > \sqrt{2})$

(3) $\displaystyle\sum_{n=1}^{\infty} \frac{1}{(z^2-1)^n} \quad (\mathrm{Re} z \ge 2)$

2. 급수 $\sum_{n=1}^{\infty} \frac{z^n}{n}$이 $|z| < R$에서 수렴한다고 할 때 R의 가장 큰 값은?

3. 급수 $\sum_{n=1}^{\infty} \frac{2z^2}{n^2+|z|}$는 $|z| \le R\,(R > 0)$에서 균등수렴하는가?

4. 급수 $\sum_{n=1}^{\infty} \frac{\sin nz}{2^n}$가 $\{z : -\frac{1}{2} \le \mathrm{Im}\, z \le \frac{1}{2}\}$에서 균등수렴함을 보여라.

37. 균등수렴하는 함수열

집합 E에서 정의된 함수열 (f_n)이 함수 f로 균등수렴하면 (f_n)이 갖는 성질이 f에서도 유지되는 경우가 있다. 연속성은 그 대표적인 예이다.

[정리 4.8] 함수 $f_n : E \to \mathbb{C}\,(n \in \mathbb{N})$이 $z_0 \in E$에서 연속이고, 함수열 (f_n)이 E에서 f로 균등수렴하면 f는 z_0에서 연속이다.

(증명) $\epsilon > 0$이 주어졌다고 하자. (f_n)이 f로 균등수렴하므로 모든 $z \in E$에 대해

$$|f_{n_0}(z) - f(z)| < \frac{\epsilon}{3}$$

인 자연수 n_0이 존재한다. 또한 f_{n_0}이 z_0에서 연속이므로 $|z - z_0| < \delta$이면

$$|f_{n_0}(z) - f_{n_0}(z_0)| < \frac{\epsilon}{3}$$

인 $\delta > 0$가 존재한다. 그러므로 $|z - z_0| < \delta$인 모든 $z \in E$에 대해

$$\begin{aligned}|f(z) - f(z_0)| &\le |f(z) - f_{n_0}(z)| + |f_{n_0}(z) - f_{n_0}(z_0)| + |f_{n_0}(z_0) - f(z_0)| \\ &< \frac{\epsilon}{3} + \frac{\epsilon}{3} + \frac{\epsilon}{3} = \epsilon\end{aligned}$$

이다. 따라서 $f(z)$는 z_0에서 연속이다. □

■ **균등수렴과 연속.** 앞의 정리 4.8로부터 각각의 함수 $f_n : E \to \mathbb{C}$가 연속이고, 함수열 (f_n)이 E에서 f로 균등수렴하면, f는 E에서 연속인 함수임을 알 수 있다. 균등수렴하는 함수열은 적절한 조건이 주어지면 극한 또는 극한과 관련된 기호의 순서를 바꾸어 적용할 수 있는 편리함을 보장해 준다. 위의 정리는 $z_0 \in E$에서 연속인 함수들의 함수열 (f_n)이 E에서 f로 균등수렴하면

$$\begin{aligned}\lim_{n\to\infty}\left(\lim_{z\to z_0} f_n(z)\right) &= \lim_{n\to\infty} f_n(z_0) = f(z_0) \\ &= \lim_{z\to z_0} f(z) = \lim_{z\to z_0}\left(\lim_{n\to\infty} f_n(z)\right)\end{aligned}$$

이므로 극한기호 적용의 순서를 바꿀 수 있음을 보여준다.

Q1. $f_n(z) = \frac{1}{1+nz}$일 때 $z_0 = 0$ 근방에서

$$\lim_{n\to\infty}\lim_{z\to 0} f_n(z) \neq \lim_{z\to 0}\lim_{n\to\infty} f_n(z)$$

이다. 이 사실로부터 함수열 (f_n)은 $z_0 = 0$ 근방에서 균등수렴하지 않는다고 결론지을 수 있는가?

앞의 정리 4.8을 연속인 함수들을 항으로 하고 균등수렴하는 급수에 적용하여 다음의 따름정리를 얻을 수 있다.

[따름정리 4.9] (f_n)이 집합 E에서 정의된 연속인 함수들의 함수열이고, 집합 E에서 $f(z) = \sum_{n=1}^{\infty} f_n(z)$이 균등수렴하면 함수 f는 E에서 연속이다.

(증명) $s_n(z) = \sum_{k=1}^{n} f_k(z)$라고 하면 $s_n(z)$는 E에서 연속이고 함수열 (s_n)이 E에서 f로 균등수렴하므로 $f(z) = \sum_{n=1}^{\infty} f_n(z)$는 정리 4.8에 의해 E에서 연속인 함수이다. □

■ **균등수렴과 적분.** 경로 γ 위에서 함수열 (f_n)이 f로 균등수렴하면 극한과 적분 기호의 순서를 바꾸어 적용하여도 같은 결과를 얻는다.

[정리 4.10] (f_n)이 경로 γ 위에서 연속인 함수들의 함수열이고, γ 위에서 (f_n)이 f로 균등수렴하면

$$\lim_{n\to\infty} \int_\gamma f_n(z)\,dz = \int_\gamma \left(\lim_{n\to\infty} f_n(z)\right) dz = \int_\gamma f(z)\,dz \tag{4.3}$$

이다.

(증명) 정리 4.8에 의해 f는 γ위에서 연속이므로 적분 $\int_\gamma f(z)\,dz$가 존재한다. $\epsilon > 0$이라고 하자. 경로 γ 위에서 함수열 (f_n)이 f로 균등수렴하므로 $n \geq N$이면 γ위의 모든 점 z에서

$$|f_n(z) - f(z)| < \epsilon$$

인 N이 존재한다. 그러므로 $n \geq N$이면

$$\begin{aligned}\left|\int_\gamma f_n(z)\,dz - \int_\gamma f(z)\,dz\right| &= \left|\int_\gamma (f_n(z) - f(z))\,dz\right| \\ &\leq \int_\gamma |f_n(z) - f(z)|\,|dz| < \epsilon\, l(\gamma)\end{aligned}$$

이다. 여기서 $l(\gamma)$는 γ의 길이이고, $\epsilon > 0$은 임의로 주어진 양의 수이므로

$$\lim_{n\to\infty} \int_\gamma f_n(z)\,dz = \int_\gamma f(z)\,dz$$

이다. □

위의 정리 4.10를 균등수렴하는 급수의 적분에 적용하면 아래의 따름정리에서 보는 것처럼 적분과 합의 계산 순서를 바꾸어도 같은 결과를 갖는다.

[따름정리 4.11] (f_n)이 경로 γ 위에서 연속인 함수들의 함수열이고, $\sum_{n=0}^{\infty} f_n(z)$가 균등수렴하면

$$\sum_{n=0}^{\infty} \int_\gamma f_n(z)\, dz = \int_\gamma \left(\sum_{n=0}^{\infty} f_n(z) \right) dz$$

이다.

(증명) $g_n(z) = \sum_{k=0}^{n} f_k(z)$라고 하면 g_n은 γ 위에서 연속이고 함수열 (g_n)은 γ 위에서 균등수렴하므로 위의 정리 4.10으로부터

$$\begin{aligned}\sum_{n=0}^{\infty} \int_\gamma f_n(z)\, dz &= \lim_{n\to\infty} \int_\gamma g_n(z)\, dz \\ &= \int_\gamma \left(\lim_{n\to\infty} g_n(z) \right) dz = \int_\gamma \left(\sum_{n=0}^{\infty} f_n(z) \right) dz\end{aligned}$$

이다. □

■ **균등수렴과 미분**. 집합 E에서 연속인 함수들의 함수열 (f_n)이 f로 균등수렴하면 f는 E에서 연속임을 알았다.(정리4.8) 그러면 집합 E에서 해석적인 함수들의 함수열 (f_n)이 f로 균등수렴하면 f는 E에서 해석적인 함수일까?

[정리 4.12] (f_n)이 영역 D에서 해석적인 함수들의 함수열이고 D의 모든 콤팩트 부분집합에서 f로 균등수렴하면, f는 D에서 해석적이다.

(증명) 함수 f가 D의 모든 점에서 해석적임을 보이면 충분하다. D가 열린 집합이므로 임의의 점 $z_0 \in D$에 대해 $N(z_0, 2\epsilon) \subset D$인 $\epsilon > 0$이 존재한다. $O = N(z_0, \epsilon)$이라 하면 컴팩트집합 $\overline{O}$에서 (f_n)은 f로 균등수렴하므로 f는 O에서 연속이다. γ를 O안에 놓인 단순닫힌 경로라고 하면, 정리 4.10에 의해

$$\lim_{n\to\infty} \int_\gamma f_n(z)\, dz = \int_\gamma f(z)\, dz$$

이다. 그런데 $f_n(z)$ $(n \in \mathbb{N})$은 해석함수이므로 코시의 정리에 의해

$$\int_\gamma f_n(z)\, dz = 0 \quad (n \in \mathbb{N})$$

이므로

$$\int_\gamma f(z)\,dz = 0$$

이다. 그러므로 모레라의 정리(정리 3.13)에 의해 $f(z)$는 z_0에서 해석적이다. z_0을 임의로 택하였으므로 f는 D에서 해석적인 함수이다. □

앞의 정리 4.12에 의해 해석적인 함수열 (f_n)이 f로 균등수렴하면 f는 미분가능한 해석함수이다.

[연습문제 37]

1. $p(z)$가 k차 다항식일 때 다음에 답하여라.

(1) $f_n(z) = \frac{p(z)}{z^n}$일 때 $E = \{z : |z-4| \le 2\}$에서 (f_n)이 균등수렴함을 보여라.

(2) γ가 두 점 3, $5+i$를 잇는 선분일 때 $\lim_{n\to\infty} \int_\gamma f_n(z)\,dz$를 계산하여라.

2. γ가 반지름이 1인 원의 상반부일 때 $\lim_{n\to\infty} \int_\gamma \frac{e^z}{n}\,dz$를 계산하여라.

3. γ를 두 점 $z_0 = \frac{1}{2}$, $z_1 = \frac{i}{2}$를 연결하는 선분, $f_n(z) = z^n$이라고 하자. 급수 $\sum_{n=0}^\infty \int_\gamma z^n\,dz$을 계산하여라.

4. $\sum_{n=1}^\infty f_n(z)$가 E에서 균등수렴하면 (f_n)은 E에서 0으로 균등수렴함을 보여라. 앞의 역이 성립하는가?

5. (f_n)은 E에서 해석적인 함수열이고 f로 균등수렴한다. γ가 E안에 놓인 닫힌경로일 때 $\int_\gamma f(z)\,dz = 0$임을 설명하여라.

6. 급수 $\sum_{n=1}^\infty e^{-n}\sin nz$는 영역 $\{z : -1 < \operatorname{Im} z < 1\}$에서 해석적인 함수인가?

7. f_n이 콤팩트집합 E에서 연속인 함수이고, (f_n)이 f로 균등수렴하면 f가 E에서 균등연속임을 보여라.

38. 멱급수와 수렴반경

$(a_n)_{n=0}^{\infty}$이 복소수열일 때 함수 $a_n(z-z_0)^n$을 항으로 갖는 급수

$$a_0 + \sum_{n=1}^{\infty} a_n(z-z_0)^n = \sum_{n=0}^{\infty} a_n(z-z_0)^n \tag{4.4}$$

을 z_0에서의 멱급수(power series)라고 한다.

■ **멱급수의 수렴반경**. 멱급수는 앞의 36절에서 공부한 함수를 항으로 갖는 급수 $\sum_{n=0}^{\infty} f_n(z)$의 특별한 형태로 $f_n(z) = a_n(z-z_0)^n$인 경우이다. 일반적으로 급수 $\sum_{n=1}^{\infty} f_n(z)$의 경우 이 급수가 어떤 점 $z = a$에서 수렴한다고 해도 그것으로부터 다른 점에서의 수렴 또는 발산에 관한 정보를 얻을 수 없었다. 그러나 멱급수의 경우에는 한 점 $z = a$에서 멱급수의 수렴여부는 다른 점에서의 수렴 또는 발산에 대한 유익한 정보를 포함하고 있다. 우리의 관심은 멱급수 (4.4)의 수렴에 관한 특성을 알아보는 것이다.

[정리 4.13] 멱급수 $\sum_{n=0}^{\infty} a_n(z-z_0)^n$이 한 점 $a(\neq z_0)$에서 수렴하면, 이 멱급수는 $|z-z_0| < |a-z_0|$인 모든 점 z에서 절대수렴한다.

(증명) 급수 $\sum_{n=0}^{\infty} a_n(a-z_0)^n$이 수렴하므로 따름정리 4.2에 의해 $\lim_{n\to\infty} a_n(a-z_0)^n = 0$이다. 따라서 수열 $(a_n(a-z_0)^n)$은 유계이고

$$|a_n(a-z_0)^n| \le M \quad (n = 0, 1, 2, \cdots)$$

인 M이 존재한다. 그러므로 $|z-z_0| < |a-z_0|$이면,

$$\begin{aligned}\sum_{n=0}^{\infty} |a_n(z-z_0)^n| &= \sum_{n=0}^{\infty} (|a_n(a-z_0)^n|) \left|\frac{z-z_0}{a-z_0}\right|^n \\ &\le M \sum_{n=0}^{\infty} \left|\frac{z-z_0}{a-z_0}\right|^n \end{aligned} \tag{4.5}$$

이다. 그런데 $\left|\frac{z-z_0}{a-z_0}\right| < 1$이므로 부등식 (4.5)의 $\sum_{n=0}^{\infty} \left|\frac{z-z_0}{a-z_0}\right|^n$는 수렴한다. 따라서 비교판정법에 따라 $\sum_{n=0}^{\infty} |a_n(z-z_0)^n|$은 수렴한다. □

위의 정리 4.13에서 $\sum_{n=0}^{\infty} |a_n(z-a)^n|$이 수렴하므로 $\sum_{r=0}^{\infty} a_n(z-a)^n$도 수렴한다. 위의 정리로부터 다음의 따름정리를 얻을 수 있다.

[따름정리 4.14] 멱급수 $\sum_{n=0}^{\infty} a_n(z-z_0)^n$이 한 점 $b(\neq z_0)$에서 발산하면, 이 멱급수는 $|z-z_0| > |b-z_0|$인 모든 점 z에서 발산한다.

(증명) 만일 $|z_1-z_0| > |b-z_0|$인 점 z_1에서 $\sum_{n=0}^{\infty} a_n(z_1-z_0)^n$이 수렴하면 위의 정리 4.13에 의해 급수 $\sum_{n=0}^{\infty} a_n(b-z_0)^n$도 수렴해야 한다. 이는 가정에 모순이다. □

Q1. 멱급수 $\sum_{n=0}^{\infty} a_n(z-a)^n$이 z가 어떤 양의 실숫값을 가져도 수렴하면 이 멱급수는 복소평면 위의 모든 점에서 수렴하는가?

멱급수 $\sum_{n=0}^{\infty} a_n(z-z_0)^n$은 $z=z_0$일 때 a_0에 수렴한다. 멱급수 $\sum_{n=0}^{\infty} a_n(z-z_0)^n$이 $a \neq z_0$에서 수렴하면 $\sum_{n=0}^{\infty} a_n(z-z_0)^n$은 모든 복소수 z에 대해 수렴하거나, 앞의 정리 4.13과 따름정리 4.14에 의해, $|z-z_0| < R$인 모든 z에서 수렴하고, $|z-z_0| > R$인 모든 z에서 발산하게 되는 $R > 0$이 존재한다. 이 실수 R을 급수 $\sum_{n=0}^{\infty} a_n(z-z_0)^n$의 **수렴반경**(radius of convergence)이라고 한다. 특별히 $\sum_{n=0}^{\infty} a_n(z-z_0)^n$이 점 $z=z_0$에서만 수렴하면 $R=0$로, 모든 z에서 수렴하면 $R=\infty$로 약속한다. 다시 말해 멱급수 $\sum_{n=0}^{\infty} a_n(z-z_0)^n$의 수렴반경을 R이라 할 때

(a) $R=0$이면 $\sum_{n=0}^{\infty} a_n(z-z_0)^n$은 $z=z_0$에서만 수렴한다.

(b) $0 < R < \infty$이면, $\sum_{n=0}^{\infty} a_n(z-z_0)^n$은 $|z-z_0| < R$일 때 절대수렴하고 $|z-z_0| > R$일 때 발산한다.

(c) $R=\infty$이면, $\sum_{n=0}^{\infty} a_n(z-z_0)^n$은 모든 점 $z \in \mathbb{C}$에서 수렴한다.

Q2. $|z_1| = |z_2|$일 때 $\sum_{n=0}^{\infty} a_n z_1^n$은 수렴하고 $\sum_{n=0}^{\infty} a_n z_2^n$은 발산한다면 $\sum_{n=0}^{\infty} a_n z^n$의 수렴반경은?

■ **수렴반경의 계산.** 멱급수 $\sum_{n=0}^{\infty} a_n(z-a)^n$의 특성은 계수 a_n에 의해 결정된다. 멱급수의 수렴반경 또한 계수의 형태에 의해 결정된다. 다음의 정리는 근판정법(정리 4.4)을 이용하여 복소수를 항으로 갖는 급수의 수렴반경을 찾을 수 있는 방법을 말하고 있다.

[정리 4.15] 멱급수 $\sum_{n=0}^{\infty} a_n(z-z_0)^n$에서

$$\beta = \limsup |a_n|^{\frac{1}{n}}$$

라고 하면, 이 멱급수의 수렴반경은 $R = \frac{1}{\beta}$이다. $\beta = 0$이면 수렴반경은 $R = \infty$이고, $\beta = \infty$이면 수렴반경은 $R = 0$이다.

(증명) 복소평면 위의 점 $z(\neq z_0)$에 대해

$$\limsup |a_n(z-z_0)^n|^{\frac{1}{n}} = \limsup |a_n|^{\frac{1}{n}} |z - z_0 \ = \beta|z - z_0|$$

이므로 근판정법(정리 4.4)에 의해 $\sum_{n=0}^{\infty} a_n(z-z_0)^n$은 $\beta|z-z_0| < 1$일 때 수렴하고, $\beta|z-a| > 1$일 때 발산한다. 그러므로 $\sum_{n=0}^{\infty} a_n(z-a)^n$의 수렴반경은 $R = \frac{1}{\beta}$ 이다. □

멱급수 $\sum_{n=0}^{\infty} a_n(z-z_0)^n$의 수렴반경이 $R(0 < R < \infty)$일 때 $|z| = R$인 점 z에서 멱급수 $\sum_{n=0}^{\infty} a_n(z-z_0)^n$는 수렴할수도 있고 발산할 수도 있다. 또 만일 $\lim_{n\to\infty} |a_n|^{\frac{1}{n}}$이 존재하면

$$\limsup |a_n|^{\frac{1}{n}} = \lim_{n\to\infty} |a_n|^{\frac{1}{n}}$$

이므로 이 경우 $\beta = \lim_{n\to\infty} |a_n|^{\frac{1}{n}}$로부터 수렴반경 $R = \frac{1}{\beta}$를 구할 수 있다.

E1. 멱급수 $\sum_{n=1}^{\infty} \frac{z^n}{n}$에서 $a_n = \frac{1}{n}$이라 하면

$$\beta = \lim_{n\to\infty} |a_n|^{\frac{1}{n}} = \lim_{n\to\infty} \frac{1}{n^{\frac{1}{n}}} = 1$$

이므로 $\sum_{n=1}^{\infty} \frac{z^n}{n}$의 수렴반경은 $R = \frac{1}{\beta} = 1$ 이다. 이 멱급수는 수렴반경 위의 점 $z = -1$에서는 수렴하지만 $z = 1$에서는 발산한다.

E2. 급수 $\sum_{n=1}^{\infty} n^n z^n$에서 $a_n = n^n$라고 하면

$$\beta = \limsup |a_n|^{\frac{1}{n}} = \limsup n = \infty$$

이므로 수렴반경 $R = 0$이고 $z = 0$일때만 수렴한다.

E3. 급수 $\sum_{n=1}^{\infty} \frac{z^n}{n^n}$에서 $a_n = \frac{1}{n^n}$이라 하면

$$\beta = \limsup |a_n|^{\frac{1}{n}} = \limsup \frac{1}{n} = 0$$

이므로 수렴반경 $R = \infty$이고 $\sum_{n=1}^{\infty} \frac{z^n}{n^n}$은 모든 z에서 수렴한다.

[정리 4.16] 수렴반경이 $R > 0$인 멱급수 $\sum_{n=0}^{\infty} a_n(z-z_0)^n$은 닫힌원판 $|z-z_0| \leq R_0(< R)$에서 균등수렴한다.

(증명) $R_0 < R$이므로 급수 $\sum_{n=0}^{\infty} |a_n| R_0^n$은 수렴한다. 또 $|z - z_0| \leq R_0$인 모든 z에서

$$|a_n(z - z_0)^n| \leq |a_n| R_0^n$$

이므로 바이어스트라스 M-판정법에 의해 $\sum_{n=0}^{\infty} a_n(z - z_0)^n$은 닫힌원판 $|z - z_0| \leq R_0$에서 균등수렴한다. □

Q3. 영역 $|z| < R$에서 멱급수로 정의된 함수 $f(z) = \sum_{n=0}^{\infty} a_n(z - z_0)^n$는 연속인 함수인가?(따름정리 4.9 참고)

Q4. 멱급수 $\sum_{n=0}^{\infty} a_n(z-z_0)^n$의 수렴반경이 $R > 0$일 때 함수 $f(z) = \sum_{n=0}^{\infty} a_n(z-z_0)^n$는 컴팩트 집합 $K \subset \{z : |z| < R\}$에서 해석적인 함수인가?(정리 4.12 참고)

[연습문제 38]

1. 다음 급수의 수렴반경을 구하여라.

(1) $\displaystyle\sum_{n=1}^{\infty} \frac{z^n}{n}$ (2) $\displaystyle\sum_{n=1}^{\infty} \frac{z^n}{n^2}$ (3) $\displaystyle\sum_{n=1}^{\infty} \frac{z^n}{n^n}$ (4) $\displaystyle\sum_{n=1}^{\infty} \frac{z^n}{2^n}$

2. 다음 급수의 수렴반경을 구하여라.

(1) $\displaystyle\sum_{n=1}^{\infty} \frac{z^{2n}}{4^n n}$ (2) $\displaystyle\sum_{n=1}^{\infty} \frac{3^n}{n^2+4n} z^{2n}$

(3) $\displaystyle\sum_{n=1}^{\infty} \frac{i^n - 1}{n} z^n$ (4) $\displaystyle\sum_{n=1}^{\infty} \left(1 + \frac{1}{n}\right)^{n^2} z^n$

3. 급수 $\sum_{n=0}^{\infty} a_n z^n$의 수렴반경이 $R > 0$이고 $|z_0| < R$일 때 수열 $(a_n z_0^n)$은 유계인가?

4. $\sum_{n=0}^{\infty} a_n$은 수렴하고, $\sum_{n=0}^{\infty} |a_n|$은 발산한다면 $\sum_{n=0}^{\infty} a_n z^n$의 수렴반경은?

5. $\sum_{n=0}^{\infty} a_n z^n$의 수렴반경이 $R > 1$이고, $|z_0| > R$일 때 $\sum_{n=0}^{\infty} a_n \left(\frac{1}{z_0}\right)^n$이 수렴함을 보여라.

6. $(|a_n|)$이 감소수열이면 $\sum_{n=0}^{\infty} a_n z^n$의 수렴반경은 $R \geq 1$임을 보여라.

7. (a_n)이 정수들로 이루어진 수열일 때 $\sum_{n=0}^{\infty} a_n z^n$이 정함수이거나 수렴반경이 $R \geq 1$임을 보여라.

8. k가 고정된 자연수일 때 $\sum_{n=1}^{\infty} (\frac{n^k}{n^{\log n}}) z^n$의 수렴반경이 1임을 보여라.

9. $\lim_{n\to\infty} \left| \frac{a_n}{a_{n+1}} \right| = R$이면 $\sum_{n=0}^{\infty} a_n z^n$의 수렴반경은 R임을 보여라.

39. 멱급수로 정의된 함수의 도함수

멱급수 $\sum_{n=0}^{\infty} a_n (z - z_0)^n$의 수렴반경이 $R(> 0)$이면 이 멱급수는 $|z - z_0| < R$인 모든 점 z에서 수렴하므로 멱급수

$$f(z) = \sum_{n=0}^{\infty} a_n (z - z_0)^n$$

로 정의된 함수 $f(z)$는 영역 $|z - z_0| < R$에서 잘 정의된 함수이다. 이 절에서는 멱급수로 정의된 함수의 도함수에 대해 알아본다.

[정리 4.17] 멱급수 $\sum_{n=0}^{\infty} a_n (z - z_0)^n$의 수렴반경이 R이면, $\sum_{n=1}^{\infty} n a_n (z - z_0)^{n-1}$의 수렴반경도 R이다.

(증명) 멱급수 $\sum_{n=1}^{\infty} n a_n (z - z_0)^n$의 수렴반경은

$$\beta = \limsup |n a_n|^{\frac{1}{n}} = \limsup |n|^{\frac{1}{n}} |a_n|^{\frac{1}{n}} = \limsup |a_n|^{\frac{1}{n}}$$

로부터 $\frac{1}{\beta}$이다. 즉 $\sum_{n=0}^{\infty} a_n(z-z_0)^n$의 수렴반경 또한 R이다. 그런데

$$\sum_{n=1}^{\infty} na_n(z-z_0)^n = (z-z_0)\sum_{n=1}^{\infty} na_n(z-z_0)^{n-1}$$

이므로 두 멱급수 $\sum_{n=1}^{\infty} na_n(z-z_0)^n$, $\sum_{n=1}^{\infty} na_n(z-z_0)^{n-1}$의 수렴반경 모두 R이다. □

Q1. 극한 $\lim_{n\to\infty}|a_n|$이 존재하면 임의의 수열 b_n에 대해

$$\limsup |a_nb_n| = \left(\lim_{n\to\infty}|a_n|\right)(\limsup |b_n|)$$

인가?

■ **멱급수로 정의된 함수의 도함수**. 다항함수 $p_n(z) = \sum_{k=0}^{n} a_nz^n$은 정함수로 그 도함수는 각 항을 미분한

$$p_n'(z) = \sum_{k=1}^{n} na_nz^{n-1}$$

이다. 그렇다면 무한히 많은 항을 갖는 멱급수로 나타낸 함수 $f(z) = \sum_{n=0}^{\infty} a_nz^n$은 미분가능한 함수일까? 미분가능한 함수라면 그 도함수는 다항식에서와 같이 항별로 미분한 값과 같을까?

[정리 4.18] $f(z) = \sum_{n=0}^{\infty} a_n(z-z_0)^n$이 $|z-z_0| < R$에서 수렴하면, $f(z)$는 $|z-z_0| < R$에서 해석적이고

$$f'(z) = \sum_{n=1}^{\infty} na_n(z-z_0)^{n-1} \tag{4.6}$$

이다.

(증명) $|z-z_0| < R$인 모든 점 z에서

$$f'(z) = \lim_{s\to z}\frac{f(s)-f(z)}{s-z} = \sum_{n=1}^{\infty} na_n(z-z_0)^{n-1}$$

임을 보여야 한다. 이것은 $|z-z_0| < R$인 점 z와 주어진 $\epsilon > 0$에 대해 $|s-z| < \delta = \delta(\epsilon, z)$이면

$$\left|\frac{f(s)-f(z)}{s-z} - \sum_{n=1}^{\infty} na_n(z-z_0)^{n-1}\right| < \epsilon$$

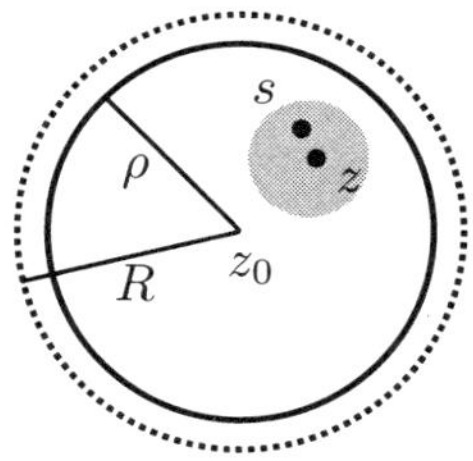

그림 4.2

인 $\delta > 0$을 찾을 수 있음을 보이는 것과 같다.

z를 $|z - z_0| < R$인 한 점이라고 하자. 그림 4.2에서와 같이 z에 충분히 가까운 s에 대해

$$|z - z_0| \leq \rho, \quad |s - z_0| \leq \rho \quad (\rho < R) \tag{4.7}$$

인 $\rho > 0$를 택할 수 있다.

임의의 자연수 N에 대해 $p_N(s) = \sum_{n=0}^{N} a_n(s - z_0)^n$라고 하면

$$\begin{aligned} \frac{f(s) - f(z)}{s - z} &= \frac{1}{s - z}\left(\sum_{n=0}^{\infty} a_n(s - z_0)^n - \sum_{n=0}^{\infty} a_n(z - z_0)^n\right) \\ &= \frac{p_N(s) - p_N(z)}{s - z} + \sum_{n=N+1}^{\infty} a_n \frac{(s - z_0)^n - (z - z_0)^n}{s - z} \end{aligned}$$

이다. 그런데

$$p_N'(z) = \sum_{n=1}^{N} na_n(z - z_0)^{n-1}$$

이므로

$$\begin{aligned} &\left|\frac{f(s) - f(z)}{s - z} - \sum_{n=1}^{\infty} na_n(z - z_0)^{n-1}\right| \leq \left|\frac{p_N(s) - p_N(z)}{s - z} - p_N'(z)\right| \\ &+ \left|\sum_{n=N+1}^{\infty} a_n \frac{(s - z_0)^n - (z - z_0)^n}{s - z}\right| + \left|\sum_{n=N+1}^{\infty} na_n(z - z_0)^{n-1}\right| \end{aligned} \tag{4.8}$$

이다. 식 (4.7)에 의해

$$\begin{aligned}
&\left|\frac{(s-z_0)^n-(z-z_0)^n}{s-z}\right| \\
&\qquad = |(s-z_0)^{n-1}+(s-z_0)^{n-2}(z-z_0)+\cdots+(z-z_0)^{n-1}| \\
&\qquad \le |s-z_0|^{n-1}+|s-z_0|^{n-2}|z-z_0|+\cdots+|z-z_0|^{n-1} \\
&\qquad \le n\rho^{n-1} \qquad (4.9)
\end{aligned}$$

이고, 앞의 정리 4.17에 의해 $\sum_{n=0}^{\infty} n|a_n|\rho^{n-1}$은 수렴하는 급수이므로 코시의 판별법(Cauchy criterion)에 의해

$$\sum_{n=N_1+1}^{\infty} n|a_n|\rho^{n-1} < \frac{\epsilon}{4} \qquad (4.10)$$

을 만족하는 자연수 N_1이 존재한다. 그러므로 충분히 큰 자연수 N_1에 대해

$$\begin{aligned}
&\left|\sum_{n=N_1+1}^{\infty} a_n \frac{(s-z_0)^n-(z-z_0)^n}{s-z}\right| + \left|\sum_{n=N_1+1}^{\infty} na_n(z-z_0)^{n-1}\right| \\
&\qquad \le \sum_{n=N_1+1}^{\infty} n|a_n|\rho^{n-1} + \sum_{n=N_1+1}^{\infty} n|a_n|\rho^{n-1} \\
&\qquad < \frac{\epsilon}{4}+\frac{\epsilon}{4}=\frac{\epsilon}{2} \qquad (4.11)
\end{aligned}$$

이다.

또 다항식 $p_{N_1}(s)$는 미분가능한 함수이므로 $|s-z|<\delta$이면

$$\left|\frac{p_{N_1}(s)-p_{N_1}(z)}{s-z} - p'_{N_1}(z)\right| < \frac{\epsilon}{2} \qquad (4.12)$$

인 $\delta>0$가 존재한다.

식 (4.8), (4.11), (4.12)에 의해 $|s-z|<\delta$이면

$$\left|\frac{f(s)-f(z)}{s-z} - \sum_{n=1}^{\infty} na_n(z-z_0)^{n-1}\right| < \epsilon$$

이다. 그러므로 $f(z)=\sum_{n=0}^{\infty} a_n(z-z_0)^n$은 $|z-z_0|<R$에서 해석적이고

$$f'(z)=\sum_{n=1}^{\infty} na_n(z-z_0)^{n-1}$$

이다. □

■ **멱급수로 정의된 함수와 해석함수.** 멱급수로 정의된 함수 $f(z) = \sum_{n=0}^{\infty} a_n(z - z_0)^n$의 수렴반경이 $R > 0$이면 $f(z)$는 $|z - z_0| < R$에서 해석적이다. 앞의 정리 4.18에 의해 도함수

$$f'(z) = \sum_{n=1}^{\infty} na_n(z - z_0)^{n-1}$$

의 수렴반경도 R이므로 $f'(z)$도 $|z - z_0| < R$에서 해석적이고 그 도함수는

$$f''(z) = \sum_{n=2}^{\infty} n(n-1)a_n(z - z_0)^{n-2}$$

이다. 이 사실을 반복적으로 적용하여 다음의 정리를 얻을 수 있다.

[정리 4.19] 함수 $f(z) = \sum_{n=0}^{\infty} a_n(z - z_0)^n$의 수렴반경이 $R > 0$이면, $f(z)$는 $|z - z_0| < R$에서 모든 차수의 도함수

$$f^{(k)}(z) = \sum_{n=k}^{\infty} \frac{n!}{(n-k)!} a_k(z - z_0)^{n-k}, \quad k \in \mathbb{N}$$

를 갖는다.

Q2. 멱급수로 나타낸 함수 $f(z) = \sum_{n=1}^{\infty} \frac{z^n}{n}$은 영역 $|z| < 1$에서 해석적이고 무한번 미분가능한가?

[연습문제 39]

1. 정함수 $\sin z$, $\cos z$는 멱급수

$$\sin z = z - \frac{z^3}{3!} + \frac{z^5}{5!} - \cdots, \qquad \cos z = 1 - \frac{z^2}{2!} + \frac{z^4}{4!} - \cdots$$

로 나타낼 수 있다. 정리 4.18을 이용하여 $(\sin z)' = \cos z$, $(\cos z)' = \sin z$임을 보여라.

2. 영역 $|z| < 1$에서 $\frac{1}{1-z} = \sum_{n=0}^{\infty} z^n$임을 이용하여 $\frac{2}{(1-z)^3}$를 $z = 0$에서의 급수로 나타내어라.

3. 멱급수로 나타낸 함수 $f(z) = \sum_{n=1}^{\infty} \frac{z^n}{n^n}$은 정함수인가? ($\sum_{n=1}^{\infty} \frac{z^n}{n^n}$의 수렴 반경이 ∞인가?) $f'(z)$를 구하여라.

40. 해석함수와 멱급수

앞의 39절에서 멱급수로 정의된 함수는 해석적임을 알았다. 그렇다면 반대로 해석적인 함수는 모두 멱급수로 나타낼 수 있을까? 함수 $f(z) = \frac{1}{1-z}$은 $z = 1$을 제외한 모든 점에서 해석적이다. 그리고 멱급수

$$\sum_{n=0}^{\infty} z^n = 1 + z + z^2 + z^3 + \cdots$$

은 $|z| < 1$일 때 $f(z) = \frac{1}{1-z}$에 수렴한다. 다시 말해 함수 $f(z) = \frac{1}{1-z}$는 f가 해석적인 점 $z = 0$의 근방에서 멱급수

$$\frac{1}{1-z} = \sum_{n=0}^{\infty} z^n = 1 + z + z^2 + z^3 + \cdots \quad (|z| < 1)$$

로 나타낼 수 있다.

■ **해석함수와 멱급수.** 우리의 관심은 함수 f가 z_0에서 해석적이면 f를 z_0에서의 멱급수로 나타낼 수 있는가 하는 것이다. $\sin z$, e^z와 같은 함수를 위에서와 같이 기하급수를 이용하여 멱급수로 나타낼 수는 없지만, 일반적으로 함수 f가 점 z_0에서 해석적이면, z_0의 적절한 $\epsilon > 0$ 근방에서 f를 멱급수

$$f(z) = \sum_{n=0}^{\infty} a_n (z - z_0)^n \quad (|z - z_0| < \epsilon)$$

로 나타낼 수 있다.

[정리 4.20] 함수 f가 $|z - z_0| < R$에서 해석적이면 $f(z)$를 멱급수

$$f(z) = \sum_{n=0}^{\infty} a_n (z - z_0)^n, \quad (|z - z_0| < R) \tag{4.13}$$

로 나타낼 수 있다.

(증명) 그림 4.3에서와 같이 z를 $|z-z_0|=r<R$인 점이라고 하자. 또 γ를 원 $|z-z_0|=r_0$ $(r<r_0<R)$인 원으로 양의 방향을 갖는다고 하자. f는 γ의 위와 안쪽에서 해석적인 함수이므로 코시의 적분공식에 의해

$$f(z)=\frac{1}{2\pi i}\int_\gamma \frac{f(\zeta)}{\zeta-z}d\zeta \tag{4.14}$$

로 쓸 수 있다.

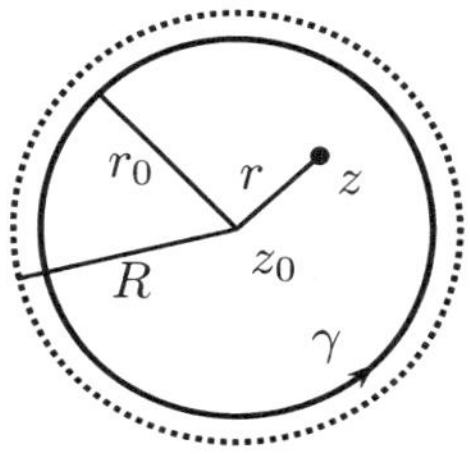

그림 4.3

그런데 위 식 (4.14)의 적분에서 $|z-z_0|=r<r_0=|\zeta-z_0|$이므로 임의의 자연수 N에 대해

$$\begin{aligned}\frac{1}{\zeta-z}&=\frac{1}{(\zeta-z_0)-(z-z_0)}=\frac{1}{\zeta-z_0}\frac{1}{1-\frac{z-z_0}{\zeta-z_0}}\\&=\frac{1}{\zeta-z_0}\sum_{n=0}^{\infty}\left(\frac{z-z_0}{\zeta-z_0}\right)^n=\frac{1}{\zeta-z_0}\left[\sum_{n=0}^{N-1}\left(\frac{z-z_0}{\zeta-z_0}\right)^n+\frac{(\frac{z-z_0}{\zeta-z_0})^N}{1-\frac{z-z_0}{\zeta-z_0}}\right]\\&=\sum_{n=0}^{N-1}\frac{(z-z_0)^n}{(\zeta-z_0)^{n+1}}+\frac{(z-z_0)^N}{(\zeta-z)(\zeta-z_0)^N}\end{aligned} \tag{4.15}$$

과 같이 쓸 수 있다.

식 (4.15)를 식 (4.14)에 대입하고, 코시의 적분공식을 적용하면

$$\begin{aligned}\frac{1}{2\pi i}\int_\gamma\frac{f(\zeta)}{\zeta-z}d\zeta=&\frac{1}{2\pi i}\sum_{n=0}^{N-1}(z-z_0)^n\int_\gamma\frac{f(\zeta)}{(\zeta-z_0)^{n+1}}d\zeta\\&+\frac{(z-z_0)^N}{2\pi i}\int_\gamma\frac{f(\zeta)}{(\zeta-z)(\zeta-z_0)^N}d\zeta\\=&\sum_{n=0}^{N-1}\frac{f^{(n)}(z_0)}{n!}(z-z_0)^n+R_N(z)\end{aligned} \tag{4.16}$$

를 얻는다. 위의 식 (4.16)에서

$$R_N(z) = \frac{(z-z_0)^N}{2\pi i}\int_\gamma \frac{f(\zeta)}{(\zeta-z)(\zeta-z_0)^N}d\zeta \tag{4.17}$$

이다. 이제 증명을 완성하기 위해서는

$$\lim_{N\to\infty} R_N(z) = 0$$

임을 보이면 된다. 가정에 의해 $|z-z_0| = r < r_0$이고 γ는 $|\zeta - z_0| = r_0$인 원이며 ζ는 γ 위의 점이므로 부등식

$$|\zeta - z| \geq ||\zeta - z_0| - |z - z_0|| = r_0 - r$$

이 성립한다. 따라서 콤팩트집합 γ에서 연속인 함수 $|f(z)|$의 최댓값을 M이라 하면 식 (4.17)에서 부등식

$$\begin{aligned}|R_N(z)| &= \left|\frac{(z-z_0)^N}{2\pi i}\int_\gamma \frac{f(\zeta)}{(\zeta-z)(\zeta-z_0)^N}d\zeta\right| \\ &\leq \frac{|z-z_0|^N}{2\pi}\int_\gamma \frac{|f(\zeta)|}{|\zeta-z|\,|\zeta-z_0|^N}|d\zeta| \\ &\leq \frac{r^N}{2\pi}\frac{M}{(r_0-r)r_0^N}2\pi r_0 = \frac{Mr_0}{r_0-r}\left(\frac{r}{r_0}\right)^N\end{aligned}$$

을 얻을 수 있다. 그런데 $0 < \frac{r}{r_0} < 1$이므로 $\lim_{N\to\infty}|R_N(z)| = 0$이다. 그러므로 $a_n = \frac{f^{(n)}(z_0)}{n!}$라고 하면 식 (4.13)이 성립한다. □

앞의 정리 4.20은 함수 f가 $z = z_0$에서 해석적이면 z_0 근방에서 멱급수로 나타낼 수 있으며 그 형태는

$$f(z) = \sum_{n=0}^{\infty}\frac{f^{(n)}(z_0)}{n!}(z-z_0)^n \tag{4.18}$$

임을 말한다. 식 (4.18)의 멱급수을 함수 f의 $z = z_0$에서의 **테일러 급수**(Taylor series)라고 하고 $z = 0$에서의 테일러 급수 $\sum_{n=0}^{\infty}\frac{f^{(n)}(0)}{n!}z^n$ 을 $f(z)$의 **맥클로린 급수**(Maclaurin series)라고 한다. 또 함수 f가 영역 D에서 해석적이면 각각의 점 $z_0 \in D$에 대해 $N(z_0, \epsilon) \subset D$인 z_0의 근방이 존재하므로 정리 4.20에 의해 D의 각각의 점 z_0에서 f는 테일러급수로 나타낼 수 있다.

정함수 e^z, $\sin z$, $\cos z$의 맥클로린 급수는 다음과 같다. $(|z| < \infty)$

(1) $e^z = \sum_{n=0}^{\infty} \frac{z^n}{n!} = 1 + z + \frac{z^2}{2!} + \frac{z^3}{3!} + \cdots,$

(2) $\sin z = \sum_{n=0}^{\infty} (-1)^n \frac{z^{2n+1}}{(2n+1)!} = z - \frac{z^3}{3!} + \frac{z^5}{5!} - \frac{z^7}{7!} + \cdots,$

(3) $\cos z = \sum_{n=0}^{\infty} (-1)^n \frac{z^{2n}}{(2n)!} = 1 - \frac{z^2}{2!} + \frac{z^4}{4!} - \frac{z^6}{6!} + \cdots.$

Q1. 점 z_0에서 해석적인 함수 $f(z)$의 테일러 급수를 $\sum_{n=0}^{\infty} a_n(z-z_0)^n$라고 할 때 적절한 $\epsilon > 0$을 택하여 계수 a_n을 적분

$$a_n = \frac{1}{2\pi i} \int_{|z-z_0|=\epsilon} \frac{f(z)}{(z-z_0)^{n+1}} dz$$

로 나타낼 수 있는가?

E1. $f(z) = \mathrm{Log}\,(1+z)$일 때 $f(z)$와 $f'(z)$는 $|z| < 1$에서 해석적이므로 $f'(z)$는 멱급수

$$f'(z) = \frac{1}{1+z} = 1 - z + z^2 - z^3 + \cdots = \sum_{n=0}^{\infty} (-1)^n z^n$$

으로 나타낼 수 있다. 그러므로

$$\begin{aligned} f(z) = \mathrm{Log}(1+z) &= \int_0^z f'(\zeta)\, d\zeta + f(0) = \sum_{n=0}^{\infty} \int_0^z (-1)^n \zeta^n\, d\zeta + f(0) \\ &= f(0) + \sum_{n=0}^{\infty} \frac{(-1)^n z^{n+1}}{n+1} \\ &= z - \frac{z^2}{2} + \frac{z^3}{3} - \frac{z^4}{4} + \cdots \end{aligned}$$

이다. 여기서는 고유분기를 택하였으므로 $f(0) = \mathrm{Log}\,1 = 0$이지만 일반적으로 $\log 1 = 2k\pi i$이므로, $f(z) = \log(1+z)$의 맥클로린 급수는

$$\begin{aligned} f(z) = \log(1+z) &= \int_0^z f'(\zeta)\, d\zeta + f(0) \\ &= 2k\pi i + z - \frac{z^2}{2} + \frac{z^3}{3} - \frac{z^4}{4} + \cdots \qquad (k \in \mathbb{Z}) \end{aligned}$$

이다.

■ **급수 표현의 유일성**. 앞의 정리 4.20에서 본 것처럼 z_0에서 해석적인 함수 f는 z_0 근방에서 테일러 급수로 나타낼 수 있다. 그러나 z_0에서 f를 테일러 급수와 다른 형태의 멱급수로 나타낼 수 있는 방법은 없다.

[정리 4.21] 함수 f가 z_0에서 해석적이고 z_0근방에서 멱급수 $\sum_{n=0}^{\infty} a_n(z-z_0)^n$로 나타낼 수 있으면

$$a_n = \frac{f^{(n)}(z_0)}{n!}, \quad n = 0, 1, 2, \cdots$$

이다.

(증명) $|z-z_0| < \epsilon$에서 $f(z) = \sum_{n=0}^{\infty} a_n(z-z_0)^n$이라 하면 앞의 정리 4.19에 의해 $f(z)$는 $z = z_0$에서 무한번 미분가능하고

$$\begin{aligned}
f'(z) &= a_1 + 2a_2(z-z_0) + 3a_3(z-z_0)^2 + \cdots \\
f''(z) &= 2!a_2 + 3\cdot 2(z-z_0) + 4\cdot 3(z-z_0)^2 + \cdots \\
&\cdots \\
f^{(n)}(z) &= n!a_n + \frac{(n+1)!}{1!}(z-z_0) + \frac{(n+2)!}{2!}(z-z_0)^2 + \cdots \quad (4.19)
\end{aligned}$$

이다. 그러므로 위 식 (4.19)에서 $z = z_0$을 대입하면

$$f'(z_0) = a_1, \ f''(z_0) = 2!a_2, \cdots$$

를 얻고 일반적으로

$$f^{(n)}(z_0) = n!a_n, \ a_n = \frac{f^{(n)}(z_0)}{n!}$$

이다. □

앞의 정리 4.21은 f를 $z = z_0$에서 멱급수로 나타낼 수 있으면 그 형태는 테일러급수

$$f(z) = \sum_{n=0}^{\infty} \frac{f^{(n)}(z_0)}{n!}(z-z_0)^n \quad (4.20)$$

뿐임을 말한다.

Q2. $f(z) = \frac{1}{1-z}$의 테일러 급수

$$f(z) = \sum_{n=0}^{\infty} z^n = 1 + z + z^2 + z^3 + \cdots$$

으로부터 $f^{(n)}(0) = n!$임을 말할 수 있는가?

■ **해석함수와 멱급수로 정의된 함수**. 정리 4.18에서 멱급수로 나타낼 수 있는 함수

$$f(z) = \sum_{n=0}^{\infty} a_n (z - z_0)^n, \ |z - z_0| < R$$

은 해석적임을 보였다. 정리 4.20은 이의 역으로 $|z - z_0| < R$에서 해석적인 함수는 멱급수

$$f(z) = \sum_{n=0}^{\infty} \frac{f^{(n)}(z_0)}{n!} (z - z_0)^n, \ |z - z_0| < R$$

으로 나타낼 수 있음을 보여주고 있다. 다시 말하면 $f(z)$가 z_0에서 해석적이라는 것과 $f(z)$를 z_0 근방에서 테일러 급수로 나타낼 수 있다는 것은 동치이다.

[연습문제 40]

1. $z = 0$ 근방에서 다음 함수의 테일러 급수를 구하여라.

(1) $\dfrac{z}{z-1}$ (2) e^{2z} (3) $\sin z^2$ (4) $\dfrac{e^z}{z-1}$

2. $z = z_0$에서 해석적인 함수 f의 z_0근방 $N(z_0, \epsilon)$에서의 테일러 급수를 $f(z) = \sum_{n=0}^{\infty} a_n (z - z_0)^n$이라 하면

$$a_n = \frac{1}{2\pi i} \int_{|z - z_0| = \epsilon_0} \frac{f(z)}{(z - z_0)^{n+1}} dz \quad (0 < \epsilon_0 < \epsilon)$$

임을 보여라.

3. 다음 함수에 대해 맥클로린급수의 처음 세항을 구하여라.

(1) e^{z+z^2} (2) $e^z \sin z$ (3) $\dfrac{1}{\cos z}$

4. $\sinh z = -i\sin(iz)$임을 이용하여

$$\sinh z = \sum_{n=0}^{\infty} \frac{z^{2n+1}}{(2n+1)!} \quad (|z| < \infty)$$

임을 보여라.

5. 다음을 보여라.

$$\cosh z = \sum_{n=0}^{\infty} \frac{z^{2n}}{(2n)!} \quad (|z| < \infty)$$

6. 다음 함수의 주어진 점에서의 테일러급수와 수렴반경을 정하여라.

(1) $f(z) = \frac{1}{1+z}$, $z_0 = 0$ (2) $f(z) = \frac{1}{z}$, $z_0 = 1$ (3) $f(z) = \frac{1}{1-z}$, $z_0 = i$

7. $f(z) = \frac{1}{1-2z}$의 주어진 점 z_0에서의 테일러급수를 찾아라.

(1) $z_0 = 0$ (2) $z_0 = 1$ (3) $z_0 = -i$

8. $z_0 \neq 1$이면 적절한 영역 $|z - z_0| < R$에서

$$\frac{1}{1-z} = \sum_{n=0}^{\infty} a_n (z - z_0)^n$$

로 나타낼 수 있다. 이 때 $R = |1 - z_0|$인가?

9. $f(z) = \frac{1}{z}$일 때

(1) $z = 1$에서 테일러 급수 $f_1(z)$와 수렴반경을 구하여라.

(2) $z = -1$에서 테일러 급수 $f_2(z)$와 수렴반경을 구하여라.

(3) $f(\frac{1}{2}) = f_1(\frac{1}{2})$, $f(\frac{1}{2}) = f_2(\frac{1}{2})$인가?

(4) 위의 (3)과 같은 결과가 나오는 이유를 설명하여라.

41. 테일러 급수의 응용

해석적인 함수는 테일러 급수로 나타낼 수 있다는 사실(정리 4.20)은 해석함수의 특성을 파악하는 데 많은 도움을 준다. 이 절에서는 테일러 급수를 이용하여 해석함수의 몇 가지 특성을 알아본다.

[정리 4.22] $M > 0$일 때 정함수 $f(z)$가 부등식

$$|f(z)| \le Mr^{\alpha} \quad (|z| = r \ge R,\ \alpha \ge 0)$$

를 만족하면, $f(z)$는 $\deg f \le \alpha$인 다항함수이다.

(증명) 정함수 $f(z)$의 $z = 0$에서의 테일러 급수를

$$f(z) = \sum_{n=0}^{\infty} a_n z^n = \sum_{n=0}^{\infty} \frac{f^{(n)}(0)}{n!} z^n$$

이라 하자. 코시의 부등식(정리 3.14)에 의해 원 $|z| = r$ 위에서

$$|a_n| = \frac{|f^{(n)}(0)|}{n!} \le \frac{Mr^{\alpha}}{r^n} = \frac{M}{r^{n-\alpha}}$$

이다. f가 정함수이므로 코시의 부등식은 모든 $r > 0$에 대해 성립한다. 따라서 $n > \alpha$이면 $r \to \infty$일 때 $a_n = 0$이다. 그러므로 $f(z)$는 다항식으로 그 차수는 α 이하이다. □

위에서 $\alpha = 0$이면 정리 4.22는 리우빌의 정리(정리 3.15)와 같은 의미이다.

■ **슈바르츠 정리와 $|f(z)|$의 상계.** 함수 f가 $|z| \le R$에서 해석적이고 $|z| = R$에서 $|f(z)| \le M$이면 최대절댓값 정리(정리 3.21)에 의해 $|z| < R$인 모든 z에서 $|f(z)| < M$이다. 다음의 슈바르츠의 정리는 $|z| < r\ (< R)$에서 $|f(z)|$의 상계를 추정할 수 있게 해준다.

[정리 4.23] (슈바르츠의 정리, Schwarz's theorem) $f(z)$가 $|z| < R$에서 해석적이고, $f(0) = 0$이라고 하자. 만약 $|z| < R$에서 $|f(z)| \le M$이면

$$|f(z)| \le \frac{r}{R} M \quad (|z| = r < R) \tag{4.21}$$

이다. 식 (4.21)에서 등호가 성립하는 것은 $f(z) = \frac{M}{R} e^{i\alpha} z$ $(\alpha \in \mathbb{R})$일 때 뿐이다.

(증명) $f(0) = 0$이므로 f의 $z = 0$에서의 테일러 급수는

$$f(z) = f'(0)z + \frac{f''(0)}{2!} z^2 + \frac{f'''(0)}{3!} z^3 + \cdots := zg(z)$$

와 같이 쓸 수 있다. 여기서

$$g(z) = f'(0) + \frac{f''(0)}{2!}z + \frac{f'''(0)}{3!}z^2 + \cdots$$

는 $|z| < R$에서 해석적인 함수이고, $g(0) = f'(0)$이다. $g(z)$에 최대절댓값 정리를 적용하면

$$\max_{|z|=r} |g(z)| \le \max_{|z|=R'} |g(z)| \quad (r < R' < R) \tag{4.22}$$

을 얻는다. 즉,

$$\max_{|z|=r} \left|\frac{f(z)}{z}\right| \le \max_{|z|=R'} \left|\frac{f(z)}{z}\right| \quad (r < R' < R)$$

또는

$$\max_{|z|=r} |f(z)| \le \frac{r}{R'} \max_{|z|=R'} |f(z)| \le \frac{r}{R'}M$$

이다. 그런데 R'를 R에 임의로 가깝게 할 수 있으므로

$$\max_{|z|=r} |f(z)| \le \frac{r}{R}M$$

을 얻는다.

식 (4.22)에서 등호는 최대절댓값의 정리에 의해 $g(z)$가 상수일 때만 성립한다. 따라서

$$|f(z)| = \frac{r}{R}M \quad (|z| = r < R)$$

이기 위한 필요충분조건은 $|g(z)| = \frac{M}{R}$이다. $g(z)$는 $|z| < R$에서 해석적인 함수이고 $|g(z)|$가 상수함수이므로 $g(z)$는 상수함수이다.(연습문제 12의 1 참고) 즉 $g(z) = \frac{M}{R}e^{i\alpha}$ $(\alpha \in \mathbb{R})$이고

$$f(z) = \frac{M}{R}e^{i\alpha}z \ (\alpha \in \mathbb{R})$$

이다. □

위의 정리 4.23의 증명에서

$$\max_{|z|=r} |g(z)| \le \max_{|z|=R} |g(z)| \le \max_{|z|=R} \left|\frac{f(z)}{z}\right| \le \frac{M}{R} \quad (r < R) \tag{4.23}$$

이므로

$$|f'(0)| = |g(0)| \le \frac{M}{R} \tag{4.24}$$

이다. 또 슈바르츠의 정리에 의해 $f(z)$가 $|z| < R$에서 해석적이고 $f(0) = 0$ 이면,

$$M_f(r) \le \frac{r}{R'} M_f(R') \quad (r < R' < R)$$

이다. 여기서 $M_f(r) = \max_{|z|=r} |f(z)|$이다.

[따름정리 4.24] $f(z)$가 $|z| < R$에서 해석적이고, $|f(z)| < M$ 이면,

$$|f(z) - f(0)| \le \frac{2r}{R} M \quad (|z| = r < R) \tag{4.25}$$

이다.

(증명) $g(z) = f(z) - f(0)$라 놓으면 $g(0) = 0$이고,

$$|g(z)| \le |f(z)| + |f(0)| \le 2M$$

이므로 슈바르츠의 정리에 의해

$$|f(z) - f(0)| = |g(z)| \le \frac{2r}{R} M \quad (|z| = r < R)$$

이다. □

■ **항등정리.** f가 열린구간 (a, b)에서 정의된 미분가능한 실함수이고, (x_n)이 (a, b)의 서로 다른 점들로 이루어진 수렴하는 수열이라고 하자. 만일 모든 x_n에서 $f(x_n) = 0$이면, (a, b)에서 $f \equiv 0$일까? 실함수는 그렇지 않다. 그러나 해석적인 복소함수의 경우 수렴하는 수열에서 갖는 성질이 정의역 전체에서 f가 갖는 성질과 밀접한 관계를 갖는 경우가 있다.

[정리 4.25] f가 열린 원판 $|z - z_0| < r$에서 해석적이고, (z_n)은 $|z - z_0| < r$에서 z_0로 수렴하는 서로 다른 점들로 이루어진 수열이라고 하자. 만일 $f(z_n) = 0$ $(n \in \mathbb{N})$이면 $|z - z_0| < r$ 안의 모든 점 z에서 $f(z) = 0$이다.

(증명) f가 $|z - z_0| < r$에서 해석적이므로 테일러급수

$$f(z) = a_0 + \sum_{k=1}^{\infty} a_k (z - z_0)^k \quad (|z - z_0| < r)$$

로 나타낼 수 있다. $f(z)$가 z_0에서 연속이므로 $z_n \to z_0$일 때 $f(z_n) \to f(z_0)$이다. 그러므로

$$a_0 = f(z_0) = \lim_{n\to\infty} f(z_n) = 0$$

이다. $a_0 = 0$이므로

$$f(z) = (z - z_0)\left(a_1 + \sum_{k=2}^{\infty} a_k (z - z_0)^{k-1}\right) \tag{4.26}$$

로 쓸 수 있다. 위 식 (4.26)의 양변에 $z = z_n$을 대입하고 $z_n - z_0$로 나눈 후 극한을 취하면

$$\lim_{n\to\infty} \frac{f(z_n)}{z_n - z_0} = 0 = a_1 \tag{4.27}$$

이다. $a_1 = 0$이므로

$$f(z) = (z - z_0)^2\left(a_2 + \sum_{k=3}^{\infty} a_k (z - z_0)^{k-2}\right)$$

로 쓸 수 있고, 위와 비슷한 방법으로

$$\lim_{n\to\infty} \frac{f(z_n)}{(z_n - z_0)^2} = 0 = a_2$$

를 얻는다. 이 과정을 반복하여 $a_n = 0\ (n = 0, 1, 2, \cdots)$임을 보일 수 있다. 그러므로 $|z - z_0| < r$ 위의 모든 z에서 $f(z) = 0$이다. □

정리 4.25는 실함수에서는 성립하지 않는다. 함수

$$f(x) = \begin{cases} x^2 \sin \frac{\pi}{x}, & x \neq 0 \\ 0, & x = 0 \end{cases}$$

는 모든 점에서 미분가능하고 $f\left(\frac{1}{n}\right) = 0\,(n \in \mathbb{N})$ 이지만 $x = 0$ 근방에서 f가 항등적으로 0인 상수함수는 아니다.

[따름정리 4.26] f가 z_0에서 해석적이고 $f(z_0) = 0$이면, z_0의 적절한 근방의 모든 점 z에서 $f(z) = 0$이거나 $0 < |z - z_0| < \epsilon$인 모든 점 z에서 $f(z) \neq 0$인 $\epsilon > 0$이 존재한다.

(증명) 만일 따름정리를 만족하는 $\epsilon > 0$이 존재하지 않는다면 충분히 큰 자연수 n에 대해

$$0 < |z_n - z_0| < \frac{1}{n} \text{ 이고 } f(z_n) = 0 \tag{4.28}$$

인 점 z_n을 찾을 수 있다. 수열 (z_n)은 z_0로 수렴하므로 정리 4.25에 의해 z_0의 적절한 근방 안에 있는 모든 점 z에서 $f(z) = 0$이다. □

정리 4.25는 열린원판에서 뿐만아니라 복소평면 위의 일반적인 영역, 열린연결 집합에서도 성립한다.

[정리 4.27] f가 영역 D에서 해석적이고, D의 서로 다른 점들로 이루어진 수열 (z_n)이 $z_0 \in D$로 수렴한다고 하자. 만약 $f(z_n) = 0$ $(n \in \mathbb{N})$이면 D의 모든 점 z에서 $f(z) = 0$이다.

(증명) 두 집합 A, B를

$$A = \{a \in D : a\text{의 적절한 근방의 모든 } z\text{에서 } f(z) = 0\},$$
$$B = \{a \in D : a\text{를 뺀 적절한 근방의 모든 } z\text{에서 } f(z) \neq 0\}$$

로 정의하자. A, B의 정의로부터 $A \cap B = \emptyset$이고, 따름정리 4.26에 의해 모든 $z \in D$는 A 또는 B의 원소이어야 하므로 $D = A \cup B$이다. 또한 A, B는 모두 열린집합이고(연습문제 41의 6 참고), D가 연결집합이므로 A 또는 B 가운데 한 집합은 공집합이어야 한다. 그런데 정리 4.25에 의해 $z_0 \in A$이므로 $B = \emptyset$이다. 즉 $A = D$이므로 D의 모든 점 z에서 $f(z) = 0$이다. □

정리 4.27으로부터 다음정리를 얻을 수 있다. f가 영역 D에서 해석적인 함수이고 (z_n)이 D에서 수렴하는 서로 다른 점들의 수열일 때 z_n에서 $f(z_n)$과 같은 함숫값을 갖는 해석함수는 f뿐이다.

[정리 4.28] (항등정리, identity theorem) (z_n)을 영역 D에서 극한점을 갖는 수열이라고 하자. 만약 두 함수 f, g가 D에서 해석적이고, $f(z_n) = g(z_n)$ $(n \in \mathbb{N})$이면, D의 모든 점 z에서 $f(z) = g(z)$이다.

(증명) z_0를 (z_n)의 극한점이라고 하면 z_0로 수렴하는 (z_n)의 부분수열 (z_{n_k})가 존재한다.

$$h(z) := f(z) - g(z)$$

로 놓으면 $h(z)$는 D에서 해석적이고, $h(z_{n_k}) = 0$ $(k \in \mathbb{N})$이므로 정리 4.27에 의해 D에서 $h(z) = 0$이다. 즉 D의 모든 점에서 $f(z) = g(z)$이다. □

항등정리는 영역 D안에서 극한점을 갖는 수열 (z_n)에 대해 $f(z_n)$이 갖는 성질로부터 영역 D전체에서 함수 f가 갖는 특성을 유추할 수 있음을 보여준다.

E1. x가 실수일 때 항등식 $\sin^2 x + \cos^2 x = 1$이 성립함을 알고 있다. 이는 복소수에서도 사실이라는 것은 항등정리를 이용하여 설명할 수 있다.

$$f(z) = \cos^2 z + \sin^2 z - 1$$

는 정함수이고 $z_n = \frac{1}{n}$이라 하면 실수열 (z_n)은 0으로 수렴하고, $f(z_n) = 0$이므로 항등정리에 의해 복소평면의 모든 점 z에서 $f(z) = 0$이다. 즉

$$\cos^2 z + \sin^2 z = 1 \quad (z \in \mathbb{C})$$

이다.

[연습문제 41]

1. f가 정함수이고 $|f(z)| \le 5\sqrt{|z|}$ $\;(|z| > 1)$이면 f는 상수함수임을 보여라.

2. 함수 f가 $|z| < R$에서 해석적이고 $f(0) = f'(0) = f''(0) = \cdots = f^{(n-1)}(0) = 0$라 하자. $|z| < R$에서 $|f(z)| \le M$이면

$$|f(z)| \le \left(\frac{r}{R}\right)^n M \quad (|z| = r < R)$$

임을 보여라.

3. 함수 f, g가 영역 D에서 해석적이고 $fg \equiv 0$이면 D에서 $f \equiv 0$이거나 $g \equiv 0$임을 보여라.

4. f가 정함수이고 $\lim_{z\to\infty}\dfrac{f(z)}{z}=0$이면 f는 상수임을 보여라.

5. f가 정함수이고 충분히 큰 $|z|$에 대해

$$|f(z)|\le M|z|^n \quad (M\text{은 상수}, n\in\mathbb{N})$$

이면 f는 $\deg f\le n$인 다항함수임을 보여라.

6. 정리 4.27의 두 집합 A, B가 열린집합임을 보여라.

7. $f(\frac{1}{n})=\frac{1}{n}$인 정함수 f를 모두 찾아라.

8. 실수축 위의 구간 $[0,1]$의 모든 점 z에서 $f(z)=f(x+iy)=x^2$인 정함수를 모두 찾아라.

9. $f'(\frac{1}{n}+i)=\frac{2}{n}+2i$, $f(i)=0$인 정함수 f는 무엇인가?

42. 로랑의 정리

점 z_0에서 해석적인 함수 f는 z_0 근방에서 테일러급수 $f(z)=\sum_{n=0}^{\infty}a_n(z-z_0)^n$로 나타낼 수 있고, 테일러급수로 나타낼 수 있는 함수는 해석적이다. 그러므로 $z=0$에서 해석적이지 않은 함수 $f(z)=e^{\frac{1}{z}}$은 $z=0$에서 테일러급수로 나타낼 수 없다. $f(z)=e^{\frac{1}{z}}$와 같이 어떤 점 z_0에서 해석적이지 않지만 z_0를 뺀 z_0의 근방에서 해석적인 함수는 급수

$$\sum_{n=1}^{\infty}\frac{b_n}{(z-z_0)^n}+\sum_{n=0}^{\infty}a_n(z-z_0)^n \tag{4.29}$$

로 나타낼 수 있다. 위 급수 (4.29)의 첫번째 급수는 멱급수

$$\sum_{n=1}^{\infty}b_nw^n=\sum_{n=1}^{\infty}\frac{b_n}{(z-z_0)^n},\quad w=\frac{1}{z-z_0} \tag{4.30}$$

로 생각할 수 있다. 그러므로 이 멱급수가 $|w|=\left|\frac{1}{z-z_0}\right|<R$에서 수렴한다면, 급수 (4.30)은 $|z-z_0|>\frac{1}{R}$에서 수렴하고, 해석적인 함수를 나타낸다. 다시 말해

$$\sum_{n=1}^{\infty}\frac{b_n}{(z-z_0)^n}\quad \left(|z-z_0|>\frac{1}{R}=R_1\right)$$

은 해석적인 함수이다. 이제 식(4.29)의 두번째 급수가 $|z-z_0|<R_2$에서 수렴한다면

$$\sum_{n=0}^{\infty} a_n(z-z_0)^n \quad (|z-z_0|<R_2)$$

도 해석적인 함수이다. 그러므로 $R_1<R_2$이면 급수

$$\sum_{n=1}^{\infty} \frac{b_n}{(z-z_0)^n} + \sum_{n=0}^{\infty} a_n(z-z_0)^n$$

는 환영역 $R_1<|z-z_0|<R_2$에서 수렴하는 해석적인 함수이다.

[정리 4.29] (로랑의 정리, Laurent's theorem) f가 환영역 $R_1<|z-z_0|<R_2$에서 해석적인 함수이면,

$$f(z) = \sum_{n=0}^{\infty} a_n(z-z_0)^n + \sum_{n=1}^{\infty} \frac{b_n}{(z-z_0)^n} \quad (R_1<|z-z_0|<R_2) \tag{4.31}$$

로 나타낼 수 있으며 계수 a_n, b_n은 각각 적분

$$\begin{aligned} a_n &= \frac{1}{2\pi i}\int_{\gamma} \frac{f(\zeta)}{(\zeta-z_0)^{n+1}}d\zeta, \\ b_n &= \frac{1}{2\pi i}\int_{\gamma} \frac{f(\zeta)}{(\zeta-z_0)^{-n+1}}d\zeta \end{aligned} \tag{4.32}$$

으로 주어진다. 여기서 γ는 환영역 안에서 z_0를 둘러싸는 반시계방향을 갖는 단순닫힌경로이다.

(증명) z를 환영역 $R_1<|z-z_0|<R_2$의 한 점이라고 하자. R_1', R_2'를 부등식

$$R_1 < R_1' < |z-z_0| < R_2' < R_2$$

를 만족하도록 택하면 f는 $R_1' \le |z-z_0| \le R_2'$에서 해석적이다. 닫힌 환의 경계를 그림 4.4에서와 같이

$$\gamma_1 : |z-z_0| = R_1', \quad \gamma_2 : |z-z_0| = R_2'$$

라 하자.(γ_1, γ_2의 방향에 유의하자.)

다중연결영역에서 코시의 적분정리(정리 3.8)에 의해

$$f(z) = \frac{1}{2\pi i}\int_{\gamma_2} \frac{f(\zeta)}{\zeta-z}d\zeta - \frac{1}{2\pi i}\int_{\gamma_1} \frac{f(\zeta)}{\zeta-z}d\zeta \tag{4.33}$$

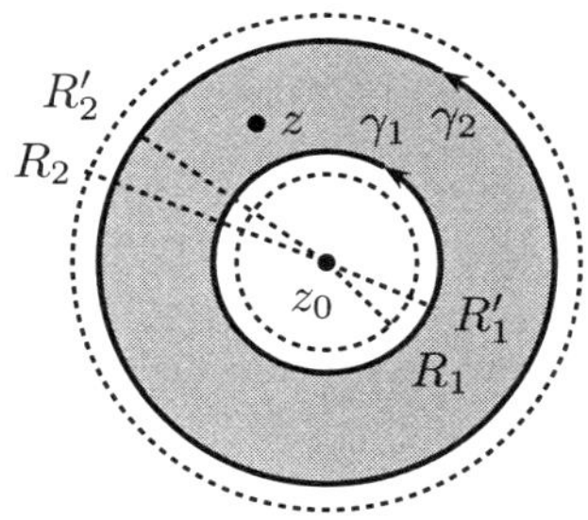

그림 4.4

이다. 식 (4.33)의 첫번째 적분에서 ζ는 γ_2 위의 점이고, z는 환영역 안쪽의 점이므로 $|z - z_0| < R_2' = |\zeta - z_0|$이다. 따라서

$$\begin{aligned}\frac{1}{\zeta - z} &= \frac{1}{\zeta - z_0 - (z - z_0)} = \frac{1}{(\zeta - z_0)(1 - \frac{z - z_0}{\zeta - z_0})} \\ &= \frac{1}{(\zeta - z_0)} \sum_{n=0}^{\infty} \left(\frac{z - z_0}{\zeta - z_0}\right)^n = \sum_{n=0}^{\infty} \frac{1}{(\zeta - z_0)^{n+1}} (z - z_0)^n\end{aligned}$$

이고, 이 급수는 γ_2에서 균등수렴하므로 항별적분이 가능하고

$$\begin{aligned}\frac{1}{2\pi i} \int_{\gamma_2} \frac{f(\zeta)}{\zeta - z}\, d\zeta &= \sum_{n=0}^{\infty} \left(\frac{1}{2\pi i} \int_{\gamma_2} \frac{f(\zeta)}{(\zeta - z_0)^{n+1}} (z - z_0)^n\, d\zeta\right) \\ &= \sum_{n=0}^{\infty} \left(\frac{1}{2\pi i} \int_{\gamma_2} \frac{f(\zeta)}{(\zeta - z_0)^{n+1}}\, d\zeta\right) (z - z_0)^n \\ &= \sum_{n=0}^{\infty} a_n (z - z_0)^n \qquad (4.34)\end{aligned}$$

이다. 여기서

$$a_n = \frac{1}{2\pi i} \int_{\gamma_2} \frac{f(\zeta)}{(\zeta - z_0)^{n+1}}\, d\zeta \quad (n = 0,\, 1,\, 2,\, \cdots)$$

이다.

다시 식 (4.33)의 두번째 적분으로 돌아가자. ζ는 γ_1위의 점이므로 $|z - z_0| > R_1' = |\zeta - z_0|$이다. 따라서

$$-\frac{1}{\zeta - z} = \frac{1}{(z - z_0)(1 - \frac{\zeta - z_0}{z - z_0})} = \sum_{m=0}^{\infty} \frac{(\zeta - z_0)^m}{(z - z_0)^{m+1}}$$

은 γ_1위에서 균등수렴하므로

$$\begin{aligned} -\frac{1}{2\pi i}\int_{\gamma_1}\frac{f(\zeta)}{\zeta-z}\,d\zeta &= \sum_{m=0}^{\infty}\left(\frac{1}{2\pi i}\int_{\gamma_1}\frac{f(\zeta)(\zeta-z_0)^m}{(z-z_0)^{m+1}}\,d\zeta\right) \\ &= \sum_{m=0}^{\infty}\left(\frac{1}{2\pi i}\int_{\gamma_1}f(\zeta)(\zeta-z_0)^m\,d\zeta\right)\frac{1}{(z-z_0)^{m+1}} \qquad (4.35) \end{aligned}$$

이다. 식 (4.35)에서 $n=m+1$이라 놓으면

$$-\frac{1}{2\pi i}\int_{\gamma_1}\frac{f(\zeta)}{\zeta-z}\,d\zeta = \sum_{n=1}^{\infty}b_n(z-z_0)^{-n} \qquad (4.36)$$

이다. 여기서

$$b_n = \frac{1}{2\pi i}\int_{\gamma_1}\frac{f(\zeta)}{(\zeta-z_0)^{-n+1}}\,d\zeta \quad (n=1,\,2,\,\cdots)$$

이다.

앞의 두 식 (4.34), (4.36)으로부터 f가 환영역 $R_1<|z-z_0|<R_2$에서 해석적이면 $f(z)$는 로랑의 급수

$$f(z)=\sum_{n=0}^{\infty}a_n(z-z_0)^n+\sum_{n=1}^{\infty}\frac{b_n}{(z-z_0)^n} \qquad (4.37)$$

로 나타낼 수 있다. 여기서

$$a_n = \frac{1}{2\pi i}\int_{\gamma_2}\frac{f(\zeta)}{(\zeta-z_0)^{n+1}}\,d\zeta \quad (n=0,\,1,\,2,\,\cdots), \qquad (4.38)$$

$$b_n = \frac{1}{2\pi i}\int_{\gamma_1}\frac{f(\zeta)}{(\zeta-z_0)^{-n+1}}\,d\zeta \quad (n=1,\,2,\,3,\,\cdots) \qquad (4.39)$$

이다.

이제 마지막으로 닫힌 환 $R_1'\le|z-z_0|\le R_2'$안에서 z_0를 둘러싸며 반시계 방향을 갖는 단순닫힌경로 γ를 택하자. $\frac{f(\zeta)}{\zeta-z_0}$은 경계가 γ_1, γ_2인 영역에서 해석적이므로 식 (4.38), (4.39)에서 적분경로γ_1, γ_2는 모두 γ로 바꿀 수 있다. 또한 R_1', R_2'은 각각 R_1, R_2에 임의로 가깝게 할 수 있으므로 식(4.31)은 환영역 $R_1<|z-z_0|<R_2$에서도 성립한다. □

식 (4.31)을 f의 z_0에서의 **로랑의 급수**(Laurent's series)라고 한다. 로랑의 정리에서 식 (4.31-32)는

$$
\begin{aligned}
f(z) =& \sum_{n=\infty}^{\infty} c_n(z-z_0)^n \quad (R_1 < |z-z_0| < R_2), \\
c_n =& \frac{1}{2\pi i}\int_\gamma \frac{f(\zeta)}{(\zeta-z_0)^{n+1}}d\zeta
\end{aligned}
$$

로 바꾸어 쓸 수 있다.

Q1. 식 (4.32)에서 적분으로 주어진 계수 a_n은 $\frac{f^{(n)}(z_0)}{n!}$와 같은 값을 갖는가?

43. 로랑의 급수

테일러 급수와 마찬가지로 로랑의 급수도 유일한 형태를 갖는다. 환영역 $R_1 < |z-z_0| < R_2$에서 함수 f의 로랑의 급수가 다음 두 급수

$$
f(z) = \sum_{n=-\infty}^{\infty} c_n(z-z_0)^n = \sum_{n=-\infty}^{\infty} d_n(z-z_0)^n \tag{4.40}
$$

로 나타낼수 있다고 가정하자. 두 급수는 z_0을 둘러싸는 환영역 안의 원 γ에서 균등수렴한다.(정리 4.29의 증명 참고) $(z-z_0)^n$의 γ 위에서의 적분은

$$
\int_\gamma (z-z_0)^n\,dz = \begin{cases} 2\pi i, & n=-1 \\ 0, & n\neq -1 \end{cases}
$$

이다. 그러므로 각각의 정수 k에 대해 위 식 (4.40)의 각 변에 $(z-z_0)^k$를 곱하고 γ를 따라 적분하면

$$
\begin{aligned}
\sum_{n=-\infty}^{\infty}\int_\gamma c_n(z-z_0)^{n+k}\,dz =& 2\pi i\, c_{(-k-1)} \\
=& 2\pi i\, d_{(-k-1)} = \sum_{n=-\infty}^{\infty}\int_\gamma d_n(z-z_0)^{n+k}\,dz
\end{aligned}
$$

이다. 즉 모든 $n \in \mathbb{Z}$에 대해 $c_n = d_n$이므로 로랑의 급수는 유일한 형태를 갖는다. 로랑의 정리(정리 4.29)에 의해 환영역 $R_1 < |z - z_0| < R_2$에서 해석적인 함수 f는 로랑의 급수로 나타낼 수 있고 위의 논의에 따라 f를 급수로 나타낼 수 있다면 그 급수는 로랑의 급수이다.

■ **로랑의 급수로 나타내기**. 환영역 $R_1 < |z - z_0| < R_2$에서 해석적인 함수 f의 로랑의 급수를 찾는 것은 정리 4.29의 식 (4.32)로 주어진 계수 a_n, b_n를 찾는 것으로 번거로운 적분의 계산이 요구된다. 그러나 주어진 함수에 따라서는 적절한 함수의 테일러 급수

$$g(z) = \sum_{n=0}^{\infty} a_n (z - z_0)^n$$

또는 기하급수

$$\frac{1}{1-z} = \sum_{n=0}^{\infty} z^n \quad (|z| < 1)$$

를 이용하여 로랑의 급수를 찾을 수 있다.

E1. 함수 $f(z) = e^{\frac{1}{z}}$는 환영역 $0 < |z| < \infty$에서 해석적인 함수이다. 그러므로 정리 4.29에 의해 로랑의 급수로 나타낼 수 있다. 그런데 e^z는 정함수로 테일러 급수

$$e^z = \sum_{n=0}^{\infty} \frac{z^n}{n!} \quad (|z| < \infty)$$

로 나타낼 수 있다. 따라서 환영역 $0 < |z| < \infty$에서 $f(z) = e^{\frac{1}{z}}$의 로랑의 급수는

$$e^{\frac{1}{z}} = \sum_{n=0}^{\infty} \frac{1}{n! z^n} \quad (0 < |z| < \infty)$$

이다.

Q1. 환영역 $0 < |z| < \infty$에서 $f(z) = \sin \frac{1}{z}$는

$$\sin \frac{1}{z} = \sum_{n=0}^{\infty} \frac{(-1)^n}{(2n+1)! z^{2n+1}}$$

임을 보여라.

이번에는 기하급수를 이용하여 로랑의 급수를 찾아 보자.

E2. 함수 $f(z) = \frac{1}{(z+1)(z+3)}$는 $z=-1$, $z=-3$을 뺀 다른 모든 점에서 해석적인 함수로 $z=0$을 중심으로 하는 환영역 $1<|z|<3$에서 로랑의 급수로 나타낼 수 있다. 주어진 함수는

$$f(z) = \frac{1}{(z+1)(z+3)} = \frac{1}{2}\left(\frac{1}{z+1} - \frac{1}{z+3}\right) \tag{4.41}$$

로 고쳐 쓸 수 있다. $|z|>1$이면 기하급수를 이용하여

$$\begin{aligned}\frac{1}{2(z+1)} &= \frac{1}{2z(1+\frac{1}{z})} = \frac{1}{2z}\sum_{n=0}^{\infty}(-1)^n\frac{1}{z^n} \\ &= \sum_{n=1}^{\infty}\frac{(-1)^{n-1}}{2}\frac{1}{z^n} \quad (|z|>1)\end{aligned} \tag{4.42}$$

로 나타낼 수 있고, $|z|<3$이면

$$\begin{aligned}\frac{1}{2(z+3)} &= \frac{1}{6(1+\frac{z}{3})} = \frac{1}{6}\sum_{n=0}^{\infty}(-1)^n\left(\frac{z}{3}\right)^n \\ &= \sum_{n=0}^{\infty}\frac{(-1)^n}{2\cdot 3^{n+1}}z^n \quad (|z|<3)\end{aligned} \tag{4.43}$$

으로 쓸 수 있다. 식 (4.42), (4.43)은 환영역 $1<|z|<3$에서 성립하므로 $f(z)$의 로랑의 급수는

$$\begin{aligned}f(z) &= \frac{1}{(z+1)(z+3)} = \frac{1}{2}\left(\frac{1}{z+1} - \frac{1}{z+3}\right) \\ &= \sum_{n=1}^{\infty}\frac{(-1)^{n-1}}{2}\frac{1}{z^n} - \sum_{n=0}^{\infty}\frac{(-1)^n}{2\cdot 3^{n+1}}z^n \\ &= \cdots - \frac{1}{2z^4} + \frac{1}{2z^3} - \frac{1}{2z^2} + \frac{1}{2z} - \frac{1}{6} + \frac{z}{18} - \frac{z^2}{54} + \frac{z^3}{162} - \cdots\end{aligned}$$

이다.

Q2. 환영역 $3<|z|<\infty$ 에서

$$\frac{1}{(z+1)(z+3)} = \frac{1}{z^2} - \frac{4}{z^3} + \frac{13}{z^4} - \frac{40}{z^5} + \cdots$$

임을 보여라.

[연습문제 43]

1. 다음 함수의 $|z|>0$에서 로랑의 급수를 구하여라.

(1) $f(z)=\frac{\sin z}{z^2}$ (2) $f(z)=\frac{\cos z}{z^3}$

(3) $f(z)=\frac{e^{z^2}}{z^3}$ (4) $f(z)=z^2\,e^{\frac{1}{z}}$

2. 다음 함수의 주어진 영역에서 로랑의 급수를 구하여라.

(1) $f(z)=\frac{1}{2+z}$ $(|z|<2)$ (2) $f(z)=\frac{1}{1+z^2}$ $(|z|<1)$

3. $|z|>0$에서 $f(z)=e^{z^2}+e^{\frac{1}{z^2}}$의 로랑의 급수는?

4. 아래 영역에서 유효한 $f(z)=\frac{1}{(z+1)(z^2+2)}$의 로랑의 급수를 찾아라.

(1) $1<|z|<\sqrt{2}$ (2) $|z|>\sqrt{2}$ (3) $|z|<1$

5. $(\sin z)(\sin\frac{1}{z})=\sum_{n=-\infty}^{\infty}c_n z^n$이 $|z|>0$에서 로랑의 급수일 때 계수 c_0, c_1은?

6. $0<|z-2i|<4$에서 $f(z)=\frac{z}{z^2+4}$의 로랑의 급수를 찾아라.

7. (1) $-1<a<1$일 때 다음 식이 성립함을 보여라.

$$\frac{a}{z-a}=\sum_{n=1}^{\infty}\frac{a^n}{z^n}\quad(|a|<|z|)$$

(2) 위 (1)의 결과를 이용하여 $-1<a<1$일 때 다음이 성립함을 보여라.

$$\sum_{n=1}^{\infty}a^n\cos n\theta=\frac{a\cos\theta-a^2}{1-2a\cos\theta+a^2},\quad \sum_{n=1}^{\infty}a^n\sin n\theta=\frac{a\sin\theta}{1-2a\cos\theta+a^2}$$

5

유수정리

함수 f가 특이점 근방에서 갖는 변화의 행태는 해석적인 점 근방에서 보다 복잡하고 특이하게 나타난다. 이 장에서는 특이점의 유형과 단순닫힌경로의 안쪽에 특이점이 포함되어 잇을 때 적분의 계산에 대해 알아본다.

44. 특이점과 유수

함수 f가 어떤 점 z_0에서 해석적이라는 것은 $f(z)$가 z_0의 적절한 근방의 모든 점에서 미분가능함을 말한다. f가 점 z_0에서 해석적이지 않을 때 z_0를 f의 **특이점**(singular point)이라 하고, f는 z_0에서 특이점을 갖는다고 한다.

함수 $f(z) = \frac{1}{z-z_0}$는 z_0에서 특이점을 갖지만 z_0를 뺀 z_0 근방의 모든 점에서 미분가능하다. 이와 같이 z_0가 f의 특이점이고, f가 z_0를 뺀 z_0의 적절한 근방 $0 < |z - z_0| < \epsilon$에서 해석적이면 z_0을 f의 **고립특이점**(isolated singular point)이라고 한다.

E1. 함수 $f(z) = \frac{1}{\cos z}$는 $z_0 = \frac{\pi}{2}$에서 정의되지 않으므로 z_0는 $f(z)$의 특이점이다. 그러나 $f(z)$는 z_0를 뺀 z_0의 근방 $0 < |z - z_0| < \pi$에서 해석적이다. 따라서 $z_0 = \frac{\pi}{2}$는 $f(z) = \frac{1}{\cos z}$의 고립특이점이다.

E2. 점 $z_0 = 0$는 함수 $f(z) = \frac{1}{\sin \frac{1}{z}}$의 특이점이다. $f(z)$는 $z_0 = 0$ 이외에도 $\sin \frac{1}{z} = 0$인 점 $\frac{1}{n\pi}$ $(n \in \mathbb{Z})$을 특이점으로 갖는다. 그러므로 $z_0 = 0$는 f의 고립특이점은 아니다.

Q1. $\operatorname{Log} z$의 특이점을 찾아라. 특이점 가운데 고립특이점이 있는가?

■ **고립특이점과 유수**. 함수 f가 z_0에서 고립특이점을 가지면 f가 해석적인 환영역 $0 < |z - z_0| < R_2$이 존재한다. 그러므로 로랑의 정리(정리 4.29)에 의해 f는 $0 < |z - z_0| < R_2$에서 로랑의 급수

$$f(z) = \cdots + \frac{b_2}{(z-z_0)^2} + \frac{b_1}{z-z_0} + \sum_{n-0}^{\infty} a_n (z-z_0)^n \tag{5.1}$$

으로 나타낼 수 있다. γ를 환영역 $0 < |z - z_0| < R_2$ 안에 놓인 z_0을 싸고 도는 닫힌단순경로라고 하면 식 (5.1)의 계수 b_n은 적분

$$b_n = \frac{1}{2\pi i} \int_\gamma \frac{f(z)}{(z-z_0)^{-n+1}} dz \quad (n = 1, 2, \cdots) \tag{5.2}$$

로 나타낼 수 있다. 앞의 식 (5.2)에서 $n = 1$일 때

$$\int_\gamma f(z)\, dz = b_1 2\pi i \tag{5.3}$$

를 얻을 수 있다. 식 (5.3)은 함수 f의 고립특이점 z_0에서 전개한 로랑의 급수에서 $\frac{1}{z-z_0}$의 계수 b_1이 적분 $\int_\gamma f(z)dz$의 계산에 결정적인 역할을 한다는 것을 의미한다. 이런 이유에서 z_0가 f의 고립 특이점이고 z_0에서 f의 로랑의 급수가 식 (5.1)과 같을 때 특별히 $\frac{1}{z-z_0}$의 계수 b_1을 z_0에서 f의 유수(residue)라 하고

$$\text{Res }(f, z_0) = b_1$$

로 나타낸다.

E3. $f(z) = \frac{1}{z(z-1)^2}$은 $z_0 = 0, 1$에서 고립특이점을 갖고 $0 < |z-1| < 1$에서 해석적이므로 $z = 1$에서 로랑의 급수로 나타낼 수 있다. 그런데

$$\frac{1}{z} = \frac{1}{1+(z-1)} = \sum_{n=0}^{\infty}(-1)^n(z-1)^n \quad (0 < |z-1| < 1)$$

이므로 $0 < |z-1| < 1$에서 $f(z)$의 로랑의 급수는

$$\begin{aligned} f(z) =& \frac{1}{z(z-1)^2} = \frac{1}{(z-1)^2}\sum_{n=0}^{\infty}(-1)^n(z-1)^n = \sum_{n=0}^{\infty}(-1)^n(z-1)^{n-2} \\ =& \frac{1}{(z-1)^2} - \frac{1}{(z-1)} + \sum_{n=0}^{\infty}(-1)^n(z-1)^n \end{aligned}$$

이다. 따라서 $\text{Res}(f, 1) = -1$이고

$$\int_{|z-1|=\frac{1}{2}} \frac{1}{z(z-1)^2}\, dz = -2\pi i$$

이다.

E4. 함수 $f(z) = z\cos\frac{1}{z}$는 $z_0 = 0$에서 고립특이점을 갖고 환영역 $0 < |z| < \infty$에서 해석적이므로 로랑의 급수

$$z\cos\frac{1}{z} = z - \frac{1}{2!z} + \frac{1}{4!z^3} - \frac{1}{6!z^5} - \cdots \quad (0 < |z| < \infty)$$

으로 나타낼 수 있다. 그러므로 고립특이점 $z_0 = 0$에서 f의 유수는 $\text{Res}(f, 0) = -\frac{1}{2}$이고 원점을 둘러싸는 모든 단순단힌경로 γ위에서의 적분은

$$\int_\gamma z\cos\frac{1}{z}\, dz = -\frac{1}{2}(2\pi i) = -\pi i$$

이다.

Q2. γ를 원점을 둘러싸는 단순단힌경로라고 할 때 $\int_\gamma e^{\frac{1}{z^2}}\,dz = 0$임을 설명하여라.

[연습문제 44]

1. p, q가 다항함수일 때 $\frac{p}{q}$가 특이점을 가지면 모두 고립특이점이고 특이점의 수는 기껏해야 $\deg q$개 이하임을 설명하여라.

2. $f(z) = \frac{1}{\cos(1/z)}$일 때

(1) f의 특이점을 모두 찾아라.

(2) f의 특이점 가운데 고립특이점이 아닌 점을 찾아라.

3. 다음 함수의 주어진 점에서 유수를 찾아라.

(1) $\frac{1}{(z-1)^2}$, $z_0 = 1$ (2) $z^4 \sin\frac{1}{z}$, $z_0 = 0$

(3) $z^3 e^{1/z^2}$, $z_0 = 0$ (4) $\frac{1}{z^2+2}$, $z_0 = \sqrt{2}i$

4. $f(z) = \frac{z^2-2z+3}{z-2}$일 때 유수 Res $(f, 2)$와 적분 $\int_{|z-2|=1} f(z)\,dz$ 을 구하여라.

5. $f(z) = \frac{1}{z(z-2)^4}$일 때

(1) $f(z)$의 $z = 2$에서 로랑의 급수를 찾아라.

(2) 적분 $\int_{|z-2|=1} \frac{1}{z(z-2)^4}\,dz$를 계산하여라.

6. 주어진 γ에 대해 적분 $\int_\gamma \frac{1}{(1-z)^3}\,dz$를 계산하여라.

(1) $\gamma : |z| = \frac{1}{2}$ (2) $\gamma : |z+1| = \frac{1}{2}$

(3) $\gamma : |z| = 2$ (4) $\gamma : |z-1| = \frac{1}{2}$

7. 주어진 경로 γ 위에서 적분 $\displaystyle\int_\gamma \frac{1}{z(z+3)}\,dz$를 계산하여라.

(1) $\gamma : |z| = 1$ (2) $\gamma : |z-1| = 1$ (3) $\gamma : |z+3| = 1$

8. 다음 적분을 계산하여라.

(1) $\displaystyle\int_{|z|=1} \csc z\,dz$ (2) $\displaystyle\int_{|z|=1} e^{\frac{1}{z^2}} \cos z\,dz$

45. 유수정리

함수 f가 단순닫힌경로 γ의 안쪽에 있는 하나의 고립특이점 z_0를 뺀 나머지 모든 점과 γ 위의 모든 점에서 해석적이면 γ에서 f의 적분은 식 (5.3)에 따라

$$\int_\gamma f(z)\,dz = 2\pi i\,\mathrm{Res}(f, z_0)$$

와 같이 계산할 수 있다. 이제 조금 일반적인 경우로 함수 f가 양의 방향을 갖는 단순닫힌경로 γ 안쪽의 유한개의 고립 특이점을 제외한 γ의 위와 안쪽의 모든 점에서 해석적일 때 경로적분에 대해 알아보자. 이것은 유수정리로 알려진 유용한 정리로 이의 증명은 다중연결영역에서의 코시의 정리(정리 3.8)를 이용하여 설명할 수 있다.

[정리 5.1] (유수정리, residue theorem) γ를 양의 방향을 갖는 단순닫힌경로라고 하자. 함수 f가 γ 안쪽의 유한개의 고립특이점 $z_1, z_2, \cdots, z_n$을 제외한 γ의 안쪽과 위에서 해석적이면

$$\int_\gamma f(z)dz = 2\pi i \sum_{k=1}^{n} \mathrm{Res}\ (f, z_k) \tag{5.4}$$

이다.

(증명) 아래 그림 5.1에서와 같이 각각의 고립특이점 z_k를 중심으로 하고 양의 방향을 갖는 원 γ_k를 택하자. $z_1, z_2, \cdots, z_n$이 고립특이점이므로 각각의 원 γ_k의 반지름을 충분히 작게 택하면 각각의 원들이 γ의 안쪽에 놓이고, 서로 만나지 않게 할 수 있다.

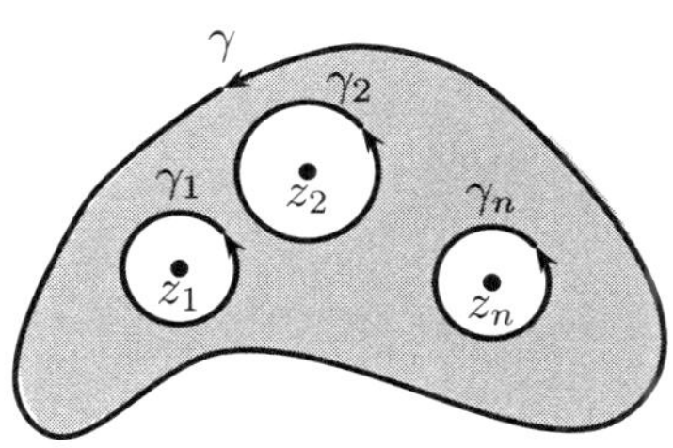

그림 5.1

다중연결영역에서의 코시의 정리(정리 3.8)에 의해

$$\int_{\gamma} f(z)\, dz - \sum_{k=1}^{n} \int_{\gamma_k} f(z)\, dz = 0 \tag{5.5}$$

이고, 각각의 γ_k $(k = 1, 2, \cdots, n)$에 대해

$$\int_{\gamma_k} f(z)\, dz = 2\pi i\, \mathrm{Res}(f, z_k) \tag{5.6}$$

이다. 그러므로 위 두 식 (5.5), (5.6)으로부터

$$\int_{\gamma} f(z)\, dz = \sum_{k=1}^{n} \int_{\gamma_k} f(z)\, dz = 2\pi i \sum_{k=1}^{n} \mathrm{Res}(f, z_k)$$

을 얻는다. □

이제 유수정리를 이용하면 단순연결영역 안의 유한개의 고립특이점을 제외한 나머지 점에서 해석적인 함수의 적분은 고립특이점에서의 유수를 알면 계산할 수 있다.

E1. 적분 $\int_{|z|=2} \frac{1}{z^2+1}\, dz$의 계산에서 $f(z) = \frac{1}{z^2+1}$라 하면

$$f(z) = \frac{1}{z^2+1} = \frac{1}{2i}\left(\frac{1}{z-i} - \frac{1}{z+i}\right) \tag{5.7}$$

이다. $f(z)$는 $z = \pm i$에서 고립 특이점을 갖고 두 특이점은 모두 원 $|z| = 2$의 안쪽에 있으며, 두 특이점을 제외한 다른 모든 점에서 해석적이다. 그러므로 유수정리에 의해

$$\int_{|z|=2} f(z)\, dz = 2\pi i\, [\mathrm{Res}(f, -i) + \mathrm{Res}(f, i)]$$

이다. 그런데 식 (5.7)로부터

$$\mathrm{Res}(f, i) = \frac{1}{2i}, \quad \mathrm{Res}(f, -i) = -\frac{1}{2i}$$

임을 알 수 있으므로

$$\int_{|z|=2} f(z)\, dz = 2\pi i\, [\mathrm{Res}(f, i) + \mathrm{Res}(f, -i)] = 0$$

이다.

[연습문제 45]

1. 다음 적분을 계산하여라.

(1) $\displaystyle\int_{|z|=1} \sin\frac{1}{z}\,dz$ (2) $\displaystyle\int_{|z|=5} \frac{1}{z^3(z+4)}\,dz$ (3) $\displaystyle\int_{|z-1|=2} \frac{1}{z^3-1}\,dz$

2. $f(z)=\frac{1}{z(z-3)}$일 때 다음 적분을 구하여라.

(1) $\int_{|z|=1} f(z)\,dz$ (2) $\int_{|z-3|=1} f(z)\,dz$ (3) $\int_{|z|=4} f(z)\,dz$

3. $f(z)=\frac{4z-3}{z(z-1)}$일 때

(1) f의 고립특이점과 특이점에서 유수를 찾아라.

(2) 유수정리를 이용하여 적분 $\int_{|z|=3} f(z)\,dz$를 계산하여라.

(3) 적분 $\int_{|z|=3} f(z)\,dz$를 다중연결영역에서 코시의 정리를 이용하여 계산하고 위 (2)의 결과와 비교하여라.

4. 유수정리를 이용하여 코시의 적분공식(정리 3.9)을 설명하여라.

46. 고립특이점의 유형

함수 f가 z_0에서 고립특이점을 가지면 f는 z_0를 뺀 적절한 환영역 $0<|z-z_0|<R_2$ 에서 해석적이다. 그러므로 f는 환영역 $0<|z-z_0|<R_2$에서 z_0를 중심으로 한 로랑의 급수

$$f(z)=\sum_{n=0}^{\infty} a_n(z-z_0)^n+\sum_{n=1}^{\infty}\frac{b_n}{(z-z_0)^n} \quad (0<|z-z_0|<R_2) \tag{5.8}$$

로 나타낼 수 있다. 앞의 정리 4.29(로랑의 정리)의 증명에서 본 것처럼 로랑의 급수의 한 부분인 급수 $\sum_{n=0}^{\infty} a_n(z-z_0)^n$는 영역 $|z-z_0|<R_2$에서 해석적이다. 급수 $\sum_{n=0}^{\infty} a_n(z-z_0)^n$을 로랑의 급수 (5.8)의 해석부(analytic part)라고 한다. 로랑의 급수의 다른 한부분인 급수 $\sum_{n=1}^{\infty}\frac{b_n}{(z-z_0)^n}$를 고유부(principal part)라고 한다. 로랑의 급수의 고유부는 고립특이점에서 유수에 관한 정보를 포함하고 있다.

E1. 함수 $f(z) = \frac{1}{(z+1)(z+3)}$은 점 $z_0 = -1$에서 고립특이점을 갖고 환영역 $0 < |z+1| < 2$에서 해석적이다. $0 < |z+1| < 2$에서

$$\begin{aligned}\frac{1}{z+3} &= \frac{1}{2+(z+1)} = \frac{1}{2(1+\frac{z+1}{2})}\\ &= \frac{1}{2} - \frac{z+1}{4} + \frac{(z+1)^2}{8} - \frac{(z+1)^3}{16} + \cdots\end{aligned}$$

이므로 함수 f의 $z_0 = -1$에 로랑의 급수

$$\frac{1}{(z+1)(z+3)} = \frac{1}{2(z+1)} - \frac{1}{4} + \frac{1}{8}(z+1) - \frac{1}{16}(z+1)^2 + \cdots \qquad (5.9)$$

으로 쓸수 있다. 급수 (5.9)의 해석부는 $-\frac{1}{4} + \frac{1}{8}(z+1) - \frac{1}{16}(z+1)^2 + \cdots$, 고유부는 $\frac{1}{2(z+1)}$, f의 고립특이점 $z_0 = -1$에서 유수는 $\mathrm{Res}(f, -1) = \frac{1}{2}$이다.

Q1. 고립특이점을 중심으로 전개한 어떤 함수의 로랑의 급수가 고유부를 갖지 않으면 그 함수는 사실상 고립특이점에서 해석적인가?

Q2. $f(z) = \frac{1}{z^2+1}$의 고립특이점 $z = i$를 중심으로 전개한 로랑의 급수의 고유부는 무엇인가?

함수 f가 z_0에서 고립특이점을 가질 때 z_0를 중심으로 전개한 로랑의 급수는 고유부가 없는 경우, 고유부가 유한개의 항으로 이루어진 경우, 고유부가 무한히 많은 항을 갖는 경우로 나눌 수 있다.

■ 극점. 함수 f의 고립특이점 z_0에서의 로랑의 급수를

$$f(z) = \sum_{n=1}^{\infty} \frac{b_n}{(z-z_0)^n} + \sum_{n=0}^{\infty} a_n(z-z_0)^n \quad (0 < |z-z_0| < R_2) \qquad (5.10)$$

이라고 하자. 만일 로랑의 급수의 고유부 $\sum_{n=1}^{\infty} \frac{b_n}{(z-z_0)^n}$가 하나 이상의 항를 갖지만 그 수가 유한개이면

$$b_m \neq 0,\ b_{m+1} = b_{m+2} = \cdots = 0$$

인 자연수 m이 존재한다. 이 때 $0 < |z-z_0| < R_2$에서 로랑의 급수는

$$f(z) = \frac{b_m}{(z-z_0)^m} + \frac{b_{m-1}}{(z-z_0)^{m-1}} + \cdots + \frac{b_1}{(z-z_0)} + \sum_{n=0}^{\infty} a_n(z-z_0)^n$$

의 형태를 갖는다. 이 경우 고립특이점 z_0를 f의 m차 **극점**(pole of order m)이라고 한다. 특별히 $m=1$일 때 z_0를 f의 **단순 극점**(simple pole)이라고 한다.

E2. $f(z)=\frac{z^2-z+2}{z-1}$의 고립특이점 $z_0=1$에서 로랑의 급수는

$$\begin{aligned} f(z) =& \frac{z^2-z+2}{z-1} = \frac{z(z-1)+2}{z-1} = z+\frac{2}{z-1} \\ =& \frac{2}{z-1}+1+(z-1) \quad (0<|z-1|<\infty) \end{aligned}$$

이다. 그러므로 고유부는 $\frac{2}{z-1}$뿐이고 f는 $z_0=1$에서 단순극점을 갖고 $z_0=1$에서 유수는 $\text{Res}(f,1)=2$이다.

E3. $f(z)=\frac{\sin z}{z^4}$은 $z_0=0$에서 고립특이점을 갖고, $0<|z|<\infty$에서 로랑의 급수

$$\begin{aligned} \frac{\sin z}{z^4} =& \frac{1}{z^4}\left(z-\frac{z^3}{3!}+\frac{z^5}{5!}-\frac{z^7}{7!}+\cdots\right) \\ =& \frac{1}{z^3}-\frac{1}{3!z}+\frac{z}{5!}-\frac{z^3}{7!}+\cdots \end{aligned}$$

로 전개할 수 있으므로 $f(z)=\frac{\sin z}{z^4}$는 $z_0=0$에서 3차 극점을 갖고 $z_0=0$에서 유수는 $\text{Res}(f,0)=-\frac{1}{6}$이다.

■ **제거가능한 특이점.** 이제 f의 고립특이점 z_0에서의 로랑의 급수가 고유부를 갖지 않는 경우 즉 식 (5.10)에서 계수 b_n이 모두 0인 경우에 대해 생각해 보자. 이 경우 $0<|z-z_0|<R_2$에서 f의 로랑의 급수는

$$f(z)=\sum_{n=0}^{\infty}a_n(z-z_0)^n=a_0+a_1(z-z_0)+a_2(z-z_0)^2+\cdots \tag{5.11}$$

의 형태를 갖는다. 이와 같이 고립특이점 z_0에서 전개한 로랑의 급수가 고유부를 갖지 않으면 z_0를 f의 **제거가능한 특이점**(removable singular point)라고 한다. z_0가 f의 제거가능한 특이점이면 z_0에서 f의 유수는 0이다.

f가 z_0에서 제거가능한 특이점을 가질 때 함수 F를

$$F(z)=\begin{cases} f(z), & 0<|z-z_0|<R_2 \\ a_0, & z=z_0 \end{cases}$$

로 정의하면(여기서 a_0는 급수 (5.11)의 상수항이다.) F는 멱급수

$$F(z) = a_0 + a_1(z - z_0) + a_2(z - z_0)^2 + \cdots \quad (|z - z_0| < R_2) \tag{5.12}$$

로 나타낼 수 있다. 그러므로 F는 z_0에서 해석적인 함수이다.(정리 4.18 참고) 이것은 f가 z_0에서 제거가능한 특이점을 가질 때 $f(z_0) = a_0$로 정의하면 f는 z_0에서 해석적이게 됨을 말한다.

E4. $f(z) = \frac{\sin z}{z}$는 $z_0 = 0$에서 고립특이점을 갖고 로랑의 급수는

$$\begin{aligned} f(z) =& \frac{\sin z}{z} = \frac{1}{z}\left(z - \frac{z^3}{3!} + \frac{z^5}{5!} - \cdots\right) \\ =& 1 - \frac{z^2}{3!} + \frac{z^4}{5!} - \cdots \quad (0 < |z| < \infty) \end{aligned}$$

이다. 로랑의 급수가 고유부를 갖지 않으므로 $z_0 = 0$는 $f(z) = \frac{\sin z}{z}$의 제거가능한 특이점이고 $f(0) = 1$로 정의하면 f는 $z_0 = 0$에서 해석적이다.

Q3. $f(z) = \frac{1 - \cos z}{z^2}$가 z_0에서 제거가능한 특이점을 가짐을 보이고 f가 정함수가 되도록 하는 값 $f(0)$를 찾아라.

Q4. f가 z_0에서 제거가능한 특이점을 가지면 $\lim_{z \to z_0} f(z)$는 f의 z_0에서 로랑의 급수의 상수항 a_0과 같음을 설명하여라.

■ **본질적 특이점**. 마지막으로 f의 고립특이점 z_0에서의 로랑의 급수 (5.10)의 고유부가 무한히 많은 항을 가지면, 즉 0이 아닌 계수 b_n이 무한히 많으면 z_0를 f의 **본질적 특이점**(essential singular point)라고 한다.

E5. 점 $z_0 = 0$는 $e^{\frac{1}{z}}$의 고립특이점이고 $e^{\frac{1}{z}}$는 $z_0 = 0$에서 로랑의 급수

$$e^{\frac{1}{z}} = 1 + \frac{1}{z} + \frac{1}{2!z^2} + \frac{1}{3!z^3} + \cdots \quad (0 < |z| < \infty)$$

로 나타낼 수 있다. 위 급수의 고유부는 무한히 많은 항을 갖고 있으므로 $z_0 = 0$는 $e^{\frac{1}{z}}$의 본질적 특이점이다. $e^{\frac{1}{z}}$의 $z_0 = 0$에서 유수는 $\text{Res}(e^{\frac{1}{z}}, 0) = 1$이다.

[연습문제 46]

1. 다음 함수의 특이점을 찾고 그 형태를 구분하여라.

(1) $ze^{1/z}$ (2) $\frac{z^2}{1+z}$ (3) $e^{z+1/z}$ (4) $\frac{1}{(z-i)^4}$

2. $z_0 = 0$이 $f(z) = \frac{1-\cosh z}{z^2}$의 제거가능한 특이점임을 보여라.

3. 다음 함수의 고립특이점이 모두 극점임을 보이고 극점의 차수와 극점에서 유수를 구하여라.

(1) $f(z) = \frac{3}{(z+i)^4}$ (2) $f(z) = \frac{1-\cosh z}{z^3}$ (3) $f(z) = \frac{1-e^{2z}}{z^4}$

4. f는 z_0에서 해석적이고 $g(z) = \frac{f(z)}{z-z_0}$일 때 다음을 보여라.

(1) $f(z_0) \neq 0$이면 z_0는 g의 단순극점이다.

(2) $f(z_0) = 0$이면 z_0는 g의 제거가능한 특이점이다.

5. 서로 다른 세 점 z_0, z_1, z_2에 서 순서대로 제거가능한 특이점, m차 극점, 본질적 특이점을 갖는 함수를 만들어라.

6. 함수 $f(z) = \frac{(e^z-1)^2}{z^2}$의 고립 특이점 $z_0 = 0$에서의 로랑급수를 찾고, $z_0 = 0$가 제거 가능한 특이점임을 보여라.

7. (z_n)이 z_0로 수렴하는 서로 다른 점들의 복소 수열이고, 각각의 점 z_n은 f의 극점이라고 하자. z_0는 f의 극점이 될 수 없음을 설명하여라.

8. z_0가 $f(z)$의 고립 특이점이고

$$\lim_{z \to z_0} (z - z_0)^\alpha f(z) = A, \quad A \neq 0, \infty$$

이면, α는 정수임을 보여라.

9. z_0가 $f(z)$의 고립특이점이고 $\lim_{z\to 0} |zf(z)| = 0$이면, $z = 0$는 $f(z)$의 제거가능한 특이점임을 보여라.

47. 해석함수의 영점

함수 f가 정의역 안의 한 점 z_0에서 $f(z_0) = 0$이면 z_0를 f의 **영점**(zero point)이라고 한다. 함수 f가 z_0에서 해석적이면 z_0에서 모든 차수의 미분 $f^{(n)}(z_0)$가 존재한다. z_0가 f의 영점일 때

$$f(z_0) = f'(z_0) = f''(z_0) = \cdots = f^{(m-1)}(z_0) = 0,\ f^{(m)}(z_0) \neq 0$$

인 자연수 m이 존재하면 z_0를 f의 m**차 영점**(zero of order m)이라고 하고 f는 z_0에서 m차 영점을 갖는다고 한다.

Q1. 영함수가 아닌 해석적인 함수 f의 영점은 고립되어 있는가? ($f(z_0) = 0$일 때 영역 $0 < |z - z_0| < \epsilon$ 안의 어떤 점 z에서도 $f(z) \neq 0$인 $\epsilon(> 0)$을 찾을 수 있는가?)

E1. $z_0 = 0$는 정함수 $f(z) = z\sin z$의 영점이고,

$$\begin{aligned} f'(z) &= \sin z + z\cos z, \quad f''(z) = 2\cos z - z\sin z, \\ f(0) &= f'(0) = 0, \quad f''(0) \neq 0 \end{aligned}$$

이므로, $z_0 = 0$은 f의 2차 영점이다. 또 $f(\pi) = 0$이지만 $f'(\pi) \neq 0$이므로 $z_0 = \pi$는 $f(z)$의 일차(또는 단순) 영점이다.

■ **영점을 갖는 해석함수의 형태.** 위의 **Q**1에서 본 것처럼 영함수가 아닌 해석적인 함수 f가 z_0에서 영점을 가지면 z_0는 고립된 영점이므로 z_0는 $\frac{1}{f(z)}$의 고립특이점이다. f가 해석적인 함수일 때 함수 $\frac{1}{f(z)}$의 고립특이점은 f의 영점과 관계가 있다. 먼저 영점을 갖는 해석함수의 특성에 대해 알아보자.

[정리 5.2] 함수 f가 z_0에서 해석적이라 하자. z_0가 f의 m차 영점이기 위한 필요충분조건은

$$f(z) = (z - z_0)^m g(z), \quad g(z_0) \neq 0 \tag{5.13}$$

인 z_0에서 해석적인 함수 g가 존재하는 것이다.

(증명) 먼저 $f(z)=(z-z_0)^m g(z)$라고 가정하자. 함수 g가 z_0에서 해석적이므로 z_0근방에서 테일러 급수

$$g(z)=g(z_0)+g'(z_0)(z-z_0)+\frac{g''(z_0)}{2!}(z-z_0)^2+\cdots$$

으로 나타낼 수 있다. 그러므로

$$\begin{aligned}f(z)=&(z-z_0)^m g(z)\\ =&g(z_0)(z-z_0)^m+g'(z_0)(z-z_0)^{m+1}+\frac{g''(z_0)}{2!}(z-z_0)^{m+2}+\cdots\end{aligned} \tag{5.14}$$

이다. 식 (5.14)는 z_0 근방에서 $f(z)$의 테일러 급수이고 $g(z_0)\neq 0$이므로

$$f(z_0)=f'(z_0)=\cdots=f^{(m-1)}(z_0)=0,\quad f^{(m)}(z_0)=g(z_0)m!\neq 0$$

이다. 따라서 z_0는 f의 m차 영점이다.

이제 반대로 f가 z_0에서 m차 영점을 갖는다고 가정하자. f가 z_0에서 해석적이므로 z_0의 적절한 근방에서 $f(z)$를 테일러 급수로 나타낼 수 있다. 그런데

$$f(z_0)=f'(z_0)=f''(z_0)=\cdots=f^{(m-1)}(z_0)=0, f^{(m)}(z_0)\neq 0$$

이므로 $f(z)$의 테일러 급수는

$$\begin{aligned}f(z)=&\frac{f^{(m)}(z_0)}{m!}(z-z_0)^m+\frac{f^{(m+1)}(z_0)}{(m+1)!}(z-z_0)^{m+1}+\cdots\\ =&(z-z_0)^m\left(\frac{f^{(m)}(z_0)}{m!}+\frac{f^{(m+1)}(z_0)}{(m+1)!}(z-z_0)+\cdots\right)\end{aligned}$$

이다. f가 z_0에서 해석적이므로 멱급수

$$\frac{f^{(m)}(z_0)}{m!}+\frac{f^{(m+1)}(z_0)}{(m+1)!}(z-z_0)+\cdots$$

는 z_0근방에서 수렴한다. 그러므로

$$g(z)=\frac{f^{(m)}(z_0)}{m!}+\frac{f^{(m+1)}(z_0)}{(m+1)!}(z-z_0)+\cdots$$

라 하면 g는 z_0에서 해석적이고

$$g(z_0) = \frac{f^{(m)}(z_0)}{m!} \neq 0$$

이므로 f는 식 (5.13)과 같이 $f(z) = (z - z_0)^m g(z)$로 나타낼 수 있다. □

Q2. 위의 식 (5.14)를 $f(z)$의 z_0에서의 테일러 급수라고 할 수 있는 이유는 무엇인가?

Q3. $z_0 = i$는 $f(z) = (z-i)^2(z^3 + z - 2)$의 2차 영점임을 설명하여라.

E2. $f(z) = (z-\pi)^2 \sin z$에서 $\sin z$는 정함수이므로 $z = \pi$에서 테일러급수

$$\sin z = -(z-\pi) + \frac{(z-\pi)^3}{3!} - \frac{(z-\pi)^5}{5!} + \cdots \quad (|z| < \infty)$$

로 나타낼 수 있고

$$\begin{aligned}(z-\pi)^2 \sin z &= (z-\pi)^2 \left(-(z-\pi) + \frac{(z-\pi)^3}{3!} - \frac{(z-\pi)^5}{5!} + \cdots \right) \\ &= (z-\pi)^3 \left(-1 + \frac{(z-\pi)^2}{3!} - \frac{(z-\pi)^4}{5!} + \cdots \right)\end{aligned}$$

이다. 여기서

$$g(z) = -1 + \frac{(z-\pi)^2}{3!} - \frac{(z-\pi)^4}{5!} + \cdots \quad (|z| < \infty)$$

라 하면 g는 정함수이고

$$f(z) = (z-\pi)^3 g(z), \quad g(\pi) = -1 \neq 0$$

이므로 $z = \pi$는 $f(z) = (z-\pi)^2 \sin z$의 3차 영점이다. ($f(\pi) = f'(\pi) = f''(\pi) = 0,\ f'''(\pi) \neq 0$로 설명할 수도 있다.)

[연습문제 47]

1. $z = 0$가 $f(z) = 1 - \cos z$의 2차 영점임을 보여라.

2. 정리 5.2를 이용하여 $f(z) = (z-1)^3 \sin z$가 $z_0 = 1$에서 3차 영점을 가짐을 설명하여라.

3. $z(\cos z - 1) = z^2 g(z)$, $g(0) \neq 0$인 정함수 $g(z)$가 존재 하는가?

4. f가 z_0에서 해석적이고 $f(z_0) = 0$인 상수가 아닌 함수일 때 Z_0는 $\frac{1}{f}$의 극점임을 설명하여라.

48. 극점에서 유수의 계산

앞의 정리 5.2는 z_0에서 해석적이고 z_0를 m차 영점으로 갖는 함수 f는 $(z-z_0)^m$과 z_0 근방에서 해석적인 함수 $g(z)$의 곱

$$f(z) = (z - z_0)^m g(z), \quad g(z_0) \neq 0$$

으로 나타낼 수 있음을 말한다.

■ **극점을 갖는 함수의 형태.** 그렇다면 고립특이점 z_0가 $f(z)$의 m차 극점인 경우 $f(z)$는 어떤 형태를 갖게될까? 해석함수는 테일러 급수로 나타낼 수 있고, 테일러 급수로 나타낼 수 있는 함수는 해석적임을 기억하자.

[정리 5.3] z_0를 f의 고립특이점이라 하자. z_0가 f의 m차 극점이 되기 위한 필요충분조건은

$$f(z) = \frac{h(z)}{(z - z_0)^m}, \quad h(z_0) \neq 0 \tag{5.15}$$

인 z_0에서 해석적인 함수 h가 존재하는 것이다.

(증명) 먼저 식 (5.15)를 만족하는 z_0에서 해석적인 함수 h가 존재한다고 하자. h는 z_0에서 해석적이므로 z_0의 적절한 근방 $|z - z_0| < \epsilon$에서 테일러 급수

$$h(z) = h(z_0) + h'(z_0)(z - z_0) + \frac{h''(z_0)}{2!}(z - z_0)^2 + \cdots$$

로 나타낼 수 있다. 그러므로 환영역 $0 < |z - z_0| < \epsilon$에서

$$f(z) = \frac{h(z)}{(z-z_0)^m} = \frac{h(z_0)}{(z-z_0)^m} + \frac{h'(z_0)}{(z-z_0)^{m-1}} + \frac{h''(z_0)}{2!(z-z_0)^{m-2}} + \cdots + \frac{h^{(m-1)}(z_0)}{(m-1)!(z-z_0)} + \sum_{n=m}^{\infty} \frac{h^{(n)}(z_0)}{n!}(z-z_0)^{n-m} \tag{5.16}$$

이다. 식 (5.16)은 z_0에서 f의 로랑의 급수이고 $h(z_0) \neq 0$이므로 z_0는 f의 m차 극점이다.

반대로 z_0가 f의 m차 극점이면 f는 적절한 환영역 $0 < |z - z_0| < \epsilon$에서 로랑의 급수

$$f(z) = \frac{b_m}{(z-z_0)^m} + \cdots + \frac{b_1}{z-z_0} + \sum_{n=0}^{\infty} a_n (z-z_0)^n \quad (b_m \neq 0)$$

로 나타낼 수 있다. $|z - z_0| < \epsilon$에서 함수 h를

$$h(z) = \begin{cases} (z-z_0)^m f(z), & z \neq z_0 \\ b_m, & z = z_0 \end{cases}$$

로 정의하면 h는 멱급수

$$h(z) = b_m + b_{m-1}(z-z_0) + \cdots + b_1(z-z_0)^{m-1} + \sum_{n=0}^{\infty} a_n (z-z_0)^{m+n} \tag{5.17}$$

으로 나타낼 수 있다. 따라서 h는 z_0에서 해석적이고, $h(z_0) = b_m \neq 0$이므로 $f(z)$는 식 (5.15)와 같이 쓸 수 있다. □

Q1. f가 z_0에서 m차의 극점을 가지면 z_0는 $\frac{1}{f(z)}$의 m차 영점인가?

Q2. 점 $z_0 = 0$는 $\frac{\cos z}{z^2}$, $\frac{\sin z}{z^2}$의 2차 극점인가?

■ **극점에서 유수의 계산**. z_0가 f의 m차 극점이라 하자. h가 z_0에서 해석적이고 $h(z_0) \neq 0$이며 $f(z) = \frac{h(z)}{(z-z_0)^m}$을 만족하는 함수이면 함수 f의 m차 극점 z_0에서 유수는 식 (5.16)으로부터

$$\mathrm{Res}(f, z_0) = \frac{h^{(m-1)}(z_0)}{(m-1)!} \tag{5.18}$$

임을 알 수 있다.

E1. $f(z) = \frac{z^3+2z}{(z-i)^3}$일 때 $z_0 = i$는 f의 고립특이점이다. $h(z) := z^3 + 2z$는 정함수이고 $h(i) \neq 0$이므로 정리 5.3에 의해 $z_0 = i$는

$$f(z) = \frac{z^3+2z}{(z-i)^3} = \frac{h(z)}{(z-i)^3}$$

의 3차 극점이고 f의 $z_0 = i$에서 유수는

$$\mathrm{Res}(f, i) = \frac{h''(i)}{2!} = 3i$$

이다. 또

$$\int_{|z-i|=1} \frac{z^3+2z}{(z-i)^3}\, dz = -6\pi$$

이다.

[정리 5.4] 두 함수 p, q가 z_0에서 해석적이라 하자. $p(z_0) \neq 0$이고 z_0가 $q(z)$의 m차 영점이면, z_0는 $f(z) = \frac{p(z)}{q(z)}$의 m차 극점이다.

(증명) z_0는 $\frac{p(z)}{q(z)}$의 고립특이점이고, 해석함수 $q(z)$가 z_0에서 m차 영점을 가지므로 정리 5.2에 의해 z_0에서 해석적인 함수 g가 존재하여

$$q(z) = (z-z_0)^m g(z), \quad g(z_0) \neq 0$$

이다. 그러므로

$$\frac{p(z)}{q(z)} = \frac{\frac{p(z)}{g(z)}}{(z-z_0)^m}$$

와 같이 쓸 수 있다. 함수 g는 z_0에서 0이 아니므로 $\frac{p(z)}{g(z)}$는 z_0에서 해석적이고 $p(z_0) \neq 0$이므로 $\frac{p(z_0)}{g(z_0)} \neq 0$이다. 따라서 정리 5.3에 의해 z_0는 $f(z) = \frac{p(z)}{q(z)}$의 m차 극점이다. □

정리 5.4에서 함수 q가 z_0에서 1차 영점을 가지면 z_0는 $\frac{p(z)}{q(z)}$의 단순 극점이며, 식 (5.18)에 의해

$$\mathrm{Res}\left(\frac{p}{q}, z_0\right) = \frac{p(z_0)}{g(z_0)}$$

이다. 여기서 $g(z)$는 z_0 근방에서 $q(z) = (z - z_0)g(z)$를 만족하는 $g(z_0) \neq 0$인 함수이다. 그런데

$$q'(z) = g(z) + (z - z_0)g'(z), \quad q'(z_0) = g(z_0) \neq 0$$

이므로 z_0에서 $\frac{p(z)}{q(z)}$의 유수는

$$\text{Res}\left(\frac{p}{q}, z_0\right) = \frac{p(z_0)}{q'(z_0)} \tag{5.19}$$

와 같이 구할 수 있다.

E2. $f(z) = \frac{z+1}{z^2+4}$는 $z = \pm 2i$에서 단순극점을 가지므로 식 (5.19)에 의해 f의 두 극점에서의 유수는 각각

$$\text{Res}(f, 2i) = \frac{z+1}{(z^2+4)'}|_{z=2i} = \frac{z+1}{2z}|_{z=2i} = \frac{2-i}{4},$$
$$\text{Res}(f, -2i) = \frac{z+1}{2z}|_{z=-2i} = \frac{2+i}{4}$$

이다.

E3. $f(z) = \cot z$일 때 적분 $\int_{|z|=5} f(z)\,dz$를 계산해 보자.

$$f(z) = \cot z = \frac{\cos z}{\sin z}$$

는 $\sin z$의 영점 $z = n\pi$ $(n \in \mathbb{Z})$에서 고립특이점을 갖는다. $z = n\pi$ 모두 $\sin z$의 1차 영점이고 $\cos n\pi = (-1)^n \neq 0$이므로 $z = n\pi$는 $\cot z$의 단순극점이다. 그러므로 식 (5.19)에 의해

$$\text{Res}(\cot z, n\pi) = \frac{\cos z}{(\sin z)'}|_{z=n\pi} = 1 \quad (n \in \mathbb{Z})$$

이다. 따라서

$$\int_{|z|=5} f(z)dz = 2\pi i[\text{Res}(f, -\pi) + \text{Res}(f, 0) + \text{Res}(f, \pi)] = 6\pi i$$

이다.

[연습문제 48]

1. $z_0 = 0$가 $f(z) = \csc z$의 단순 극점임을 보여라.

2. 주어진 특이점이 몇 차 극점인가를 결정하여라.

(1) $\left(\dfrac{\cos z + 1}{z}\right)^2$, $z_0 = 0$ (2) $\dfrac{e^z}{\sin z}$, $z_0 = 0$

(3) $\dfrac{z+2}{z^2 - 2z}$, $z_0 = 0$ (4) $\dfrac{e^z}{(z^2-1)^2}$, $z_0 = 1$

3. 다음 함수의 극점에서 유수를 계산하여라.

(1) $f(z) = \dfrac{2z+1}{z^2 - z - 2}$ (2) $f(z) = \dfrac{\sin z}{z^2}$

(3) $f(z) = \dfrac{\cosh z}{z^3}$ (4) $f(z) = \tan z$

4. 다음을 구하여라.

(1) $\mathrm{Res}\left(\frac{e^2}{(z-1)^2}, 1\right)$ (2) $\mathrm{Res}\left(\frac{z^2-1}{(z^2+1)^2}, i\right)$ (3) $\mathrm{Res}\left(\frac{e^2-1}{\sin^3 z}, 0\right)$

5. $f(z) = \frac{(\mathrm{Log} z)^3}{z^2+1}$의 $z = i$에서의 유수를 구하여라.

6. $z_0 = 0$가 $\frac{\sin z}{z^5}$의 4차 극점임을 보여라.

7. $f(z) = \frac{\sinh z}{z^4}$의 특이점 $z_0 = 0$는 몇 차의 극점인가? $z_0 = 0$에서 f의 유수를 구하여라.

8. 다음 적분을 계산하여라. ((2), (4)에서 $|z| > 0,\ 0 < \arg z < 2\pi$이다.)

(1) $\displaystyle\int_{|z-1|=1} \frac{z^2+2}{z-1}\,dz$ (2) $\displaystyle\int_{|z+1|=1} \frac{z^{1/4}}{z+1}\,dz$

(3) $\displaystyle\int_{|z-i|=1/2} \frac{\mathrm{Log} z}{(z^2+1)^2}\,dz$ (4) $\displaystyle\int_{|z-i|=1/2} \frac{z^{1/2}}{(z^2+1)^2}\,dz$

9. $\mathrm{Res}(f, z_0) = B$이면 $\mathrm{Res}(f^2, z_0) = B^2$인가?

10. g, h가 z_0에서 해석적이고 $g(z_0) \neq 0$이고 h는 z_0에서 이차 영점을 가질 때 z_0는 $f = \frac{g}{h}$의 이차 극점이고 유수는

$$\mathrm{Res}(f, z_0) = 2\frac{g'(z_0)}{h''(z_0)} - \frac{2}{3}\frac{g(z_0)h'''(z_0)}{[h''(z_0)]^2}$$

임을 보여라.

11. f가 z_0에서 n차 극점을 갖고 $p(z)$가 m차 다항식일 때 z_0가 $f(p(z))$의 mn차 극점임을 보여라.

49. 다른 특이점에서 유수의 계산

이제 제거가능한 특이점, 본질적 특이점에서의 유수에 대해 알아보자.

■ **제거가능한 특이점에서의 유수.** z_0가 f의 제거가능한 특이점이면 z_0를 뺀 z_0 근방에서 f의 로랑의 급수는 고유부를 갖지 않는다. 그러므로 $\frac{1}{z-z_0}$의 계수 즉 제거가능한 특이점 z_0에서 f의 유수는 $\mathrm{Res}(f, z_0) = 0$이다.

E1. $f(z) = \frac{z^2}{\sin^2 z}$은 $z_0 = 0$에서 고립 특이점을 갖고 분자와 분모는 모두 0을 2차 영점으로 가지므로 $z_0 = 0$는 $f(z)$의 제거가능한 특이점이고

$$\mathrm{Res}(f, 0) = 0$$

이다.

E2. 적분 $\int_{|z|=1} \frac{\sin z}{z} dz$를 계산해 보자. $f(z) = \frac{\sin z}{z}$는 $z_0 = 0$에서 제거가능한 특이점을 가지므로 $Res(f, 0) = 0$이다. 그러므로

$$\int_{|z|=1} \frac{\sin z}{z} dz = 0$$

이다.

■ **본질적 특이점에서 유수의 계산.** 극점의 경우와는 달리 본질적 특이점에서 유수를 구하는 정해진 방법은 없다. 주어진 함수에 따라 적절한 방법을 찾아야 한다. 유수를 찾기 위해서 알려진 테일러 급수 또는 로랑의 급수를 이용할 수 있다.

E3. 함수 $f(z) = e^{z+\frac{1}{z}}$는 $z_0 = 0$에서 고립특이점을 갖는다.

$$\begin{aligned} f(z) =& e^{z+\frac{1}{z}} = e^z e^{\frac{1}{z}} \\ =& \left(1 + z + \frac{z^2}{2!} + \frac{z^3}{3!} + \cdots\right)\left(1 + \frac{1}{z} + \frac{1}{2!z^2} + \frac{1}{3!z^3} + \cdots\right) \end{aligned}$$

이므로 $z_0 = 0$은 f의 본질적 특이점이고, $\frac{1}{z}$의 계수인 유수는 무한급수

$$\mathrm{Res}(f, 0) = 1 + \frac{1}{2!} + \frac{1}{2!3!} + \frac{1}{3!4!} + \cdots$$

로 주어진다.

E4. 적분 $\int_{|z|=1} z^2 \sin\frac{1}{z} dz$를 계산해보자. $f(z) := z^2 \sin\frac{1}{z}$는 $z_0 = 0$에서 로랑의 급수

$$f(z) = z - \frac{1}{3!z} + \frac{1}{5!z^3} - \frac{1}{7!z^5} + \cdots \quad (0 < |z| < \infty)$$

로 쓸 수 있으므로 $z_0 = 0$은 f의 본질적 특이점이고 $\mathrm{Res}(f, 0) = -\frac{1}{6}$이다. 그러므로

$$\int_{|z|=1} z^2 \sin\frac{1}{z}\, dz = 2\pi i\, \mathrm{Res}(f, 0) = -\frac{1}{3}\pi i$$

이다.

[연습문제 49]

1. $f(z) = \frac{(z-\pi/2)^2}{\cos^2 z}$일 때

(1) 고립특이점 $z_0 = \frac{\pi}{2}$의 유형을 구분하여라.

(2) 적분 $\displaystyle\int_{|z-\frac{\pi}{2}|=1} f(z)\, dz$를 계산하여라.

2. $f(z) = \cos z \cos\frac{1}{z}$일 때

(1) 고립특이점 $z_0 = 0$의 유형을 구분하여라.

(2) 적분 $\displaystyle\int_{|z|=1} f(z)\, dz$를 계산하여라

3. 두 함수 f, g가 z_0에서 해석적이고 z_0가 f와 g의 $m(\geq 1)$차 영점일 때 충분히 작은 $\epsilon > 0$에 대해 적분

$$\int_{|z-z_0|=\epsilon} \frac{f(z)}{g(z)}\, dz$$

를 구하여라.

50. 특이점 근방에서 함수의 움직임

함수 f의 고립특이점 z_0 근방에서 f의 움직임은 고립특이점 z_0가 극점인가, 제거가능한 특이점인가, 본질적 특이점인가에 따라 다르게 나타난다. 여기서는 함수 f의 고립특이점 근방에서 함수의 움직임의 유형에 대해 알아 본다.

■ 제거가능한 특이점 근방에서 함수의 움직임. 먼저 z_0가 f의 제거가능한 특이점이면 f는 z_0를 뺀 z_0의 적절한 근방에서 유계이다.

[정리 5.5] 점 z_0가 f의 고립특이점이라 하자. z_0가 f의 제거가능한 특이점이기 위한 필요충분조건은 f가 z_0를 뺀 z_0의 적절한 근방 $0 < |z - z_0| < \epsilon$에서 유계인 것이다.

(증명) z_0가 f의 제거가능한 특이점이면 f는 로랑의 급수

$$f(z) = a_0 + a_1(z - z_0) + a_2(z - z_0)^2 + \cdots \quad (0 < |z - z_0| < R_2)$$

로 쓸 수 있고, 함수

$$F(z) = \begin{cases} f(z), & 0 < |z - z_0| < R_2 \\ a_0, & z = z_0 \end{cases}$$

는 z_0에서 해석적이므로 z_0의 적절한 근방 $|z - z_0| < \epsilon (< R_2)$에서 유계이다. 그러므로 f는 $0 < |z - z_0| < \epsilon$에서 유계이다.

반대로 f가 z_0를 뺀 z_0의 적절한 근방 $0 < |z - z_0| < \epsilon$에서 $|f(z)| \le M$이라고 가정하자. f의 고립특이점 z_0에서 로랑의 급수를

$$f(z) = \sum_{n=0}^{\infty} a_n(z - z_0)^n + \sum_{n=1}^{\infty} \frac{b_n}{(z - z_0)^n} \quad (0 < |z - z_0| < R_2)$$

라고 하자. γ_ρ를 양의 방향을 갖는 원 $|z - z_0| = \rho(< \epsilon)$이라 하면

$$b_n = \frac{1}{2\pi i}\int_{\gamma_\rho} \frac{f(z)}{(z - z_0)^{-n+1}}dz \quad (n = 1, 2, 3, \cdots)$$

이므로

$$\begin{aligned} |b_n| \le & \frac{1}{2\pi}\int_{\gamma_\rho} \frac{|f(z)|}{|z - z_0|^{-n+1}}|dz| \le \frac{1}{2\pi}\frac{M}{\rho^{-n+1}}2\pi\rho \\ \le & M\rho^n \quad (n = 1, 2, 3, \cdots) \end{aligned} \tag{5.20}$$

이다. 부등식 (5.20)은 $0 < \rho < \epsilon$인 모든 ρ에 대해 성립하므로 양변에 극한 $\lim_{\rho \to 0}$을 취하면 $b_n = 0\,(n = 1,\ 2,\ 3, \cdots)$이다. 즉 z_0는 f의 제거가능한 특이점이다. □

■ **극점 근방에서 함수의 움직임**. 점 z_0가 f의 극점이면 f는 z_0 근방에서 유계가 아니고 $\lim_{z \to z_0} f(z) = \infty$이다.

[정리 5.6] z_0가 f의 고립특이점이라 하자. z_0가 f의 극점이기 위한 필요충분조건은 $\lim_{z \to z_0} f(z) = \infty$인 것이다.

(증명) z_0가 f의 m차 극점이라면 정리 5.3에 의해

$$f(z) = \frac{h(z)}{(z - z_0)^m}, \quad h(z_0) \neq 0$$

인 z_0에서 해석적인 함수 h가 존재한다. 그러므로 $\lim_{z \to z_0} f(z) = \infty$이다.

이제 $\lim_{z \to z_0} f(z) = \infty$라고 가정하자. 새로운 함수 g를 $g(z) = \frac{1}{f(z)}$로 정의하면 $\lim_{z \to z_0} f(z) = \infty$이므로

$$\lim_{z \to z_0} g(z) = 0 \tag{5.21}$$

이다. 식 (5.21)은 z_0를 뺀 z_0의 적절한 근방 $0 < |z - z_0| < \epsilon$에서 $g(z)$가 유계임을 뜻하는 것이므로 정리 5.5에 의해 z_0는 $g(z)$의 제거가능한 특이점이다. 따라서 함수 g는 z_0에서 해석적인 함수

$$G(z) = \begin{cases} g(z) = \frac{1}{f(z)}, & 0 < |z - z_0| < \epsilon \\ 0, & z = z_0 \end{cases} \tag{5.22}$$

로 확장할 수 있다. z_0를 G의 k차 영점이라고 하면 정리 5.2에 의해

$$G(z) = (z - z_0)^k h(z) \quad (h(z_0) \neq 0)$$

인 z_0에서 해석적인 함수 h가 존재한다. 따라서 f는

$$f(z) = \frac{1}{G(z)} = \frac{\frac{1}{h(z)}}{(z - z_0)^k}$$

로 쓸 수 있다. 그런데 $\frac{1}{h}$는 z_0에서 해석적이고 0이 아니므로 정리 5.3에 의해 z_0는 f의 극점이다. □

■ **본질적 특이점 근방에서 함수의 움직임.** 고립특이점이 극점도 제거가능한 특이점도 아니면 본질적 특이점이다. 그러므로 z_0가 f의 본질적 특이점이면 극한 $\lim_{z \to z_0} f(z)$이 존재하지도 않고 ∞도 아니다.(역 또한 사실이다.) 따라서 본질적 특이점 근방에서 함수의 움직임의 형태는 제거가능한 특이점이나 극점 근방에서 보다 훨씬 복잡하고 특이한 모습으로 나타난다. 다음의 정리는 본질적특이점 근처에서 함수가 갖는 대표적인 성질 가운데 하나이다.

[정리 5.7] (카소라티-바이어스라스의 정리, Casorati-Weiersrass theorem) 점 z_0를 함수 f의 본질적 특이점, w_0를 임의의 복소수라고 할 때, 임의로 주어진 $\epsilon > 0$, $\delta > 0$에 대해

$$|f(z) - w_0| < \epsilon \tag{5.23}$$

을 만족하는 점 z가 z_0를 뺀 각각의 z_0의 근방 $0 < |z - z_0| < \delta$안에 존재한다.

(증명) 양의 값을 갖는 δ가 주어졌다고 하자. z_0가 f의 고립특이점이므로 f가 $0 < |z - z_0| < \delta_1$에서 해석적인 $\delta_1 (< \delta)$를 택할 수 있다. 주어진 $\epsilon > 0$

에 대해 $0 < |z - z_0| < \delta_1$인 어떤 점 z도 식(5.23)을 만족하지 못한다고 하자. 그러면 $0 < |z - z_0| < \delta_1$에서 $|f(z) - w_0| \geq \epsilon$이다.

새로운 함수 g를

$$g(z) = \frac{1}{f(z) - w_0} \qquad (0 < |z - z_0| < \delta_1)$$

로 정의하면 g는 $0 < |z - z_0| < \delta_1$에서 해석적이고

$$|g(z)| = \left|\frac{1}{f(z) - w_0}\right| \leq \frac{1}{\epsilon} \quad (0 < |z - z_0| < \delta_1)$$

이므로 정리 5.5에 의해 z_0는 g의 제거가능한 특이점이다. 그러므로 g는 z_0에서 로랑의 급수

$$g(z) = a_0 + a_1(z - z_0) + a_2(z - z_0)^2 + \cdots \quad (0 < |z - z_0| < \delta_1) \quad (5.24)$$

로 쓸 수 있다. 또

$$\lim_{z \to z_0} \frac{1}{f(z) - w_0} = \lim_{z \to z_0} g(z) = a_0$$

이다. 여기서 $a_0 \neq 0$이면

$$\lim_{z \to z_0} f(z) = \lim_{z \to z_0} \left(\frac{1}{g(z)} + w_0\right) = \frac{1}{a_0} + w_0$$

이다. 따라서 z_0는 f의 제거가능한 특이점이다.

$a_0 = 0$인 경우에 대해 생각해 보자. $g(z)$가 상수가 아니므로 급수 (5.24)에서 0이 아닌 계수가 존재한다. 처음으로 나타나는 0이 아닌 계수를 a_k $(k \geq 1)$라고 하면

$$g(z) = \frac{1}{f(z) - w_0} = (z - z_0)^k[a_k + a_{k+1}(z - z_0) + a_{k+2}(z - z_0)^2 + \cdots]$$

는 z_0에서 $k \geq 1$차 영점을 갖는다. 그러므로

$$f(z) = \frac{1}{g(z)} + w_0$$

는 z_0에서 k차 극점을 갖는다.

따라서 $0 < |z - z_0| < \delta_1 < \delta$인 모든 z에 대해

$$|f(z) - w_0| \geq \epsilon$$

이면 z_0는 f의 제거가능한 특이점이거나 극점이므로 z_0가 f의 본질적 특이점이라는 가정에 모순이다. □

Q1. $f(z) = e^{\frac{1}{z}}$일 때

$$\lim_{n\to\infty} z_n = 0, \quad \lim_{n\to\infty} f(z_n) = i$$

를 만족하는 수열 (z_n)이 존재하는가?

Q2. z_0가 f의 본질적 특이점일 때 임의의 복소수 a에 대해

$$\lim_{n\to\infty} z_n = z_0, \quad \lim_{n\to\infty} f(z_n) = a$$

를 만족하는 수열 (z_n)이 존재하는가?

앞의 정리 5.7은 f가 z_0에서 본질적 특이점을 가지면 임의의 복소수 w_0에 대해 z_0의 어떤 근방 안에서도 함숫값 $f(z)$가 w_0에 원하는 만큼 가까운 값이 되도록 하는 z를 찾을 수 있다는 의미이다. 다음 피카드의 대정리는 앞의 정리보다 강한 결론을 말하고 있다. 여기서는 증명은 생략하고 정리의 내용만을 기술하기로 한다.

[정리 5.8] (피카드의 대정리, Picard's great theorem) 점 z_0가 f의 본질적 특이점이면 많아야 한 복소수를 뺀 나머지 모든 복소수 a에 대해 $f(z) = a$인 점 z가 z_0를 뺀 z_0의 근방에 무한히 많이 존재한다.

E1. 함수 $f(z) = e^{\frac{1}{z}}$의 본질적 특이점 $z_0 = 0$의 z_0을 뺀 근방에서 방정식

$$e^{\frac{1}{z}} = a$$

는 $a = 0$인 경우를 제외하고는 무수히 많은 해를 갖는다. 한 예로 $a = i$인 경우

$$\left|e^{\frac{1}{z}}\right| = e^{\frac{x}{x^2+y^2}} = |i| = 1$$

이므로 $x = \operatorname{Re} z = 0$이다. 그러므로 $z = iy$라고 하면

$$e^{\frac{1}{z}} = e^{\frac{1}{iy}} = e^{-i\frac{1}{y}} = \cos\frac{1}{y} - i\sin\frac{1}{y} = i$$

로부터

$$\frac{1}{y} = 2n\pi - \frac{\pi}{2}, \quad z_n := \frac{i}{2n\pi - \frac{\pi}{2}}$$

일 때 $e^{z_n} = i$이고 $z_0 = 0$의 모든 근방은 무한히 많은 z_n을 포함한다.

Q3. $f(z) \neq i$인 상수가 아닌 정함수가 존재하는가?

Q4. 정함수 f가 서로 다른 두 복소수를 함숫값으로 갖지 않으면(모든$z \in \mathbb{C}$에 대해 $f(z) \neq a$, $f(z) \neq b$인 a, $b(a \neq b)$가 있으면) f는 상수함수인가?

[연습문제 50]

1. f의 고립특이점 z_0가 f의 제거가능한 특이점이기 위한 필요충분조건은 극한 $\lim_{z \to z_0} f(z)$가 존재하는 것임을 보여라.

2. 점 z_0가 $f(z)$의 고립특이점일 때 $\lim_{z \to z_0} f(z) = \infty$이면 z_0는 $\frac{1}{f(z)}$의 제거가능한 특이점인가?

3. f의 고립특이점 z_0가 f의 m차 극점이기 위한 필요충분조건은 $\lim_{z \to z_0} (z - z_0)^m f(z) = A$임을 보여라.$(A \neq 0, \infty)$

4. $\tan z \neq \pm i$임을 보여라. 이는 피카드의 정리(정리 5.8)에 모순이 되는가?

5. 유리함수 $\frac{p(z)}{q(z)}$가 특이점을 가지면 그 특이점은 극점임을 보여라.

51. 무한대 근방에서 함수의 움직임

무한대 근방에서 정의된 복소함수는 ∞를 특이점으로 갖는다. ∞가 함수 f의 고립특이점이 되기 위해서는 ∞의 근방에서 해석적이어야 한다. 다시 말해 적절한 $M > 0$이 존재하여 f가 $\{z \in \mathbb{C} : |z| > M\}$에서 해석적이어야 한다.

함수 f가 $|z| > M$에서 해석적이기 위한 필요충분조건은 $f(\frac{1}{z})$가 $|z| < \frac{1}{M}$에서 해석적인 것이다. 그러므로 ∞가 f의 고립특이점이 되기 위한 필요충분조건은 $z_0 = 0$가 $f(\frac{1}{z})$의 고립특이점이 되는 것이다. 또한 ∞가 $f(z)$의 제거가능한 특이점, 극점, 본질적인 특이점이 되기 위한 필요충분조건은 차례로 $z_0 = 0$이 $f(\frac{1}{z})$의 제거 가능한 특이점, 극점, 본질적 특이점이 되는 것이다.

E1. $f(z) = e^z$라 하면 $f(\frac{1}{z}) = e^{\frac{1}{z}}$이 $z_0 = 0$에서 본질적 특이점을 가지므로, ∞는 $f(z) = e^z$의 본질적 특이점이다.

Q1. 극한 $\lim_{z\to 0} \sin\frac{1}{z}$은 존재하는가? $\sin z$의 고립특이점 ∞의 특이점의 형태를 구분하여라.

■ **∞가 극점인 경우.** 함수 f가 ∞에서 k차 극점을 갖기 위해서는

$$\lim_{z\to 0} z^k f(\frac{1}{z}) = A \quad (A \neq 0, \infty),$$

또는

$$\lim_{z\to\infty} \frac{f(z)}{z^k} = B \quad (B \neq 0, \infty)$$

이어야 한다.(연습문제 50의 **3** 참고)

E2. 이차 다항함수 $p(z) = 3z^2 - z + 1$는

$$\lim_{z\to 0} z^2\, p(\frac{1}{z}) = \lim_{z\to 0}(3 - z + z^2) = 3$$

이므로 ∞는 $p(z) = 3z^2 - z + 1$의 2차 극점이다.

일반적으로 $p(z)$가 n차 다항함수

$$p(z) = a_n z^n + a_{n-1} z^{n-1} + \cdots + a_1 z + a_0 \quad (a_n \neq 0)$$

이면

$$p(\frac{1}{z}) = \frac{1}{z^n}(a_n + a_{n-1}z + \cdots + a_1 z^{n-1} + a_0 z^n) \quad (a_n \neq 0)$$

이므로

$$\lim_{z\to 0} z^n\, p(\frac{1}{z}) = a_n\ (\neq 0)$$

이다. 그러므로 n차 다항식 p는 ∞에서 n차 극점을 갖는다. 이것은

$$\lim_{z\to\infty} \frac{p(z)}{z^n} = a_n \,(\neq 0)$$

임을 보여 설명할 수도 있다.

■ **∞가 제거가능한 특이점 또는 본질적 특이점인 경우.** 함수 f가 ∞에서 제거가능한 특이점을 갖는다는 것은 극한 극한 $\lim_{z\to\infty} f(z)$가 존재하는 것이다. 그러므로 ∞에서 제거가능한 특이점을 갖는 함수는 무한대의 적절한 근방에서 유계인 함수이다. f가 ∞에서 제거가능한 특이점을 갖는 정함수이면 $f(z)$는상수이다.(연습문제 51의 **1** 참고)

위에서 본 것처럼 ∞에서 제거가능한 특이점을 갖는 정함수는 상수함수이다. 또 ∞를 극점으로 갖는 정함수는 다항함수이다.(연습문제 51의 3) 그러므로 상수함수를 포함하여 다항함수가 아닌 정함수는 모두 ∞에서 본질적 특이점을 갖는다. ∞에서 본질적 특이점을 갖는 정함수를 **초월정함수**(transcendental entire function)라고 한다. 정함수는 다항함수(polynomial)와 초월정함수로 나눌 수 있다.

정리 5.7(Casorati-Weierstrass 정리)에서 z_0가 함수 f의 본질적 특이점이면 $f(z)$는 z_0 근방에서 모든 복소수에 원하는 만큼 가까운 값을 가질 수 있음을 알았다. 따라서 ∞에서 본질적 특이점을 갖는 초월정함수는 무한대 근방 $|z| > M$에서 모든 복소수에 원하는 만큼 가까운 값을 갖는다. 즉 f가 초월정함수라면 각각의 $\epsilon > 0$과 $c \in \mathbb{C}$에 대해

$$|f(z) - c| < \epsilon$$

인 $z\,(|z| > M)$가 존재한다.

[연습문제 51]

1. f가 ∞에서 제거가능한 특이점을 갖는 정함수이견 $f(z)$는 상수임을 보여라.

2. $f(z)$가 ∞에서 n차 극점을 갖는 정함수이면 충분히 큰 r에 대해 부등식

$$|f(z)| \leq Mr^n \quad (|z| = r)$$

을 만족하는 $M > 0$이 있을까?

3. $f(z)$가 ∞에서 n차 극점을 갖는 정함수이면 $f(z)$는 $n(\geq 1)$차 다항함수임을 보여라.

4. 함수 $f(z)$가 확장된 복소평면에서 극점 이외의 특이점을 갖지 않으면 $f(z)$는 유리함수임을 보여라.

5. $\cos z$는 $|z| > R\ (R > 0)$에서 임의의 복소수에 무한히 가깝게 될 수 있음을 설명하여라.

6

유수정리의 응용

이 장에서는 유수정리를 이용하여 미적분학의 방법으로 계산하기 어려운 실함수의 적분을 계산하는 방법에 대해 공부한다. 또한 유수정리응 이용하여 주어진 단순닫힌 영역 안에서 해석함수가 갖는 해에 대해서도 알아본다. 이 방법을 이용하면 특정 영역안에 놓인 해의 수를 파악할 수 있다.

52. 코시 고윳값과 이상적분

연속인 실함수 $f(x)$의 무한구간 $[0,\infty)$에서의 이상적분은

$$\int_0^\infty f(x)\,dx = \lim_{R\to\infty}\int_0^R f(x)\,dx$$

로 약속하고 오른쪽 변의 극한이 존재하면 수렴한다고 한다. 무한구간 $(-\infty,\infty)$에서 연속인 실함수 $f(x)$의 이상적분은

$$\int_{-\infty}^\infty f(x)\,dx = \lim_{R_1\to\infty}\int_{-R_1}^0 f(x)\,dx + \lim_{R_2\to\infty}\int_0^{R_2} f(x)\,dx \tag{6.1}$$

로 정의하고 오른쪽 변의 두 극한이 모두 존재하면 수렴한다고 한다.

적분 (6.1)에서 R_1과 R_2의 증가 속도를 같게 극한을 취하여 얻은 적분을

$$PV\int_{-\infty}^\infty f(x)\,dx = \lim_{R\to\infty}\int_{-R}^R f(x)\,dx \tag{6.2}$$

와 같이 나타내고 적분 (6.2)가 수렴할 경우 그 값을 적분 $\int_{-\infty}^\infty f(x)\,dx$의 **코시 고유값(Cauchy principal value)**이라고 한다. 이상적분 $\int_{-\infty}^\infty f(x)\,dx$가 수렴하면

$$\int_{-\infty}^\infty f(x)\,dx = PV\int_{-\infty}^\infty f(x)\,dx$$

이다. 그러나 $f(x)=x$의 경우처럼 $PV\int_{-\infty}^\infty f(x)\,dx$가 수렴한다고 해도 이상적분 $\int_{-\infty}^\infty f(x)\,dx$는 수렴하지 않을 수 있다.

■ **코시 고윳값.** 실함수의 이상적분

$$\int_0^\infty \frac{1}{x^6+1}\,dx$$

의 계산은 미적분학의 방법으로는 쉽지 않다. 이와 같은 형태의 적분은 피적분 함수를 복소함수로 확장하여 유수정리를 이용하면 그 값을 찾을 수 있다.

[정리 6.1] 함수 f가 유한개의 고립특이점을 제외한 복소평면의 모든 점에서 해석적이고, 실수축에서는 특이점을 갖지 않는다 하자. 만약 $|z|>R_0$인 모든 z에서

$$|f(z)| \le \frac{M}{|z|^\alpha} \quad (\alpha>1)$$

인 M이 존재하면,

$$PV\int_{-\infty}^{\infty} f(x)\,dx = 2\pi i\sum_{k}\text{Res }(f, z_k^*) \tag{6.3}$$

또는

$$PV\int_{-\infty}^{\infty} f(x)\,dx = -2\pi i\sum_{j}\text{Res }(f, z_{j*}) \tag{6.4}$$

이다. 여기서 z_k^*와 z_{j*}는 각각 실수축의 위쪽에 있는 f의 고립특이점과 아래쪽에 있는 고립특이점을 나타낸다.

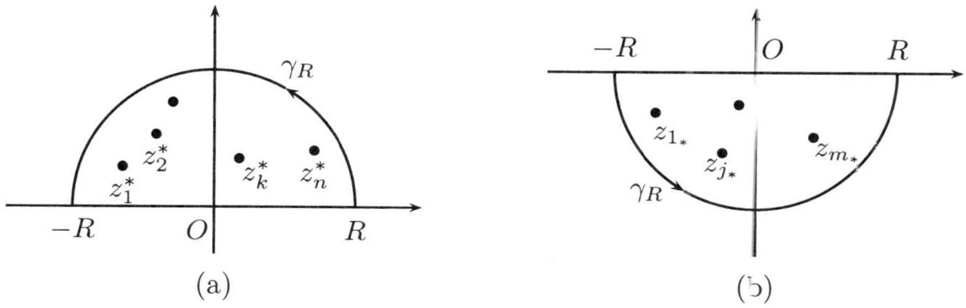

그림 6.1

(증명) 그림 6.1의 (a)에서와 같이 γ_R를 원점을 중심으로 하고 반지름이 R인 원의 실수축 윗부분과 실수축 위의 두 점 $-R$, R을 연결하는 선분에 의해 결정되는 양의 방향을 갖는 단순닫힌 경로라고 하자. R을 충분히 크게 선택하여 $R > R_0$이고, 실수축 윗부분에 있는 f의 모든 고립특이점들이 γ_R의 안쪽에 놓이게 하자. 상반평면 위에 있는 f의 모든 특이점은 γ_R의 안쪽에 놓여 있으므로 유수정리에 의해

$$\int_{\gamma_R} f(z)\,dz = 2\pi i\sum_{k}\text{Res }(f, z_k^*) \tag{6.5}$$

이다. C_R을 반원 $z(\theta) = Re^{i\theta}$ $(0 \le \theta \le \pi)$라 하면

$$\int_{\gamma_R} f(z)\,dz = \int_{-R}^{R} f(x)\,dx + \int_{C_R} f(z)\,dz \tag{6.6}$$

이다. 식 (6.5), (6.6)은 충분히 큰 R에 대해 성립하므로

$$\begin{aligned} PV\int_{-\infty}^{\infty} f(x)\,dx &= \lim_{R\to\infty}\int_{-R}^{R} f(x)\,dx \\ &= 2\pi i\sum_{k}\text{Res }(f, z_k^*) - \lim_{R\to\infty}\int_{C_R} f(z)\,dz \end{aligned}$$

이다. 그러므로 정리의 증명을 위해서는

$$\lim_{R\to\infty}\int_{C_R} f(z)\,dz = \lim_{R\to\infty}\int_0^{\pi} f(Re^{i\theta})iRe^{i\theta}d\theta = 0$$

임을 보이면 된다.

$|z| = R$일 때 $|f(z)| \le \frac{M}{|z|^\alpha} = \frac{M}{R^\alpha}$ $(\alpha > 1)$이므로

$$\left|\int_0^{\pi} f(Re^{i\theta})iRe^{i\theta}d\theta\right| \le \int_0^{\pi} |f(Re^{i\theta})|R\,d\theta \le \frac{M}{R^\alpha}\pi R = \frac{\pi M}{R^{\alpha-1}}$$

이다. $\alpha > 1$이므로

$$\lim_{R\to\infty}\int_0^{\pi} f(Re^{i\theta})iRe^{i\theta}d\theta = 0$$

이다. 따라서 식 (6.3)이 성립한다.

식 (6.4)는 실수축 아래 쪽의 반원과 실수축에 의해 결정되는 양의 방향을 갖는 단순닫힌 경로를 택하고 유수정리를 이용하여 얻을 수 있다. 이 때 경로가 실수 축의 양의 방향에서 음의 방향을 향함에 유의해야 한다.(그림 6.1의 (b) 참고) □

■ **유리함수의 이상적분.** 다항함수 $p(z)$, $q(z)$가 서로 다른 영점을 갖고 $q(z)$가 실수축에서는 영점을 갖지 않으며 $\deg q \ge \deg p + 2$일 때 유리함수 $f(z) = \frac{p(z)}{q(z)}$는 정리 3.18에 의해 충분히 큰 $|z| = R$에 대해 부등식

$$\left|\frac{p(z)}{q(z)}\right| \le \frac{\frac{3}{2}|a_p|R^n}{\frac{1}{2}|b_q|R^{n+\alpha}} = \frac{3|a_p|}{|b_q|R^\alpha} \qquad (n = \deg p)$$

를 만족한다. 여기서 a_p, b_q는 각각 다항식 p, q의 최고차항의 계수이고 $\alpha = \deg q - \deg p \ge 2$이다. 유리함수 $f(z) = \frac{p(z)}{q(z)}$는 정리 6.1의 모든 조건을 충족하므로 이상적분의 코시 고윳값은

$$PV\int_{-\infty}^{\infty}\frac{p(x)}{q(x)}dx = 2\pi i\sum_k \mathrm{Res}(f, z_k^*)$$

와 같이 구할 수 있다. 여기서 z_k^*는 실수축의 윗쪽에 있는 f의 극점, 즉 q의 영점이다.

E1. 유리함수의 적분 $\int_{-\infty}^{\infty} \frac{1}{x^2+1}\,dx$를 계산해보자. $f(z) = \frac{1}{z^2+1}$라 하면 f는 $z = \pm i$에서 단순극점을 갖는다. 실수축 위쪽의 단순극점 $z_0 = i$에서 f의 유수는 Res $(f, i) = \frac{1}{2i}$ 이다. 또 충분히 큰 $|z| = R$에 대해

$$|f(z)| = \left|\frac{1}{z^2+1}\right| \leq \frac{2}{R^2} \tag{6.7}$$

이므로 정리 6.1에 의해

$$PV\int_{-\infty}^{\infty} \frac{dx}{x^2+1} = 2\pi i \text{ Res } (f, i) = 2\pi i \frac{1}{2i} = \pi$$

이다.

Q1. 식 (6.4)를 이용하여 $PV\displaystyle\int_{-\infty}^{\infty} \frac{dx}{x^2+1}$를 계산하고 앞의 **E**1과 비교하여라.

E2. 적분 $\int_0^{\infty} \frac{1}{x^6+1}\,dx$을 계산해보자. $f(z) = \frac{1}{z^6+1}$라 하면 $f(z)$는 모두 6개의 단순극점을 갖고 이들 중 어느 하나도 실수축에 있지 않으며 실수축 보다 위쪽에 있는 단순극점은

$$z_1 = e^{\frac{\pi i}{6}},\ z_2 = i,\ z_3 = e^{\frac{5\pi i}{6}}$$

이고, 이들 극점에서의 유수는

$$\text{Res } (f, e^{\frac{\pi i}{6}}) = \frac{1}{6}e^{-\frac{5\pi i}{6}},\quad \text{Res } (f, i) = -\frac{i}{6},\quad \text{Res } (f, e^{\frac{5\pi i}{6}}) = \frac{1}{6}e^{-\frac{\pi i}{6}}$$

이다. 또 충분히 큰 $|z| = R$에 대해

$$|f(z)| = \frac{1}{|z^6+1|} < \frac{2}{R^6} \tag{6.8}$$

이므로 정리 6.1에 의해

$$\begin{aligned} PV\int_{-\infty}^{\infty} \frac{dx}{x^6+1} &= 2\pi i \sum_{j=1}^{3} \text{ Res } (f, z_j) = 2\pi i \frac{1}{6}\left(e^{-\frac{5\pi i}{6}} - i + e^{\frac{-\pi i}{6}}\right) \\ &= -\ 2\pi i\ \frac{i}{3} = \frac{2\pi}{3} \end{aligned}$$

이다. $f(x) = \frac{1}{x^6+1}$이 우함수이므로

$$\int_0^{\infty} \frac{dx}{x^6+1} = \frac{1}{2}\left(PV\int_{-\infty}^{\infty} \frac{dx}{x^6+1}\right) = \frac{\pi}{3}$$

이다.

Q2. 정리 3.18을 이용하여 부등식 (6.7), (6.8)이 성립함을 보여라.

[연습문제 52]

1. 아래의 순서에 따라 적분 $\int_0^\infty \frac{1}{x^4+1}\,dx$를 계산하여라.

(1) $f(z)=\frac{1}{z^4+1}$의 실수축 보다 윗부분에 있는 특이점에서 유수와 유수들의합 A를 구하여라.

(2) γ_R를 상반원 $C_R : z(t)=Re^{it}$ $(0\le t\le \pi)$과 $-R,\ R$을 잇는 선분으로 구성된 양의 방향을 갖는 닫힌경로라고 하자. $R>1$일 때

$$\int_{-R}^{R} \frac{1}{x^4+1}\,dx = 2\pi i A - \int_{C_R} f(z)\,dz$$

임을 설명하여라.

(3) $\lim_{R\to\infty}\int_{C_R} f(z)\,dz$를 계산하여라.

(4) $\int_0^\infty \frac{1}{x^4+1}\,dx$의 값을 결정하여라.

2. 다음 적분을 계산하여라.

(1) $PV\int_{-\infty}^{\infty} \frac{1}{x^2-2x+4}\,dx$ (2) $\int_0^\infty \frac{x^2}{x^4+1}\,dx$

3. 다음이 성립함을 보여라.

(1) $\int_0^\infty \frac{1}{(x^2+1)^2}\,dx = \frac{\pi}{4}$ (2) $\int_0^\infty \frac{x^2}{(x^2+1)(x^2+4)}\,dx = \frac{\pi}{6}$

(2) $\int_0^\infty \frac{x^2}{x^6+1}\,dx = \frac{\pi}{6}$ (4) $\int_0^\infty \frac{x^2}{(x^2+9)(x^2+4)^2}\,dx = \frac{\pi}{200}$

4. 그림 6.2에 주어진 경로($R>1$)를 이용하여

$$\int_0^\infty \frac{dx}{x^3+1} = \frac{2\pi}{3\sqrt{3}}$$

임을 보여라.

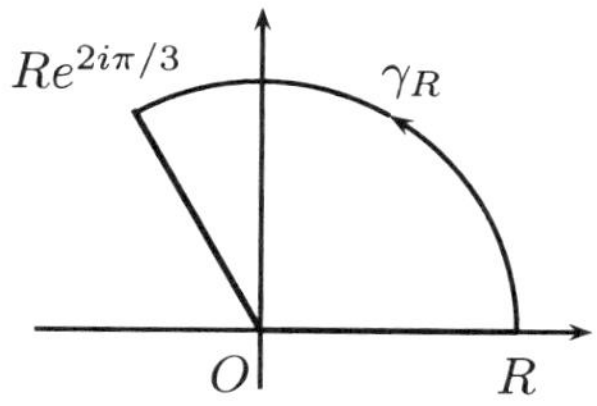

그림 6.2

53. 적분 $\int_{-\infty}^{\infty} f(x)\sin ax\,dx$의 계산

유수정리를 이용하면 푸리에 해석(Fourier analysis)에서 자주 볼 수 있는 적분

$$\int_{-\infty}^{\infty} f(x)\sin ax\,dx,\quad \int_{-\infty}^{\infty} f(x)\cos ax\,dx$$

를 계산할 수 있다.

■ 조단의 부등식. 먼저 피적분함수에 e^{iaz}가 포함되었을 때 적분의 계산에 이용되는 조단의 부등식에 대해 알아보자.

[보조정리 6.2] (조단의 부등식, Jordan's inequality) R이 양수일 때

$$\int_0^{\pi} e^{-R\sin\theta}\,d\theta < \frac{\pi}{R} \tag{6.9}$$

이다.

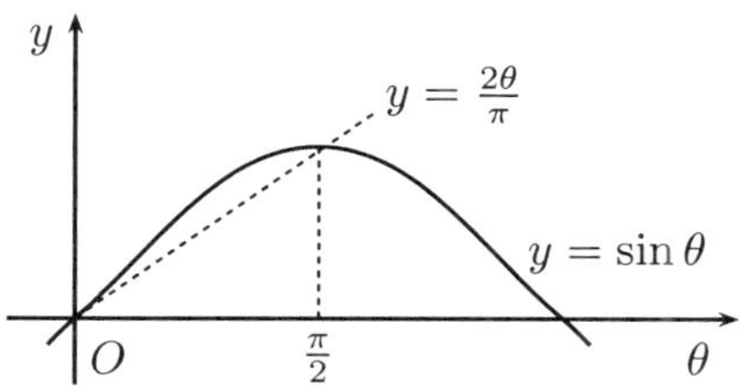

그림 6.3

(증명) 그림 6.3에서 보는 것처럼 구간 $0 \le \theta \le \frac{\pi}{2}$에서 $\sin\theta \ge \frac{2\theta}{\pi}$이므로

$$e^{-R\sin\theta} \le e^{-\frac{2R\theta}{\pi}} \quad \left(0 \le \theta \le \frac{\pi}{2}\right)$$

이다. 따라서

$$\int_0^{\frac{\pi}{2}} e^{-R\sin\theta}\,d\theta \le \int_0^{\frac{\pi}{2}} e^{-\frac{2R\theta}{\pi}}\,d\theta = \frac{\pi}{2R}(1-e^{-R}) < \frac{\pi}{2R} \quad (R>0)$$

이다. $\sin\theta$는 $\theta = \frac{\pi}{2}$를 중심으로 대칭이므로

$$\int_0^{\pi} e^{-R\sin\theta}\,d\theta < \frac{\pi}{R}$$

이다. □

[정리 6.3] $f(z)$를 원 $|z| = R_0$의 바깥쪽 상반평면과 실수축에서 해석적인 함수, C_R을 상반원 $z = Re^{i\theta}$ $(0 \le \theta \le \pi,\ R > R_0)$이라 하자. 만약 C_R 위의 모든 점 z에서

$$|f(z)| \le M_R \text{ 이고 } \lim_{R\to\infty} M_R = 0$$

인 M_R이 존재하면, 모든 양의 실수 a에 대해

$$\lim_{R\to\infty}\int_{C_R} e^{iaz} f(z)dz = 0 \tag{6.10}$$

이다.

(증명) 상반원 C_R 위의 점 z에서

$$|e^{iaz}| = |e^{iaRe^{i\theta}}| = e^{-aR\sin\theta}, \quad |f(z)| = |f(Re^{i\theta})| \le M_R$$

이므로 조단의 부등식 (6.9)로부터 부등식

$$\begin{aligned}\left|\int_{C_R} e^{iaz} f(z)dz\right| &= \left|\int_0^{\pi} e^{iaRe^{i\theta}} f(Re^{i\theta}) iRe^{i\theta}\,d\theta\right| \\ &\le \int_0^{\pi} \left|e^{iaRe^{i\theta}} f(Re^{i\theta}) iRe^{i\theta}\right| d\theta \\ &\le RM_R \int_0^{\pi} e^{-aR\sin\theta}\,d\theta \\ &< \frac{\pi}{a} M_R\end{aligned}$$

을 얻는다. 그런데 $\lim_{R\to\infty} M_R = 0$이므로 식 (6.10)이 성립한다. □

■ **적분 $\int_{-\infty}^{\infty} f(x)\sin ax\,dx$의 계산.** 이제 정리 6.3을 이용하여 적$\int_{-\infty}^{\infty} f(x)\sin ax\,dx$를 계산해 보자. 이 적분을 계산하면 $\int_{-\infty}^{\infty} f(x)\cos ax\,dx$ 값이 알 수 있다.

[정리 6.4] f가 유한개의 극점을 뺀 복소평면의 모든 점에서 해석적이고 어떤 극점도 실수축에 있지 않으며, 실수축에서 실수값을 갖는 $(f(x)\in\mathbb{R})$ 함수라 하자. 만일 $|z|>R$인 모든 z에 대해

$$|f(z)| \le \frac{M}{|z|^{\alpha}} \quad (\alpha > 0)$$

인 R, M이 존재하면 $a>0$에 대해

$$PV\int_{-\infty}^{\infty} e^{iax} f(x)dx = 2\pi i\sum_k \text{Res }(e^{iaz}f(z), z_k^*) \tag{6.11}$$

이다. 여기서 z_k^*는 실수축 보다 위쪽에 있는 f의 극점이다.

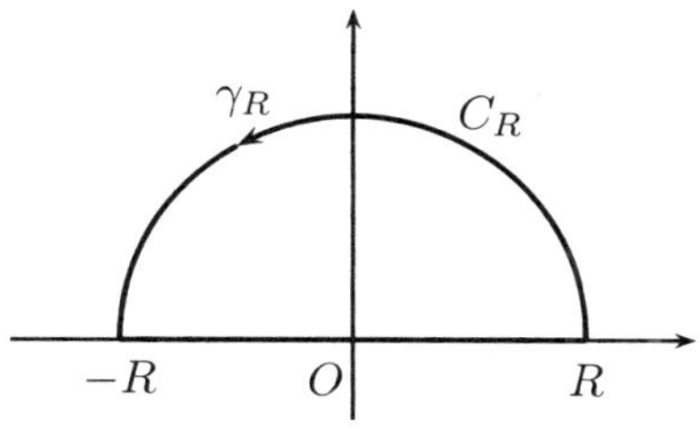

그림 6.4

(증명) $f(z)$가 유한개의 극점을 뺀 나머지 모든 점에서 해석적이므로 $f(z)$가 $|z|>R_0$에서 해석적이 되도록 $R_0>0$을 찾을 수 있다. 정리 6.3에서와 같이 C_R을 반원 $z=Re^{i\theta}$ $(0\le\theta\le\pi,\ R>R_0)$이라 하고 γ_R을 C_R과 실수축 위의 두 점 $-R$과 R을 연결하는 선분에 의해 결정되는 양의 방향을 갖는 단순닫힌 경로라 하면 유수정리에 의해

$$\begin{aligned}\int_{\gamma_R} e^{iaz}f(z)dz &= \int_{-R}^{R} e^{iax}f(x)dx + \int_{C_R} e^{iaz}f(z)dz \\ &= 2\pi i\sum \text{Res }(e^{iaz}f(z), z_k^*) \end{aligned}\tag{6.12}$$

이다. 그런데 C_R 위의 모든 점 z에서

$$|f(z)| \le \frac{M}{|z|^{\alpha}} = \frac{M}{R^{\alpha}} \quad (\alpha > 0)$$

이고

$$\lim_{R\to\infty} \frac{M}{R^{\alpha}} = 0$$

이므로 정리 6.3에 의해

$$\lim_{R\to\infty} \int_{C_R} e^{iaz} f(z)dz = 0$$

이다. 그러므로 식 (6.12)의 양변에 극한 $\lim\limits_{R\to\infty}$를 취하면 식 (6.11)을 얻을 수 있다. □

앞의 식 (6.11)에서

$$\begin{aligned} PV \int_{-\infty}^{\infty} e^{iax} f(x)\, dx &= PV \int_{-\infty}^{\infty} f(x) \cos ax\, dx + i \left(PV \int_{-\infty}^{\infty} f(x) \sin ax\, dx \right) \\ &= 2\pi i \sum \text{Res } (e^{iaz} f(z), z_k^*) \end{aligned}$$

이고, $f(x) \in \mathbb{R}$이므로 다음의 두 식

$$\begin{aligned} PV \int_{-\infty}^{\infty} f(x) \cos ax\, dx &= \text{Re} \left(2\pi i \sum \text{Res } (e^{iaz} f(z), z_k^*) \right), \\ PV \int_{-\infty}^{\infty} f(x) \sin ax\, dx &= \text{Im} \left(2\pi i \sum \text{Res } (e^{iaz} f(z), z_k^*) \right) \end{aligned}$$

를 얻는다.

E1. 적분 $PV \int_{-\infty}^{\infty} \frac{\cos 3x}{x^2+1}\, dx$를 계산해 보자. $f(z) = \frac{1}{z^2+1}$이라 놓으면 $f(z)$는 $z = \pm i$에서 단순 극점을 갖고 충분히 큰 $|z|$에 대해

$$|f(z)| \le \frac{2}{|z|^2}$$

이다. $e^{3iz} f(z)$는 상반평면 위의 점 $z = i$에서 단순 극점을 가지며

$$\text{Res}(e^{3iz} f(z), i) = \frac{e^{-3}}{2i}$$

이므로 정리 6.4에 의해

$$PV \int_{-\infty}^{\infty} \frac{\cos 3x}{x^2+1}\, dx = \text{Re} \left[2\pi i \text{Res}\, (e^{3iz} f(z), i) \right] = \frac{\pi}{e^3}$$

이다.

Q1. $PV\int_{-\infty}^{\infty}\frac{\sin 3x}{x^2+1}\,dx = 0$임을 설명하여라.

[연습문제 53]

1. 아래 순서로 $\int_0^\infty \frac{\cos 2x}{x^2+1}\,dx$를 구하여라.

(1) C_R, γ_R를 정리 6.4와 같은 경로라고 할 때 $(R>1)$

$$\int_{\gamma_R}\frac{e^{2iz}}{z^2+1}\,dz = \int_{-R}^{R}\frac{e^{2ix}}{x^2+1}\,dx + \int_{C_R}\frac{e^{2iz}}{z^2+1}\,dz$$

임을 설명하여라.

(2) $\int_{\gamma_R}\frac{e^{2iz}}{z^2+1}\,dz = 2\pi i \mathrm{Res}(\frac{e^{2iz}}{z^2+1}, i)$임을 설명하여라.

(3) $\lim_{R\to\infty}\int_{C_R}\frac{e^{2iz}}{z^2+1}\,dz = 0$임을 보여라.

(4) $PV\int_{-\infty}^{\infty}\frac{\cos 2x}{x^2+1}\,dx = \mathrm{Re}\int_{\gamma_R}\frac{e^{2iz}}{z^2+1}\,dz$임을 설명하여라.

(5) $\int_0^\infty \frac{\cos 2x}{x^2+1}\,dx$의 값을 결정하여라.

2. $\int_0^\infty \frac{\cos x}{x^2+b^2}\,dx = \frac{\pi}{be^{-b}} \quad (b>0)$임을 보여라.

3. 다음 적분을 계산하여라.

(1) $\int_0^\infty \frac{\cos ax}{x^4+1}\,dx \quad (a>0)$ (2) $\int_0^\infty \frac{x\sin x}{1+x^2}\,dz$

4. 다음이 성립함을 보여라.

(1) $\int_0^\infty \frac{x\sin 2x}{x^2+3}\,dx = \frac{\pi}{2}e^{-2\sqrt{3}}$

(2) $\int_0^\infty \frac{\cos ax}{x^2+1}\,dx = \frac{\pi}{2}e^{-a} \quad (a>0)$

(3) $\int_{-\infty}^\infty \frac{\cos x}{(x^2+a^2)(x^2+b^2)}\,dx = \frac{\pi}{a^2-b^2}\left(\frac{e^{-b}}{b}-\frac{e^{-a}}{a}\right) \quad (a>b>0)$

(4) $\int_{-\infty}^\infty \frac{x\sin ax}{x^4+4}\,dx = \frac{\pi}{2}e^{-a}\sin a \quad (a>0)$

54. 실수축에 특이점을 갖는 경우의 적분

실수 구간에서의 적분에서 실함수를 복소함수로 확장한 함수가 실수축에 고립 특이점을 갖는 경우 앞의 정리 6.1, 6.4를 이용할 수 없다. 그러나 경우에 따라서 경로를 적절히 변형하여 적분을 계산할 수 있다.

[정리 6.5] $f(z)$가 실수축 위의 점 $z = x_0$에서 단순극점을 갖고 환영역 $0 < |z - x_0| < R_2$에서 해석적이며 $\text{Res}(f, x_0) = b_1$이라 하자. C_ρ를 시계방향을 갖는 원 $|z - x_0| = \rho(< R_2)$의 상반부라고 하면

$$\lim_{\rho \to 0} \int_{C_\rho} f(z)\, dz = -b_1 \pi i \tag{6.13}$$

이다.

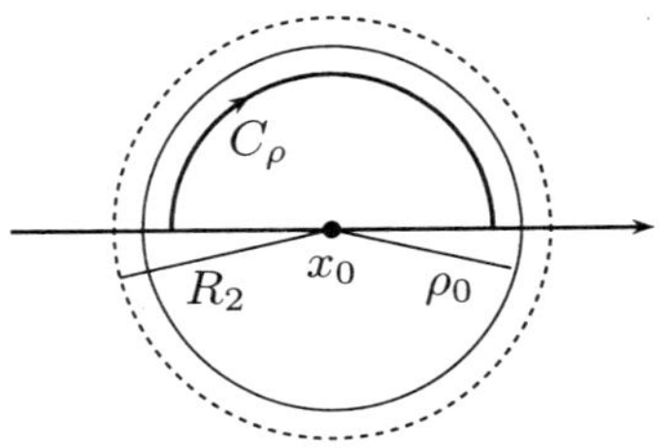

그림 6.5

(증명) 주어진 조건으로부터 f는 $0 < |z - x_0| < R_2$에서 로랑의 급수

$$f(z) = \frac{b_1}{z - x_0} + \sum_{n=0}^{\infty} a_n (z - x_0)^n$$

으로 쓸 수 있다. $g(z) = \sum_{n=0}^{\infty} a_n (z - x_0)^n$라고 하면 g는 $|z - x_0| < R_2$에서 해석적이고

$$\int_{C_\rho} f(z)dz = \int_{C_\rho} \frac{b_1}{z - x_0} dz + \int_{C_\rho} g(z)dz \tag{6.14}$$

로 쓸 수 있다. g는 $|z - x_0| < R_2$에서 연속이므로 그림 6.5에서와 같이 $\rho < \rho_0 < R_2$이면 g는 $|z - x_0| \leq \rho_0$에서 유계이다. $|z - x_0| \leq \rho_0$에서 $|g(z)| \leq M$이라고 하면

$$\left| \int_{C_\rho} g(z)dz \right| \leq \int_{C_\rho} |g(z)|\, |dz| \leq M\pi\rho \tag{6.15}$$

이다. 부등식 (6.15)는 $0 < \rho < \rho_0$인 모든 ρ에 대해 성립하므로

$$\lim_{\rho \to 0} \int_{C_\rho} g(z) dz = 0 \tag{6.16}$$

이다.

또 $-C_\rho$는 $z(\theta) = x_0 + \rho e^{i\theta}$ $(0 \le \theta \le \pi)$이고 $0 < \rho < R_2$인 모든 ρ에 대해

$$\int_{C_\rho} \frac{b_1}{z - x_0} dz = -\int_{-C_\rho} \frac{b_1}{z - x_0} dz = -\int_0^\pi \frac{b_1}{\rho e^{i\theta}} \rho i e^{i\theta}\, d\theta = -i\pi b_1$$

이므로

$$\lim_{\rho \to 0} \int_{C_\rho} \frac{b_1}{z - x_0} dz = -i\pi b_1 \tag{6.17}$$

이다. 따라서 식 (6.14)의 양변에 극한 $\lim_{\rho \to 0}$를 취하면 식 (6.16), (6.17)로부터 식 (6.13)을 얻을 수 있다. □

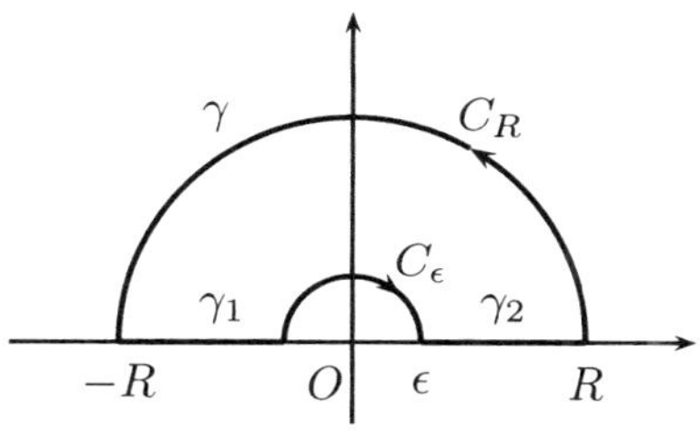

그림 6.6

E1. 정리 6.5를 이용하여 적분 $\int_0^\infty \frac{\sin x}{x}\, dx$를 구하여 보자. 그림 6.6에서와 같이

$$\gamma := C_R + \gamma_1 + C_\epsilon + \gamma_2$$

라고 하고

$$f(z) = \frac{e^{iz}}{z}$$

라 놓자. f는 $z = 0$을 뺀 모든 점에서 해석적이므로 코시의 정리에 의해

$$\begin{aligned}\int_\gamma f(z)\, dz = &\int_{C_R} \frac{e^{iz}}{z}\, dz + \int_{\gamma_1} \frac{e^{iz}}{z}\, dz + \int_{C_\epsilon} \frac{e^{iz}}{z}\, dz + \int_{\gamma_2} \frac{e^{iz}}{z}\, dz \\ =&0\end{aligned}$$

이다. 따라서

$$\int_{\gamma_1} \frac{e^{iz}}{z}\,dz + \int_{\gamma_2} \frac{e^{iz}}{z}\,dz = -\int_{C_R} \frac{e^{iz}}{z}\,dz - \int_{C_\epsilon} \frac{e^{iz}}{z}\,dz \tag{6.18}$$

이다. 그런데 γ_2와 $-\gamma_1$은 각각

$$\gamma_2 : z = re^{i0} = r, \quad -\gamma_1 : z = re^{i\pi} = -r \quad (\epsilon \le r \le R)$$

로 나타낼 수 있으므로

$$\begin{aligned}
\int_{\gamma_1} \frac{e^{iz}}{z}\,dz + \int_{\gamma_2} \frac{e^{iz}}{z}\,dz &= \int_{\gamma_2} \frac{e^{iz}}{z}\,dz - \int_{-\gamma_1} \frac{e^{iz}}{z}\,dz \\
&= \int_\epsilon^R \frac{e^{ir}}{r}\,dr - \int_\epsilon^R \frac{e^{-ir}}{-r}(-1)\,dr \\
&= 2i \int_\epsilon^R \frac{e^{ir} - e^{-ir}}{2ir} \\
&= 2i \int_\epsilon^R \frac{\sin r}{r}\,dr
\end{aligned} \tag{6.19}$$

이다. 따라서 식 (6.18), (6.19)에 의해

$$2i \int_\epsilon^R \frac{\sin r}{r}\,dr = -\int_{C_R} \frac{e^{iz}}{z}\,dz - \int_{C_\epsilon} \frac{e^{iz}}{z}\,dz \tag{6.20}$$

이다. 그런데 조단의 부등식(보조정리 6.2)에 의해

$$\begin{aligned}
\left|\int_{C_R} \frac{e^{iz}}{z}\,dz\right| &= \left|\int_0^\pi \frac{e^{iRe^{i\theta}}}{Re^{i\theta}} iRe^{i\theta}\,d\theta\right| \le \int_0^\pi |e^{iRe^{i\theta}}|d\theta = \int_0^\pi e^{-R\sin\theta} d\theta \\
&< \frac{\pi}{R}
\end{aligned}$$

이므로

$$\lim_{R\to\infty} \int_{C_R} \frac{e^{iz}}{z}\,dz = 0 \tag{6.21}$$

이다. 한편 $0 < |z| < \infty$에서

$$\begin{aligned}
f(z) = \frac{e^{iz}}{z} &= \frac{1}{z}\left(1 + iz + \frac{(iz)^2}{2!} + \frac{(iz)^3}{3!} + \cdots\right) \\
&= \frac{1}{z} + i + \frac{i^2}{2!}z + + \frac{i^3}{3!}z^2 + \cdots
\end{aligned}$$

이므로 $f(z)$는 $z = 0$에서 단순극점을 갖고 $\mathrm{Res}(f, 0) = 1$이므로 정리 6.5 에 의해

$$\lim_{\epsilon\to 0}\int_{C_\epsilon}\frac{e^{iz}}{z}\,dz = -\pi i \tag{6.22}$$

이다. 따라서 식 (6.20 - 22)로부터

$$\int_0^\infty \frac{\sin x}{x}\,dx = \frac{\pi}{2}$$

이다.

55. 적분 $\int_0^\infty \sin x^2\,dx$의 계산

미적분학에서 공부한 방법으로 적분

$$\int_0^\infty \sin x^2\,dx,\ \int_0^\infty \cos x^2\,dx$$

를 계산하는 것은 어려운 일이다. 유수정리를 이용하여 적분을 계산하는 것도 쉬운 일은 아니지만 적분의 결과를 찾을 수 있는 방법이다.

[보조정리 6.6]

$$\int_0^\infty e^{-x^2}\,dx = \frac{\sqrt{\pi}}{2} \tag{6.23}$$

(증명) $R > 0$, $I := \int_0^R e^{-x^2}\,dx$이라 하면,

$$I^2 = \left(\int_0^R e^{-x^2}\,dx\right)\left(\int_0^R e^{-y^2}\,dy\right) = \int_0^R\int_0^R e^{-(x^2+y^2)}\,dx\,dy$$

로 쓸 수 있다. 그런데 $e^{-x^2} > 0$이므로 그림 6.7의 적분 영역을 고려하면

$$\int_0^{\frac{\pi}{2}}\int_0^R e^{-r^2} r\,dr\,d\theta \le \int_0^R\int_0^R e^{-(x^2+y^2)}\,dx\,dy \le \int_0^{\frac{\pi}{2}}\int_0^{\sqrt{2}R} e^{-r^2} r\,dr\,d\theta,$$

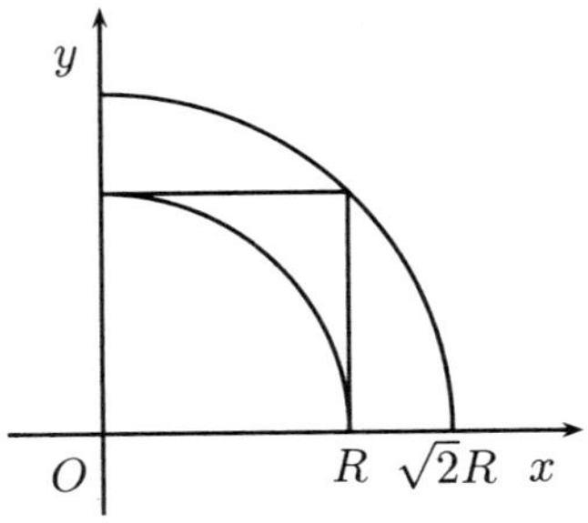

그림 6.7

또는

$$\frac{\pi}{4}(1-e^{-R^2}) \le \left(\int_0^R e^{-x^2}\,dx\right)^2 \le \frac{\pi}{4}(1-e^{-2R^2})$$

이다. 위 부등식은 모든 $R>0$에 대해 성립하므로 R을 ∞로 보내면 조임정리에 의해

$$\left(\int_0^\infty e^{-x^2}\,dx\right)^2 = \frac{\pi}{4}$$

를 얻을 수 있으므로 보조정리는 사실이다. □

앞의 보조정리 6.6을 이용하면 $\int_0^\infty \cos x^2\,dx$, 또는 그와 비슷한 유형의 적분을 계산할 수 있다.

E1. 적분 $\int_0^\infty \cos x^2\,dx$을 계산해 보자.

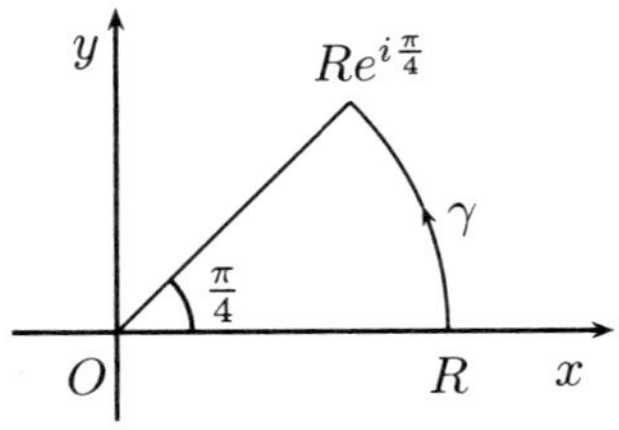

그림 6.8

$f(z) = e^{iz^2}$, γ를 그림 6.8에 주어진 경로라고 하자. f는 정함수이므로

$$\begin{aligned}\int_\gamma e^{iz^2}\,dz &= \int_0^R e^{ix^2}\,dx + \int_0^{\frac{\pi}{4}} e^{iR^2e^{i2\theta}} iRe^{i\theta}\,d\theta + \int_R^0 e^{i(te^{\frac{\pi}{4}i})^2} e^{\frac{\pi}{4}i} dt \\ &= \int_0^R e^{ix^2}\,dx + \int_0^{\frac{\pi}{4}} e^{iR^2e^{i2\theta}} iRe^{i\theta}\,d\theta - e^{\frac{\pi}{4}i}\int_0^R e^{-t^2}dt \\ &= 0 \end{aligned} \tag{6.24}$$

이고, 조단의 부등식(보조정리 6.2)에 의해

$$\begin{aligned}\left|\int_0^{\frac{\pi}{4}} e^{iR^2e^{i2\theta}} iRe^{i\theta}\,d\theta\right| \le \int_0^{\frac{\pi}{4}} \left|e^{iR^2e^{i2\theta}} iRe^{i\theta}\right|\,d\theta &= \int_0^{\frac{\pi}{4}} e^{-R^2\sin 2\theta} R\,d\theta \\ &= \frac{R}{2}\int_0^{\frac{\pi}{2}} e^{-R^2\sin\theta}\,d\theta < \frac{R}{2}\frac{\pi}{2R^2} = \frac{\pi}{4R}\end{aligned}$$

이므로

$$\lim_{R\to\infty}\int_0^{\frac{\pi}{4}} e^{iR^2e^{i2\theta}} iRe^{i\theta}\,d\theta = 0$$

이다. 따라서 식 (6.24)로부터

$$\int_0^\infty e^{ix^2}\,dx = -e^{\frac{\pi}{4}i}\int_0^\infty e^{-t^2}dt$$

를 얻는다. 또

$$\int_0^\infty e^{ix^2}\,dx = \int_0^\infty \cos x^2\,dx + i\int_0^\infty \sin x^2\,dx$$

이고, 보조정리 6.6에 의해

$$e^{\frac{\pi}{4}i}\int_0^\infty e^{-t^2}dt = \frac{1}{\sqrt{2}}(1+i)\frac{\sqrt{\pi}}{2} = \frac{\sqrt{2\pi}}{4}(1+i)$$

이다. 그러므로

$$\begin{aligned}\int_0^\infty \cos x^2\,dx &= \mathrm{Re}\int_0^\infty e^{ix^2}\,dx = \frac{\sqrt{2\pi}}{4}, \\ \int_0^\infty \sin x^2\,dx &= \mathrm{Im}\int_0^\infty e^{ix^2}\,dx = \frac{\sqrt{2\pi}}{4}\end{aligned}$$

이다.

56. $\sin\theta$, $\cos\theta$를 포함하는 함수의 적분 1

$\cos\theta$, $\sin\theta$를 포함하는 함수 $R(\cos\theta, \sin\theta)$의 정적분

$$\int_0^{2\pi} R(\cos\theta, \sin\theta) d\theta$$

에서 변수 θ는 0에서 2π까지 변하는 것으로 원점을 중심으로 하는 원 γ를 따라 반시계방향으로 움직이는 점 z의 편각으로 생각할 수 있다. 여기서 γ의 반지름을 1로 택하면 γ는

$$\gamma : z(\theta) = e^{i\theta}, \quad 0 \leq \theta \leq 2\pi$$

로 나타낼 수 있다. 그런데

$$\frac{dz}{d\theta} = ie^{i\theta} = iz$$

이고,

$$\sin\theta = \frac{e^{i\theta} - e^{-i\theta}}{2i}, \quad \cos\theta = \frac{e^{i\theta} + e^{-i\theta}}{2}$$

이므로

$$\sin\theta = \frac{z - z^{-1}}{2i}, \quad \cos\theta = \frac{z + z^{-1}}{2}, \quad d\theta = \frac{dz}{iz} \tag{6.25}$$

로 나타낼 수 있다.

[정리 6.7] $R(\cos\theta, \sin\theta)$가 단위원 위의 점에서 극점을 갖지 않는 $\cos\theta$, $\sin\theta$의 유리함수이면,

$$\int_0^{2\pi} R(\cos\theta, \sin\theta)\, d\theta = 2\pi i \sum_k \text{Res } (f, z_k)$$

이다. 여기서

$$f(z) = \frac{R\left(\frac{z+z^{-1}}{2}, \frac{z-z^{-1}}{2i}\right)}{iz} \tag{6.26}$$

이고 z_k는 단위원의 안쪽에 있는 f의 고립특이점이다.

(증명) γ를 원점을 중심으로 하고 반지름이 1인 양의 방향을 갖는 원이라고 하자. 유리함수 R이 단위원위에서 극점을 갖지 않으므로 f도 γ 위에서 해석적이다. 따라서

$$\int_\gamma f(z)\, dz = 2\pi i \sum_k \text{Res } (f, z_k)$$

이다. 그런데 z가 γ를 따라 움직이므로 식 (6.24)에 $z = e^{i\theta}$를 대입하면 식 (6.25)에 의해

$$\begin{aligned}\int_\gamma f(z)\,dz &= \int_0^{2\pi} f(e^{i\theta}) i e^{i\theta}\,d\theta \\ &= \int_0^{2\pi} R\left(\frac{e^{i\theta}+e^{-i\theta}}{2}, \frac{e^{i\theta}-e^{-i\theta}}{2i}\right)\frac{ie^{i\theta}}{ie^{i\theta}}\,d\theta \\ &= \int_0^{2\pi} R(\cos\theta, \sin\theta)\,d\theta\end{aligned}$$

을 얻는다. □

E1. a, b $(a > |b|)$가 실수일 때 적분

$$\int_0^{2\pi} R(\sin\theta, \cos\theta)\,d\theta = \int_0^{2\pi} \frac{1}{a + b\cos\theta}\,d\theta$$

를 계산해 보자. $z = e^{i\theta}$로 놓으면 식 (6.25)에 의해

$$\int_0^{2\pi} \frac{1}{a+b\cos\theta}\,d\theta = \int_\gamma \frac{1}{a + \frac{b(z+z^{-1})}{2}}\frac{dz}{iz} = \frac{2}{bi}\int_\gamma \frac{1}{z^2 + \frac{2a}{b}z + 1}\,dz$$

를 얻는다. 함수

$$f(z) := \frac{1}{z^2 + \frac{2a}{b}z + 1}$$

는 두 개의 단순 극점

$$z_1 = \frac{-a + \sqrt{a^2 - b^2}}{b}, \quad z_2 = \frac{-a - \sqrt{a^2-b^2}}{b}$$

를 갖고 $|z_1| < 1$, $|z_2| > 1$이므로

$$\int_0^{2\pi} \frac{1}{a + b\cos\theta}\,d\theta = \frac{2}{bi}\,2\pi i\,\mathrm{Res}(f, z_1)$$

이다. 또 z_1에서 $f(z)$의 유수는

$$\mathrm{Res}(f, z_1) = \frac{1}{2z_1 + \frac{2a}{b}} = \frac{b}{2\sqrt{a^2-b^2}}$$

이므로

$$\int_0^{2\pi} \frac{1}{a+b\cos\theta}\,d\theta = \frac{2}{bi}\,2\pi i\,\mathrm{Res}(f, z_1) = \frac{2\pi}{\sqrt{a^2-b^2}}$$

이다.

E2. 적분 $\int_0^{2\pi} \frac{2}{2+\sin\theta}\,d\theta$를 계산해 보자. $z = e^{i\theta}$라 놓으면

$$\int_0^{2\pi} \frac{2}{2+\sin\theta}\,d\theta = \int_\gamma \frac{4}{z^2+4iz-1}\,dz$$

이다. γ는 양의 방향을 갖는 원 $|z|=1$이다. 여기서

$$f(z) = \frac{4}{z^2+4iz-1}$$

라 하면 $f(z)$는 γ의 안쪽의 점 $z_0 = (-2+\sqrt{3})i$에서 단순극점을 갖고

$$\operatorname{Res}(f, z_0) = \frac{4}{2z_0+4i} = \frac{2}{\sqrt{3}\,i}$$

이므로 유수정리에 의해

$$\int_0^{2\pi} \frac{2}{2+\sin\theta}\,d\theta = \int_\gamma \frac{4}{z^2+4iz-1}\,dz = 2\pi i\operatorname{Res}(f, z_1) = \frac{4\pi}{\sqrt{3}}$$

이다.

[연습문제 56]

1. $|a|<1$일 때 $\int_0^{2\pi} \frac{1}{1+a\sin\theta}\,d\theta = \frac{2\pi}{\sqrt{1-a^2}}$임을 보여라.

2. $|a|<1$일 때 $\int_0^{2\pi} \frac{\cos 2\theta}{1-2a\cos\theta+a^2}\,d\theta = \frac{a^2\pi}{1-a^2}$임을 보여라.

3. 다음 적분을 계산하여라.

(1) $\int_0^{2\pi} \frac{1}{2-\sin\theta}\,d\theta$ (2) $\int_0^{2\pi} \frac{1}{2\cos\theta+3}\,d\theta$

4. 다음이 성립함을 보여라.

(1) $\int_{-\pi}^{\pi} \frac{1}{1+\sin^2\theta}\,d\theta = \sqrt{2}\pi$ (2) $\int_0^{2\pi} \frac{\cos^2 3\theta}{5-4\cos 2\theta}\,d\theta = \frac{3\pi}{8}$

5. $|a|<1$인 복소수 a에 대해 다음을 보여라.

$$\int_0^{2\pi} \frac{1}{1-2a\cos\theta+a^2}\,d\theta$$

57. 분기절단에서의 적분

유수정리는 일가함수에 대해서만 적용할 수 있다. 다가함수의 적분에 유수정리를 적용하기 위해서는 적절한 분기절단을 택하여 피적분함수가 일가함수가 되도록 조절하여야 한다.

E1. $0 < \alpha < 1$일 때 적분 $\displaystyle\int_0^\infty \frac{x^{-\alpha}}{1+x}\,dx$를 계산해 보자. $x > 0$이고 $0 < \alpha < 1$일 때 $x^{-\alpha}$는 양의 실수 $e^{-\alpha \ln x}$이다. 함수 f를

$$f(z) = \frac{z^{-\alpha}}{1+z} \qquad (|z| > 0,\ 0 < \arg z < 2\pi)$$

라 하면 $f(z)$는 $z = 0$에서 불연속이다. $z^{-\alpha} = e^{-\alpha \ln z}$는 $|z| > 0,\ 0 < \arg z < 2\pi$에서 해석적이므로 $f(z)$는 $z = -1 = e^{\pi i}$에서 단순 극점을 갖고

$$\operatorname{Res}(f, -1) = e^{-\alpha\pi i}$$

이다. 단순닫힌 경로 γ를 $f(z)$의 분기절단을 포함하지 않도록 그림 6.9와 같이 택하면 유수정리에 의해

$$\begin{aligned}\int_\gamma \frac{z^{-\alpha}}{1+z}\,dz =& \int_{\gamma_1} \frac{z^{-\alpha}}{1+z}\,dz + \int_{C_R} \frac{z^{-\alpha}}{1+z}\,dz + \int_{\gamma_2} \frac{z^{-\alpha}}{1+z}\,dz + \int_{C_\epsilon} \frac{z^{-\alpha}}{1+z}\,dz \\ =& 2\pi i e^{-\alpha\pi i}\end{aligned} \tag{6.27}$$

이다. 위의 식 (6.27)는 $z = -1$이 단순닫힌 경로 γ의 안쪽에 있다는 사실에 의존할 뿐이므로 충분히 작은 양의 값을 갖는 δ, ϵ과 충분히 큰 R에 대해서 성립한다. 위의 적분 (6.27)에서

$$\int_{\gamma_1} \frac{z^{-\alpha}}{1+z}\,dz = \int_\epsilon^R \frac{(x+i\delta)^{-\alpha}}{1+(x+i\delta)}\,dx$$

이므로

$$\lim_{\delta\to 0}\int_{\gamma_1} \frac{z^{\alpha-1}}{1+z}\,dz = \int_\epsilon^R \frac{x^{\alpha-1}}{1+x}\,dx \tag{6.28}$$

이다. 이제 z가 원점을 중심으로 C_R을 따라 한바퀴 돌아 γ_2에 있게 되면 편각이 2π만큼 증가하게 되므로

$$\int_{\gamma_2} \frac{z^{-\alpha}}{1+z}\,dz = \int_R^\epsilon \frac{(xe^{2\pi i} - i\delta)^{-\alpha}}{1+(xe^{2\pi i} - i\delta)}\,dx$$

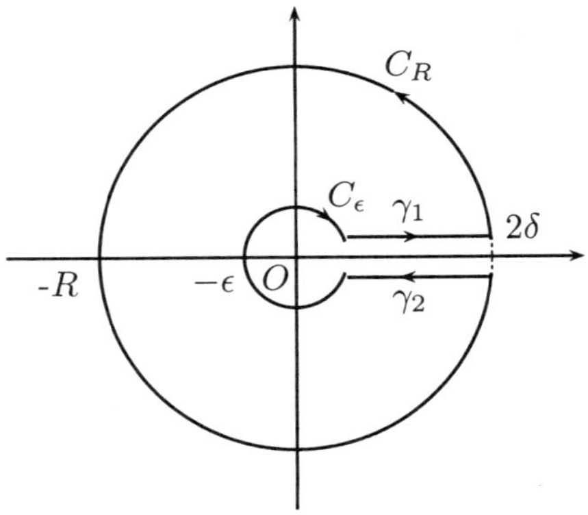

그림 6.9

이다. 따라서

$$\lim_{\delta\to 0}\int_{\gamma_2}\frac{z^{-\alpha}}{1+z}\,dz=\int_R^{\epsilon}\frac{(xe^{2\pi i})^{-\alpha}}{1+x}\,dx=(e^{2\pi i})^{-\alpha}\int_R^{\epsilon}\frac{x^{-\alpha}}{1+x}\,dx$$
$$=-\,e^{-2\pi i\alpha}\int_{\epsilon}^{R}\frac{x^{-\alpha}}{1+x}\,dx \tag{6.29}$$

이다. 식 (6.28), (6.29)로부터

$$\lim_{\delta\to 0}\left(\int_{\gamma_1}\frac{z^{-\alpha}}{1+z}\,dz+\int_{\gamma_2}\frac{z^{-\alpha}}{1+z}\,dz\right)=(1-e^{-2\pi i\alpha})\int_{\epsilon}^{R}\frac{x^{-\alpha}}{1+x}\,dx \tag{6.30}$$

를 얻을 수 있다.

한편

$$\left|\int_{C_R}\frac{z^{-\alpha}}{1+z}\,dz\right|\le\int_0^{2\pi}\left|\frac{(Re^{i\theta})^{-\alpha}iRe^{i\theta}}{1+Re^{i\theta}}\right|d\theta\le\int_0^{2\pi}\frac{R^{1-\alpha}}{R-1}d\theta=\frac{2\pi R^{1-\alpha}}{R-1},$$
$$\left|\int_{C_\epsilon}\frac{z^{-\alpha}}{1+z}\,dz\right|\le\int_0^{2\pi}\left|\frac{(\epsilon e^{i\theta})^{-\alpha}i\epsilon e^{i\theta}}{1+\epsilon e^{i\theta}}\right|d\theta\le\frac{2\pi\epsilon^{1-\alpha}}{1-\epsilon}$$

이다. $0<\alpha<1$이므로

$$\lim_{R\to\infty}\int_{C_R}\frac{z^{\alpha-1}}{1+z}\,dz=0,\quad \lim_{\epsilon\to 0}\int_{C_\epsilon}\frac{z^{\alpha-1}}{1+z}\,dz=0 \tag{6.31}$$

이다. 식 (6.27), (6.30), (6.31)로부터 $\delta\to 0$, $R\to\infty$, $\epsilon\to 0$일 때

$$\lim_{\delta,R,\epsilon\to 0}\int_{\gamma}\frac{z^{-\alpha}}{1+z}\,dz=(1-e^{-2\pi i\alpha})\int_0^{\infty}\frac{x^{-\alpha}}{1+x}\,dx=2\pi ie^{-\alpha\pi i}$$

이다. 그러므로

$$\begin{aligned}\int_0^\infty \frac{x^{-\alpha}}{1+x}\,dx =& \frac{2\pi i e^{-\alpha\pi i}}{1-e^{-2\pi i\alpha}} = \frac{2\pi i}{e^{\pi i\alpha}-e^{-\pi i\alpha}}\\ =& \frac{\pi}{\sin\pi\alpha}\end{aligned}$$

이다.

[연습문제 57]

1. 다음이 성립함을 보여라.

$$\int_0^\infty \frac{dx}{\sqrt{x}\,(x^2+1)} = \frac{\pi}{\sqrt{2}}$$

(참고: $|z|>0,\ \ -\frac{\pi}{2}<\arg z<\frac{3\pi}{2}$에서 $f(z)=\frac{z^{-1/2}}{z^2+1}=\frac{e^{(-1/2)\log z}}{z^2+1}$라 하고 적절한 적분 경로를 선택하여라.)

58. 영점과 극점의 수

함수 f가 양의 방향을 갖는 단순닫힌경로 γ의 위에서 해석적이고 γ위의 점 z에서 $f(z)\neq 0$이면 w-평면의 경로 $\Gamma=f(\gamma)$는 원점을 지나지 않는 닫힌경로이지만 단순경로일 필요는 없다. 만일 f가 γ의 안쪽에서 해석적이면 적분

$$\int_\gamma \frac{f'(z)}{f(z)}\,dz$$

는 z가 γ를 따라 움직일 때 나타나는 $f(z)$의 편각의 변화를 나타낸다. 이것을 편각원리라고 한다.

편각원리는 특정한 영역에서 해석적인 함수 $f(z)$의 영점의 수를 헤아릴 수 있게 한다. 대수학의 기본정리는 $p(z)$가 다항함수일 때 복소평면 전체에서 방정식 $p(z)=0$의 해의 개수가 $p(z)$의 차수와 같음을 말하지만 해의 위치에 대한

정보를 주는 것은 아니다. 편각원리를 이용하여 설명할 수 있는 루셰의 정리는 특정 영역에서 방정식 $f(z) = 0$의 해의 존재여부와 그 개수를 알 수 있게 해준다.

■ **해석함수가 갖는 영점의 수.** 상수함수가 아닌 함수 $f(z)$가 z_0에서 해석적이고 $f(z_0) = 0$이라고 하자. z_0를 $f(z)$의 k차 영점이면 정리 5.2에 의해

$$f(z) = (z - z_0)^k \phi(z), \quad \phi(z_0) \neq 0 \tag{6.32}$$

로 나타낼 수 있다. 여기서 $\phi(z)$는 z_0에서 해석적인 함수이다. $\phi(z)$는 상수가 아닌 해석적인 함수이므로 $\gamma : |z - z_0| = \delta$와 그 안쪽에서 $\phi(z) \neq 0$인 $\delta > 0$을 찾을 수 있다. 위 식 (6.32)로부터

$$\begin{aligned} \frac{f'(z)}{f(z)} &= \frac{k(z - z_0)^{k-1}\phi(z) + (z - z_0)^k \phi'(z)}{(z - z_0)^k \phi(z)} \\ &= \frac{k}{z - z_0} + \frac{\phi'(z)}{\phi(z)} \end{aligned}$$

이고, $\frac{\phi'(z)}{\phi(z)}$는 γ와 그 안쪽에서 해석적이므로 $\int_\gamma \frac{\phi'(z)}{\phi(z)}\, dz = 0$이고

$$\int_\gamma \frac{f'(z)}{f(z)}\, dz = \int_\gamma \frac{k}{z - z_0}\, dz + \int_\gamma \frac{\phi'(z)}{\phi(z)}\, dz = 2\pi i k,$$

이다. 적분

$$\frac{1}{2\pi i} \int_\gamma \frac{f'(z)}{f(z)}\, dz = k$$

로부터 적분 $\frac{1}{2\pi i} \int_\gamma \frac{f'(z)}{f(z)}\, dz$의 값은 $f(z)$의 z_0에서의 영점의 차수와 일치함을 볼 수 있다.

함수 f가 단순닫힌경로 γ와 그 안쪽에서 해석적이고 γ의 위에서는 영점을 갖지 않는다고 하자. $f(z)$가 상수함수가 아니라면 항등정리에 의해 γ의 안쪽에서 많아야 유한개의 영점을 갖는다. $f(z)$가 γ의 내부의 점 $z_1, z_2, \cdots, z_n$에서 각각 $\alpha_1, \alpha_2, \cdots, \alpha_n$차의 영점을 갖는다면

$$f(z) = (z - z_1)^{\alpha_1}(z - z_2)^{\alpha_2} \cdots (z - z_n)^{\alpha_n} \phi(z) \tag{6.33}$$

로 쓸 수 있다. 여기서 함수 $\phi(z)$는 γ와 그 안쪽에서 해석적이고 γ와 그 안쪽에서 영점을 갖지않는 함수이다. 위 식 (6.33)으로부터

$$\frac{f'(z)}{f(z)} = \sum_{j=1}^{n} \frac{\alpha_j}{z - z_j} + \frac{\phi'(z)}{\phi(z)} \tag{6.34}$$

을 얻을 수 있다. $\frac{\phi'(z)}{\phi(z)}$는 γ의 위와 안쪽에서 해석적이므로 위의 식 (6.34)의 양변을 적분하면

$$\begin{aligned}\frac{1}{2\pi i}\int_\gamma \frac{f'(z)}{f(z)}\,dz &= \frac{1}{2\pi i}\int_\gamma \left(\sum_{k=1}^{n}\frac{\alpha_k}{z-z_k}\right)dz + \frac{1}{2\pi i}\int_\gamma \frac{\phi'(z)}{\phi(z)}\,dz \\ &= \sum_{k=1}^{n}\left(\frac{1}{2\pi i}\int_\gamma \frac{\alpha_k}{z-z_k}\,dz\right) \qquad (6.35)\end{aligned}$$

를 얻는다.

각각의 영점 z_k $(k=1,2,\cdots,n)$에 대해 $\gamma_k : |z-z_k| = \delta_k$가 γ의 안쪽에 놓이고, γ_k와 그 안쪽에 z_k 이외의 영점이 포함되지 않도록 γ_k를 찾을 수 있다. 그러므로

$$\frac{1}{2\pi i}\int_\gamma \frac{\alpha_k}{z-z_k}\,dz = \frac{1}{2\pi i}\int_{\gamma_k} \frac{\alpha_k}{z-z_k}\,dz = \alpha_k \qquad (6.36)$$

이다. 따라서

$$\frac{1}{2\pi i}\int_\gamma \frac{f'(z)}{f(z)}\,dz = \sum_{k=1}^{n}\alpha_k \qquad (6.37)$$

이다. 즉, 적분 $\frac{1}{2\pi i}\int_\gamma \frac{f'(z)}{f(z)}\,dz$는 단순닫힌경로 γ의 안쪽에 들어있는 $f(z)$의 중복을 고려한 영점의 수를 나타낸다.

■ **극점의 수.** 극점의 경우도 영점의 경우와 비슷한 방법으로 다음을 얻을 수 있다. f가 단순닫힌경로 γ의 안쪽의 극점 $z_1, z_2, \cdots, z_m$을 제외한 γ와 그 안쪽에서 해석적인 함수이고 영점을 갖지 않는다고 하자. 각 극점의 차수가 차례로 $\beta_1, \beta_2, \cdots, \beta_m$이라 하면

$$f(z) = \frac{h(z)}{(z-z_1)^{\beta_1}(z-z_2)^{\beta_2}\cdots(z-z_m)^{\beta_m}} \qquad (6.38)$$

인 γ 위와 그 안쪽에서 해석적이며 영점을 갖지않는 함수 $h(z)$가 존재한다. 위 식 (6.38)로부터

$$\frac{f'(z)}{f(z)} = -\sum_{k=1}^{m}\frac{\beta_k}{z-z_k} + \frac{h'(z)}{h(z)} \qquad (6.39)$$

을 얻고, 식 (6.39)의 양변을 적분하면 적분 (6.35)의 계산에서와 같은 논리로

$$\begin{aligned}
\frac{1}{2\pi i}\int_\gamma \frac{f'(z)}{f(z)}\,dz &= -\frac{1}{2\pi i}\int_\gamma \left(\sum_{k=1}^{m} \frac{\beta_k}{z-z_k}\right) dz + \frac{1}{2\pi i}\int_\gamma \frac{h'(z)}{h(z)}\,dz \\
&= -\sum_{k=1}^{n}\left(\frac{1}{2\pi i}\int_\gamma \frac{\beta_k}{z-z_k}\,dz\right) \\
&= -\sum_{k=1}^{n}\beta_k
\end{aligned} \tag{6.40}$$

이다. 그러므로 적분 $-\frac{1}{2\pi i}\int_\gamma \frac{f'(z)}{f(z)}\,dz$는 γ의 안쪽에 있는 $f(z)$의 중복을 고려한 극점의 수를 나타낸다.

앞의 두 경우를 묶어서 다음의 정리를 얻을 수 있다.

[정리 6.8] γ를 양의 방향을 갖는 단순닫힌경로라고 하자. f가 γ의 안쪽에 있는 극점을 빼면 γ와 그 안쪽에서 해석적인 함수이고, γ 위에서 영점을 갖지 않으면

$$\frac{1}{2\pi i}\int_\gamma \frac{f'(z)}{f(z)}\,dz = Z_f - P_f \tag{6.41}$$

이다. 여기서 Z_f, P_f는 각각 중복을 고려하여 센 γ의 안쪽에 있는 f의 영점과 극점의 수이다.

[연습문제 58]

1. $p(z)$가 $n \geq 1$차 다항식이고 γ가 원점을 중심으로 하는 반지름이 충분히 큰 원일 때 적분

$$\int_\gamma \frac{p'(z)}{p(z)}\,dz$$

를 계산하여라.

2. $p(z)$가 $n \geq 2$차 다항식이고 γ가 원점을 중심으로 하는 반지름이 충분히 큰 원일 때 적분

$$\frac{1}{2\pi i}\int_\gamma \frac{zp'(z)}{p(z)}\,dz$$

의 의미를 설명하여라. ($\deg p(z) = n$, $p(z) = 0$의 해를 $a_1, a_2, \cdots, a_n$이라 가정하고 적분을 계산하여라.)

3. $p(z) = z^7 - 4z^3 + z + 1$이고, R이 충분히 큰 수일 때 적분

$$\frac{1}{2\pi i}\int_{|z|=R}\frac{zp'(z)}{p(z)}\,dz$$

를 구하여라.

4. $g(z) = \sin z^2,\ \ h(z) = (z+i)^3\cos z,\ f(z) = \dfrac{g(z)}{h(z)}$일 때 적분

$$\frac{1}{2\pi i}\int_{|z|=2}\frac{f'(z)}{f(z)}\,dz$$

를 구하여라.

5. f가 $|z| \le R$에서 해석적이고 $|z| = R$에서 $f(z) \neq a$일 때 적분

$$\int_{|z|=R}\frac{f'(z)}{f(z)-a}\,dz \quad (a \in \mathbb{C})$$

의 의미를 설명하여라.

59. 편각 원리

f가 단순닫힌 경로 γ의 위와 안쪽에서 해석적이고 γ 위의 모든 점 z에서 $f(z) \neq 0$인 함수라고 하자. 로그함수의 분기를 고정하여

$$\log f(z) = \mathrm{Log}\,|f(z)| + i\arg f(z) \tag{6.42}$$

로 놓으면, γ가 닫힌 경로이므로 γ의 시작점과 끝점이 일치하여 $\mathrm{Log}\,|f(z)|\big]_\gamma = 0$이다. 그러므로

$$\begin{aligned}\int_\gamma \frac{f'(z)}{f(z)}\,dz = \int_\gamma \frac{d}{dz}\left[\log f(z)\right]\,dz \\ =&\mathrm{Log}\,|f(z)|\big]_\gamma + i\arg f(z)\big]_\gamma \\ =&i\arg f(z)\big]_\gamma\end{aligned} \tag{6.43}$$

이다. 따라서 적분 $\int_\gamma \frac{f'(z)}{f(z)}\,dz$는 z가 γ를 따라 움직일 때 나타나는 $f(z)$의 편각의 변화를 측정한 것이다.

■ **편각원리**. γ의 f에 의한 상 $f(\gamma)$는 γ가 닫힌 경로이므로, w-평면의 닫힌 경로로 나타난다. w-평면의 닫힌 경로를 $\Gamma = f(\gamma)$라고 하면 Γ는 단순 경로가 아닐 수도 있다. 만일 $f(z)$가 γ의 안쪽에서 영점을 갖지 않으면 그림 6.10과 같이 Γ는 w-평면의 원점을 에워싸지 않는다. 다시 말해 $f(z)$가 γ의 안쪽에서 영점을 갖지 않으면 z가 γ를 따라 움직여도 $\arg f(z)$에는 실질적인 변화가 없는 것이다. 즉, 이 경우

$$\int_\gamma \frac{f'(z)}{f(z)}\,dz = i\arg f(z)\big]_\gamma = 0$$

이다.

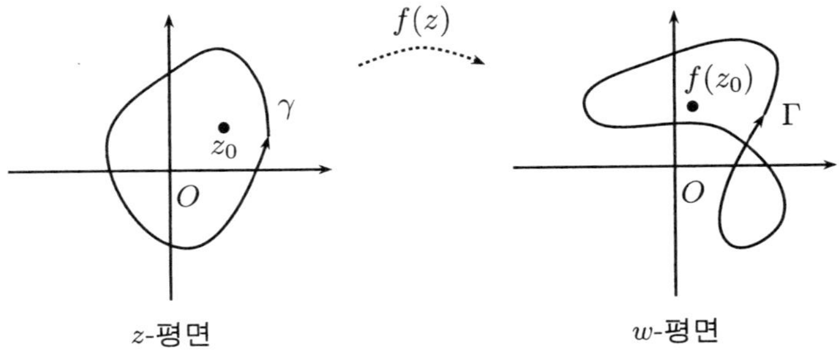

그림 6.10

그러나 $f(z)$가 γ의 안쪽에서 영점을 갖는다면 Γ는 w-평면의 원점을 에워싸며 움직일 것이다. Γ가 원점을 한 바퀴 더 돌때 마다 $f(z)$의 편각은 2π만큼씩 변하게 된다.

z가 γ를 따라 움직일 때 나타나는 $f(z)$의 편각의 변화를 $\Delta_\gamma \arg f(z)$로 표시한다. 즉,

$$\int_\gamma \frac{f'(z)}{f(z)}\,dz = i\Delta_\gamma \arg f(z) \tag{6.44}$$

이다.

E1. γ를 z-평면의 원점를 에워싸는 단순닫힌 경로 $z(t) = e^{it}$ $(0 \le t \le 2\pi)$, $f(z) = z^2$라고 하자. Γ를 γ의 $f(z)$에 의한 w-평면의 상이라고 하면 Γ는

w-평면의 원점을 안쪽에 둔 닫힌 경로이다. 또 $f(z) = z^2$이므로 Γ는 w-평면의 원점을 두번 감싸고 돈다. 즉 z가 γ를 따라 움직일 때 $f(z)$의 편각은 4π만큼 증가하게 된다. 이는

$$\int_\gamma \frac{f'(z)}{f(z)}\,dz = \int_\gamma \frac{2z}{z^2}\,dz = \int_\gamma \frac{2}{z}\,dz$$
$$= \int_0^{2\pi} \frac{2}{e^{it}}\,ie^{it}\,dt = 4\pi i$$

이므로 $f(z)$의 편각의 변화 $\Delta_\gamma \arg f(z) = 4\pi$와 일치한다. (그림 6.11의 w-평면에서 점선은 Γ가 원점을 중심으로 하고 반지름이 1인 원을 따라 두 번 회전함을 나타낸다.)

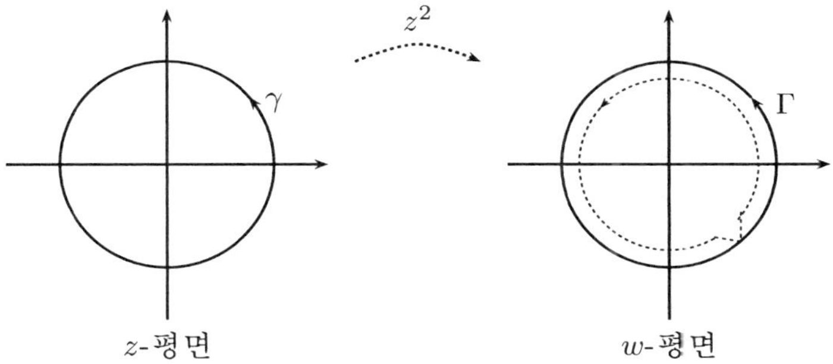

그림 6.11

앞의 정리 6.8과 식 (6.44)로부터 다음의 정리를 얻는다. 극점을 제외한 모든 점에서 해석적인 함수를 유리형함수라고 함을 기억하자.

[정리 6.9] (편각원리, argument principle) γ를 양의 방향을 갖는 단순닫힌경로라 하자. f가 γ에서 해석적이며 영점을 갖지 않고, γ의 안쪽에서 유리형함수이면,

$$\frac{1}{2\pi}\Delta_\gamma \arg f(z) = Z_f - P_f \tag{6.45}$$

이다.

[연습문제 59]

1. γ가 양의 방향을 갖는 원 $|z| = 1$일 때 다음 함수 $f(z)$의 $\Delta_\gamma \arg f(z)$를 구하여라.

(1) $f(z) = z^2 + 2$ (2) $f(z) = z^2$

(3) $f(z) = \frac{1}{z^3}$ (4) $f(z) = \frac{\sin z}{z^2}$

2. 함수 f가 다음과 같을 때 적분 $\int_{|z|=\pi} \frac{f'(z)}{f(z)} dz$의 값을 구하여라.

(1) $f(z) = \sin \pi z$ (2) $f(z) = \cos \pi z$ (3) $f(z) = \tan \pi z$

3. $f(z) = z^4 + 3i^3 - z + i$일 때 다음 극한을 구하여라.

$$\lim_{R\to\infty} \int_{|z|=R} \frac{f'(z)}{f(z)} dz$$

4. $f(z) = \frac{\sin z(z^2+1)^2}{(2z^2+2z+1)^3}$일 때 적분 $\int_{|z|=2} \frac{f'(z)}{f(z)} dz$의 값을 구하여라.

60. 루셰의 정리

편각원리로부터 얻을 수 있는 루셰의 정리는 해석적인 함수의 단순닫힌경로 안쪽에 놓인 영점의 수를 알 수 있게 해준다. 루셰의 정리를 증명하기 위해서 다음 두 보조정리가 필요하다.

[보조정리 6.10] γ가 단순닫힌경로이고 두 함수 f, g가 γ와 그 안쪽에서 해석적이며, γ 위에서 영점을 갖지 않으면

$$\Delta_\gamma \arg f(z)g(z) = \Delta_\gamma \arg f(z) + \Delta_\gamma \arg g(z)$$

이다.

(증명) γ 안쪽에 놓여있는 f, g의 영점의 수를 각각 Z_f, Z_g라 하면 편각원리에 의해

$$\frac{1}{2\pi}\Delta_\gamma \arg f(z) = Z_f, \quad \frac{1}{2\pi}\Delta_\gamma \arg g(z) = Z_g$$

이다. $f(z)g(z)$는 γ 안쪽에서 중복을 고려하여 모두 $Z_f + Z_g$개의 영점을 가지므로

$$\frac{1}{2\pi}\Delta_\gamma \arg f(z)g(z) = Z_f + Z_g$$

이다. 그러므로

$$\Delta_\gamma \arg f(z)g(z) = \Delta_\gamma \arg f(z) + \Delta_\gamma \arg g(z)$$

이다. □

[보조정리 6.11] γ가 단순닫힌 경로이고 f가 γ 위에서 해석적이며, γ 위의 모든 점 z에서 $|f(z)| < 1$이면

$$\Delta_\gamma \arg[1 + f(z)] = 0 \tag{6.46}$$

이다.

(증명) γ의 $1+f(z)$에 의한 상을 Γ라고 하면 Γ는 w-평면에서 원 $|w-1| = 1$의 안쪽에 놓이게 된다.(그림 6.12) w-평면의 원점이 Γ의 안쪽에 있지 않으므로 $1+f(z)$는 γ의 안쪽에서 영점을 갖지 않는다. 그러므로 편각원리에 의해

$$\Delta_\gamma \arg[1 + f(z)] = 0 \tag{6.47}$$

이다. □

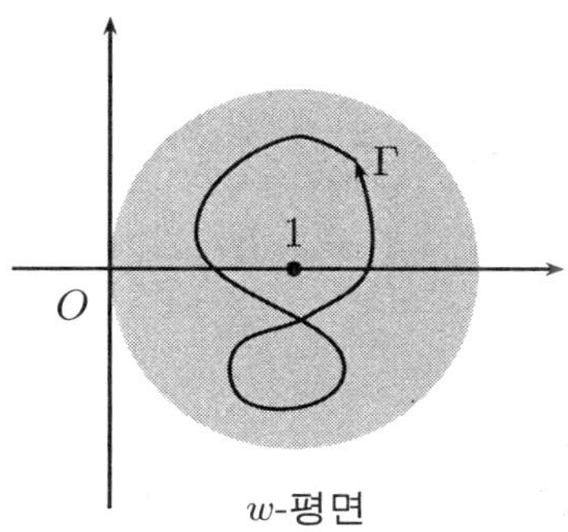

그림 6.12

■ 루셰의 정리와 영점의 개수. 앞의 두 보조정리로부터 다음의 정리를 얻을 수 있다. 루셰의 정리는 해석함수가 주어진 영역 안에서 갖는 영점의 수를 헤아릴 수 있게 해준다.

[정리 6.12] (루셰의 정리, Rouche's theorem) f, g를 단순닫힌경로 γ와 그 안쪽에서 해석적인 함수라고 하자. 만약 γ의 모든 점 z에서

$$|g(z)| < |f(z)|$$

이면, γ의 안쪽에서 $f(z)$와 $f(z)+g(z)$는 중복을 고려할 때 같은 수의 영점을 갖는다.

(증명) 경로 γ 위에서 $|g(z)| < |f(z)|$이므로 $f(z)$와 $f(z)+g(z)$는 γ 위에서 영점을 갖지 않으며, $\left|\frac{g(z)}{f(z)}\right| < 1$이므로 보조정리 6.11에 의해

$$\Delta_\gamma \arg\left(1+\frac{g(z)}{f(z)}\right) = 0$$

이다. 또 보조정리 6.10에 의해

$$\begin{aligned}\Delta_\gamma \arg(f(z)+g(z)) &= \Delta_\gamma \arg f(z)\left(1+\frac{g(z)}{f(z)}\right)\\ &= \Delta_\gamma \arg f(z) + \Delta_\gamma \arg\left(1+\frac{g(z)}{f(z)}\right)\\ &= \Delta_\gamma \arg f(z)\end{aligned}$$

이다. 즉, $f(z)$가 γ의 안쪽에서 n개의 영점을 갖는다면

$$n = \frac{1}{2\pi}\Delta_\gamma \arg f(z) = \frac{1}{2\pi}\Delta_\gamma \arg(f(z)+g(z))$$

이므로 $f(z)+g(z)$도 γ의 안쪽에서 n개의 영점을 갖는다. □

루셰의 정리에서 조건 $|g(z)| < |f(z)|$를 $|g(z)| \leq |f(z)|$로 완화시키면 정리는 성립하지 않을 수 있다. 예를 들어 $g(z) = -f(z)$인 경우 $|g(z)| \leq |f(z)|$이지만 $f(z)$의 영점의 수와 관계없이 $f+g \equiv 0$이다.

E1. $z^5 - 6z^2 + z - 2 = 0$의 해 가운데 $|z| = 1$의 안쪽에 있는 것은 몇 개인가? $f(z) = -6z^2$, $g(z) = z^5 + z - 2$라 하면 f, g는 정함수이고 원 $|z| = 1$ 위의 모든 점에서

$$|f(z)| = |-6z^2| = 6 > 4 = |z^5| + |z| + 2 \geq |g(z)|$$

이다. $f(z) = -6z^2 = 0$가 $|z| = 1$의 안쪽에서 두 개의 해를 가지므로 루셰의정리에 의해

$$f(z) + g(z) = z^5 - 6z^2 + z - 2 = 0$$

도 원 $|z| = 1$의 안쪽에서 두 개의 해를 갖는다.

Q1. 위의 방정식 $z^5 - 6z^2 + z - 2 = 0$는 $|z| < 2$에서 모두 몇 개의 해를 갖는가?

E2. $a > e$일 때 원 $|z| = 1$의 안쪽에서 방정식 $e^z = az^n$이 갖는 해의 수를 찾아보자. $f(z) = -az^n$, $g(z) = e^z$라 하면 $f(z) = 0$은 $|z| = 1$의 안쪽에서 n개의 해를 갖는다. 그런데 $|z| = 1$일 때

$$|f(z)| = a > e \geq |g(z)|$$

이므로 루셰의 정리에 의해 $f(z) + g(z) = e^z - az^n = 0$도 $|z| = 1$의 안쪽에서 n개의 해를 갖는다.

루셰의 정리는 균등수렴하는 함수열의 영점의 수의 헤아림에도 적용할 수 있다.

[정리 6.13] (허위츠의 정리, Hurwitz's theorem) (f_n)을 단순닫힌 경로 γ의 위와 안쪽에서 f로 균등수렴하는 해석적인 함수열이라고 하자. 만일 $f(z)$가 γ 위에서 영점을 갖지 않는다면, 충분히 큰 n에 대해 $f_n(z)$와 $f(z)$는 γ의 안쪽에서 같은 수의 영점을 갖는다.

(증명) 정리 4.12에 의해 f는 γ의 위와 안쪽에서 해석적이다. 또 γ 위에서 $f(z) \neq 0$이므로 컴팩트집합 γ 위의 모든 점에서 $|f(z)| \geq m$인 양수 m이 존재한다. 또 (f_n)이 f로 균등수렴하므로 $n > N$이면 γ 위의 모든 점에서 부등식

$$|f_n(z) - f(z)| < m \leq |f(z)|$$

를 만족하는 자연수 N이 존재한다. 따라서 $n > N$이면 루셰의 정리에 의해 $f(z)$와

$$f_n(z) = f(z) + (f_n(z) - f(z))$$

는 γ의 안쪽에서 같은 수의 영점을 갖는다. □

허위츠의 정리는 함수열 (f_n)이 상수함수 0으로 수렴하는 경우는 성립하지 않는다. 예를 들어 $f_n(z) = \frac{e^z}{n}$일 때 함수열 (f_n)은 닫힌 단위원판에서 0으로 균등수렴하지만 $f_n(z)$은 닫힌 단위원판 안에서 영점을갖지 않는다.

■ **열린사상정리**. 미분가능한 실함수가 열린집합을 열린집합으로 보내는 것은 아니다. 예를 들어 $f(x) = x^2$은 열린집합 $(-1, 1)$를 반열린집합 $[0, 1)$로 보낸다. 그러나 미분가능한 복소함수는 열린집합을 열린집합으로 사상한다.

[정리 6.14] (열린사상정리, open mapping theorem) 상수가 아닌 해석함수는 열린집합을 열린집합으로 사상한다.

(증명) 집합 V를 f의 정의역에 속한 열린집합, $W = f(V)$라고 하자. 정리의 증명을 위해서는 임의 점 $w_0 \in W$가 W의 내점임을 보여야 한다.

$z_0 \in V$, $f(z_0) = w_0$라고 하자. $|z - z_0| < \delta$가 열린집합 V에 속하고 $f(z) - w_0$가 원 $|z - z_0| = \delta$에서 영점을 갖지 않도록 $\delta > 0$을 선택할 수 있다.

$$m := \min_{|z - z_0| = \delta} |f(z) - w_0|$$

라 하자.

집합 $|w - w_0| < m$이 W에 속함을 보이면, 즉 $N(w_0, m) \subset W$임을 보이면 된다. w_1을 $|w_1 - w_0| < m$인 점이라 하면, 원 $|z - z_0| = \delta$ 위에서

$$|w_0 - w_1| < m \leq |f(z) - f(z_0)| = |f(z) - w_0|$$

이다. 그러므로 루셰의 정리에 의해

$$f(z) - w_1 = [f(z) - w_0] + (w_0 - w_1)$$

과 $f(z) - w_0$는 집합 $|z - z_0| < \delta$ 안에서 같은 수의 영점을 갖는다.

그런데 $f(z_0) = w_0$이므로 $f(z) = w_1$은 $|z - z_0| < \delta$ 안에서 적어도 하나의 해를 갖는다. 즉, $w_1 = f(z) \in W$이다. w_1을 집합 $|w - w_0| < m$에서 임의로 선택하였으므로 $f(z)$에 의한 $|z-z_0| < \delta$의 상은 집합 $|w-w_0| < m$을 포함한다. 이것은 $w_0 = f(z_0)$가 W의 내점임을 의미한다. 따라서 W는 열린집합이고, $f(z)$는 열린사상이다. □

Q2. $D = \{z : |z| < 1\}$일 때 $f(D) = \{z = x + ix : 0 \le x \le 1\}$인 D에서 해석적인 함수 f가 존재하는가?

연속함수는 연결집합을 연결집합에 사상한다. 영역(domain)은 연결된 열린집합이다. 열린사상정리로부터 다음의 따름정리를 얻을 수 있다.

[따름정리 6.15] 상수가 아닌 해석함수는 영역을 영역으로 사상한다.

[연습문제 60]

1. 다음 방정식이 $|z| < 1$에서 갖는 해의 수는?

(1) $z^7 - 4z^3 + z + 1$ (2) $2z^5 + 8z - 1 = 0$

(3) $2z^4 - 2z^3 + 2z^2 - 2z + 9 = 0$ (4) $e^z = 2z + 1$

2. $2z^5 - 6z^2 + z + 1 = 0$이 $1 \le |z| < 2$에서 갖는 해의 수는?

3. $a > 1$, $f(z) = z + e^{-z}$일 때 $f(z) = a$는 $\mathrm{Re}\, z > 0$인 영역에서 단 하나의 해를 가짐을 보여라.

4. 방정식 $z^3 - 4z^2 - z - 4 = 0$가 $|z| < r$에서 단 두 개의 해를 갖는 r의 범위를 구하여라.

5. $f(z)$가 $|z| \le 1$에서 해석적이고 $|z| = 1$에서 $|f(z)| < 1$이면 $f(z)$는 $|z| < 1$에서 단 하나의 부동점을[1] 가짐을 보여라.

[1] $f(z_0) = z_0$인 점 z_0를 $f(z)$의 부동점(fixed point)이라고 한다.

6. $g_n(z) = \sum_{k=0}^{n} \frac{z^k}{k!}$라 할 때 충분히 큰 n에 대해 $g_n(z)$는 $|z| < R$ $(R > 0)$에서 영점을 갖지 않음을 보여라.

7. $f(z) = z^5 - 8iz^2 + z - 2i$일 때 적분 $\int_{|z|=1} \frac{f'(z)}{f(z)} dz$를 계산하여라.

8. $f(z) = 0$가 단순닫힌경로 γ 안에서 $n \geq 1$개의 해를 가지면 $f'(z) = 0$는 γ 안에서 $n - 1$개의 해를 갖는가?

9. 루세의 정리를 이용하여 다항함수 $p(z) = a_n z^n + a_{n-1} z^{n-1} + \cdots + a_1 z + a_0$ $(a_n \neq 0,\ n \geq 1)$이 중복을 고려할 때 n개의 영점을 가짐(대수학의 기본정리)을 보여라.

7

선형분수변환, 등각사상

이 장에서는 변환 또는 사상으로서 복소함수가 갖는 성질을 기하학적인 면에서 살펴보기로 한다. 선형분수변환은 직선과 원을 직선 또는 원으로 변환하는 성질을 갖고 있고, 해석함수는 도함수가 영이 아닌 점에서 두 곡선 사이의 각의 크기와 방향을 유지하는 특성을 갖는다.

61. 선형변환

복소함수 f는 z-평면의 점 z를 w-평면의 점 $w = f(z)$로 사상한다. 여기서는 z-평면의 기하학적 대상이 선형변환에 의해 w-평면의 어떤 형태로 사상되는가에 대해 알아본다.

■ **평행이동변환**. $B(\in \mathbb{C})$가 상수일 때 함수

$$w = f(z) = z + B \tag{7.1}$$

는 z-평면에 있는 집합을 벡터 B만큼 이동시켜 w-평면의 집합으로 사상한다. 즉

$$w = u + iv,\ \ z = x + iy,\ \ B = b_1 + ib_2$$

라고 하면

$$(u, v) = (x + b_1, y + b_2)$$

이다. 이 때 w-평면에 사상된 집합은 z-평면에 있는 집합과 모양과 크기가 같다. 식 (7.1)의 함수 f를 **평행이동변환**(trnaslation)이라고 한다.

■ **회전변환, 확대변환**. $A(\in \mathbb{C})$가 0이 아닌 상수이고, A와 z의 지수형식이 각각

$$A = ar^{i\alpha},\ \ \ z = re^{i\theta}$$

라고 하면

$$w = f(z) = Az = (ar)e^{i(\alpha+\theta)} \tag{7.2}$$

이다. 식 (7.2)에서 $|A| = a = 1$이면 함수 $f(z) = Az$는 z-평면 위의 한 점을 원점을 중심으로 반시계 방향으로 $\operatorname{Arg} A = \alpha$만큼 회전시켜 w-평면에 사상한다. 그러므로 $|A| = 1$일 때 식 (7.2)의 함수 $f(z) = Az$는 z-평면 위의 집합을 크기와 형태를 변화시키지 않고, 원점에서의 거리를 유지한 채 w-평면에 사상한다. $f(z) = Az$ $(|A| = 1)$를 **회전변환**(rotation)이라고 한다.

식 (7.2)에서 $A(A \neq 1)$가 양의 실수이면 함수 $f(z) = Az$는 z-평면의 0이 아닌 점을 편각의 변화없이 원점으로부터의 거리를 A배 만큼 멀게(또는 가깝게) 이동시킨다. 이 때 $A > 1$이면 $f(z) = Az$를 **확대변환**(magnification)이라

하고, $0 < A < 1$이면 $f(z) = Az$를 **축소변환**(contraction)이라고 한다. 그러므로 $A \in \mathbb{C}$일 때 식 (7.2)의

$$f(z) = Az = (ar)e^{i(\alpha+\theta)} \quad (A \neq 0)$$

는 회전변환과 확대(축소)변환을 포함하는 변환이다.

■ **선형변환**. A, $B(\in \mathbb{C})$가 상수일 때 함수

$$f(z) = Az + B$$

를 **선형변환**(linear transformation)이라고 한다. 선형변환 $f(z) = Az + B$는 z-평면의 한 점 $z \neq 0$을 $\operatorname{Arg} A$만큼 반시계 방향으로 회전시키고, $|A|$만큼 확대(또는 축소)한 후, B만큼 평행이동시키는 변환이다. 평행이동변환, 회전변환, 확대변환은 모두 선형변환이다. 선형변환은 회전변환, 확대(축소)변환, 평행이동변환이 합성된 형태로 나타낼 수 있다.

E1. 선형변환

$$f(z) = (1+i)z + (1-i)$$

에서 $\operatorname{Arg}(1+i) = \frac{\pi}{4}$, $|1+i| = \sqrt{2}$이므로

$$f_1(z) = e^{i\frac{\pi}{4}}z, \quad f_2(z) = \sqrt{2}z, \quad f_3(z) = z + (1-i)$$

라고 하면 선형변환 f는 회전변환 f_1, 확대변환 f_2, 평행이동변환 f_3의 합성된 형태인

$$f(z) = f_3(f_2(f_1(z)))$$

로 나타낼 수 있다. 그림 7.1은 한 직사각형의 선형변환 $f(z) = (1+i)z + (1-i)$에 의한 사상을 보여준다.

[연습문제 61]

1. 영역 $\{z = x + iy : x > 0,\ y \geq 0\}$의 변환 $f(z) = -iz$에 의한 상은 무엇인가?

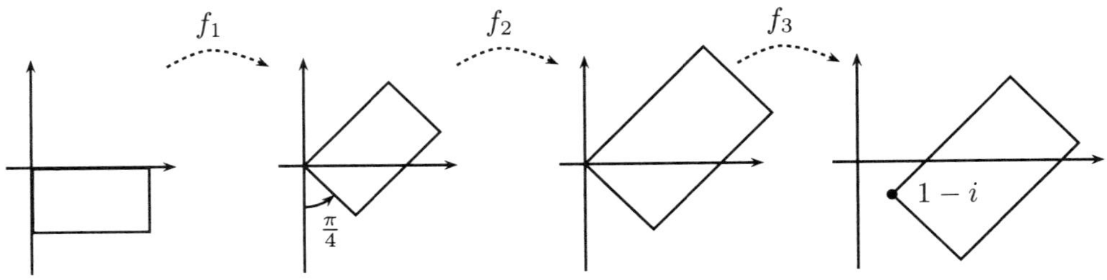

그림 7.1 선형변환

2. 세 점 i, $1-i$, $1+i$를 꼭짓점으로 하는 삼각형의 다음 선형변환에 의한 상을 찾고 원래 삼각형과 변환된 삼각형의 관계를 설명하여라.

(1) $w = 3z + 4 - 3i$ (2) $w = iz + 2 - i$ (3) $w = 5e^{\pi i/3}z - 2 + 4i$

3. 원점을 중심으로 하고 반지름이 1인 원을 $2+2i$를 중심으로 하고 반지름이 3인 원으로 대응하는 선형변환을 찾아라.

4. 네 점 $0, 1, 1+i, i$를 꼭짓점으로 하는 직사각형을 네 점 $-1-i, -3-i, -3, -3i, -1-3i$를 꼭짓점으로 갖는 직사각형으로 보내는 선형변환을 찾아라.

5. 영역 $\{z = x + iy : y > 0\}$을 $\{w = u + iv : v > u + 1\}$으로 보내는 선형변환을 찾아라.

62. 반전변환

$w = \dfrac{1}{z}$이라 하면

$$\operatorname{Arg} w = \operatorname{Arg}\frac{1}{z} = -\operatorname{Arg} z, \quad |w| = \frac{1}{|z|} \tag{7.3}$$

이므로 함수 $f(z) = \frac{1}{z}$은 그림 7.2에서 보는 것처럼 점 z를 실수축에 대칭인 점 $\bar{z}$로 이동시킨 다음, 편각의 변화 없이 원 $|z| = 1$ 안쪽의 점을 원 밖으로,

원 바깥쪽의 점은 원 안쪽으로 보낸다. $f(z) = \frac{1}{z}$을 **반전변환**(inversion) 또는 **반사변환**(reflection)이라고 한다.

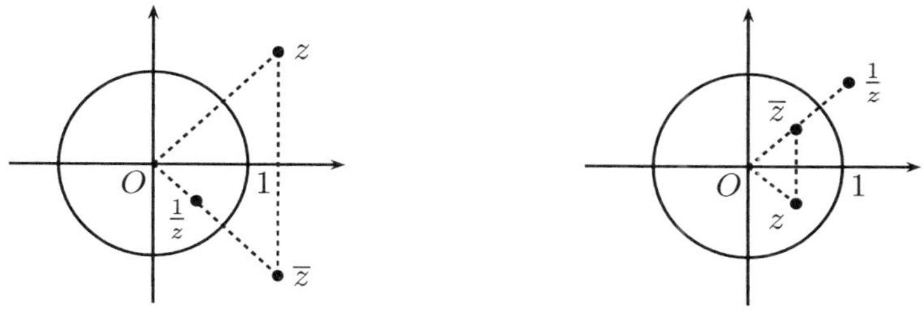

(a) $|z| > 1$ (b) $|z| < 1$

그림 7.2 반전변환 $\frac{1}{z}$

반전변환

$$f(z) = \frac{1}{z}, \ z \neq 0$$

은

$$\lim_{z \to 0} f(z) = \infty, \quad \lim_{z \to \infty} f(z) = 0$$

이므로 $f(0) = \infty$, $f(\infty) = 0$로 정의하여 f를 확장된 복소평면에서 연속인 함수로 생각할 수 있다.

■ **반전변환에 의한 원과 직선의 상.** 반전변환 $f(z) = \frac{1}{z}$에 의해 원과 직선은 어떻게 변환되는지 알아보자. 점 $w = u + iv$를 복소평면의 0이 아닌 점 $z = x + iy$의 반전변환 $f(z) = \frac{1}{z}$에 의한 상이라 하면

$$w = u + iv = \frac{1}{z} = \frac{\overline{z}}{z\overline{z}} = \frac{x - iy}{x^2 + y^2}$$

로부터

$$u = \frac{x}{x^2 + y^2}, \quad v = -\frac{y}{x^2 + y^2} \tag{7.4}$$

이고, 또

$$z = x + iy = \frac{1}{w} = \frac{\overline{w}}{w\overline{w}} = \frac{u - iv}{u^2 + v^2}$$

로부터

$$x = \frac{u}{u^2 + v^2}, \quad y = -\frac{v}{u^2 + v^2} \tag{7.5}$$

이다. 또 위 식 (7.4) 또는 (7.5)에서

$$x^2 + y^2 = \frac{1}{u^2 + v^2} \tag{7.6}$$

임을 알 수 있다.

$A,\ B,\ C,\ D$가 실수일 때 $B^2 + C^2 > 4AD$이면 방정식

$$A(x^2 + y^2) + Bx + Cy + D = 0 \tag{7.7}$$

은 $A \neq 0$이면 원을, $A = 0$이면 직선을 나타낸다. x, y가 식 (7.7)을 만족하면 앞의 식 (7.5), (7.6)으로부터

$$D(u^2 + v^2) + Bu - Cv + A = 0 \tag{7.8}$$

을 얻는다. 식 (7.8)은 $D \neq 0$이면 원을, $D = 0$이면 직선을 나타낸다.

앞의 두 식 (7.7), (7.8)로부터 z-평면의 직선과 원의 w-평면으로의 반전변환의 결과를 다음과 같이 정리할 수 있다. 반전변환 $\frac{1}{z}$은

(1) 원점을 지나지 않는 원($A \neq 0,\ D \neq 0$)을 원점을 지나지 않는 원으로 보낸다.

(2) 원점을 지나는 원($A \neq 0,\ D = 0$)을 원점을 지나지 않는 직선으로 보낸다.

(3) 원점을 지나지 않는 직선($A = 0,\ D \neq 0$)을 원점을 지나는 원으로 보낸다.

(4) 원점을 지나는 직선($A = 0,\ D = 0$)을 원점을 지나는 직선으로 보낸다.

E1. 직선 $x = \alpha$ ($\alpha \neq 0$)는 식 (7.7)에서

$$A = C = 0,\ B = 1,\ D = -\alpha$$

인 경우에 해당하므로 식 (7.8)에 따라 반전변환 $f(z) = \frac{1}{z}$에 의해 원점을 지나는 원

$$-\alpha(u^2 + v^2) + u = 0 \quad \text{또는} \quad \left(u - \frac{1}{2\alpha}\right)^2 + v^2 = \left(\frac{1}{2\alpha}\right)^2 \tag{7.9}$$

로 변환된다. 원 (7.9)는 w-평면의 u축 위에 중심을 갖고, v축을 한 접선으로 갖는다. 직선 $x = \alpha$ 위의 점 (α, y)는 식 (7.4)에 의해 w-평면의 점

$$(u, v) = \left(\frac{\alpha}{\alpha^2 + y^2}, \frac{-y}{\alpha^2 + y^2}\right)$$

에 사상된다. 만약 $\alpha > 0$이면 원 (7.9)는 v축의 오른쪽에 놓인다. 또 점 (α, y)가 직선을 따라 위쪽으로 움직이면 그 이미지는 시계방향으로 원을 따라 움직인다. 그러므로 그림 7.3에서 보는 것처럼 반전변환 $f(z) = \frac{1}{z}$는 반평면 $\{z = x + iy : x \geq \alpha\}$ $(\alpha > 0)$를 원판

$$\left(u - \frac{1}{2\alpha}\right)^2 + v^2 \leq \left(\frac{1}{2\alpha}\right)^2 \tag{7.10}$$

으로 사상한다.

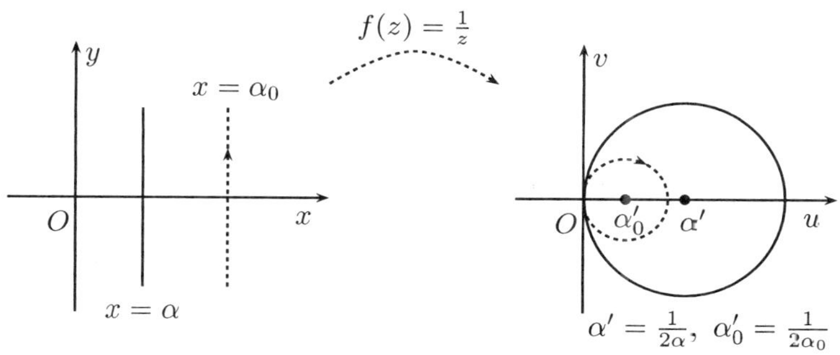

그림 7.3

Q1. $\alpha < 0$일 때 반전변환 $w = \frac{1}{z}$은 반평면 $\mathrm{Re}\, z < \alpha$를 한 원의 내부로 사상함을 설명하여라.

E2. 직선 $L: \ 2x - 4y - 1 = 0$의 반전변환 결과를 찾아보자. 직선 L은 원점을 지나지 않으므로 반전변환에 의해 원점을 지나는 원으로 변환된다. 구체적으로 직선 L은 식 (7.7)에서

$$A = 0, \ B = 2, \ C = -4, \ D = -1$$

인 경우이므로 반전변환의 결과인 식 (7.8)에 따라

$$-(u^2 + v^2) + 2u + 4v = 0,$$
$$u^2 + v^2 - 2u - 4v = (u - 1)^2 + (v - 2)^2 - 5 = 0 \tag{7.11}$$

으로 변환된다. 식 (7.11)은 점 $(1,2)$를 중심으로 하고 반지름이 $\sqrt{5}$인 원으로 원점을 지난다.

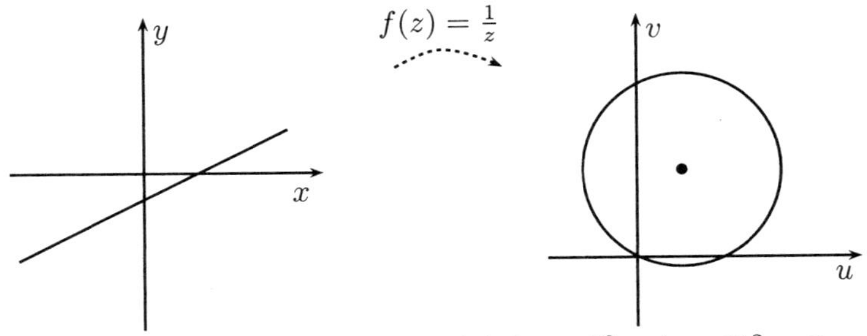

(a) $2x - 4y = 1$ (b) $(u-1)^2 + (v-2)^2 = 5$

그림 7.4

[연습문제 62]

1. 반전변환 $w = \frac{1}{z}$에 의한 원 $|z-3| = 5$의 상을 구하여라.

2. $a > 0$일 때 반전변환 $w = \frac{1}{z}$은 반평면 $\operatorname{Im} z > a$를 한 원의 내부로 사상함을 보여라.

3. $\{z \in \mathbb{C} : 1 \le \operatorname{Re} z \le 2\}$의 반전변환 $w = \frac{1}{z}$에 의한 상을 구하여라.

4. 반전변환 $w = \frac{1}{z}$에 의한 영역 $\{z = x+iy : x > 1,\ y > 0\}$의 상을 구하여라.

5. 영역 $\{z = x+iy : x > 0,\ 0 < y < 1\}$의 변환 $w = \frac{i}{z}$에 의한 상을 구하여라.

63. 선형분수변환

$a,\ b,\ c,\ d (\in \mathbb{C})$가 상수일 때 함수

$$T(z) := w = \frac{az+b}{cz+d} \quad (ad - bc \neq 0) \tag{7.12}$$

를 **선형분수변환**(linear fractional transformation), 또는 **뫼비우스변환**(Möbius transformation)이라고 한다.

식 (7.12)에서 $c = 0$이면 $ad \neq 0$이므로

$$T(z) = \frac{a}{d}z + \frac{b}{d}$$

는 선형변환이다. 또 $a = d = 0,\ b = c$이면

$$T(z) = \frac{1}{z}$$

는 반전변환이다. $c \neq 0$이면 식 (7.12)는

$$T(z) = \left(\frac{bc - ad}{c}\right)\frac{1}{cz + d} + \frac{a}{c} \quad (ad - bc \neq 0) \tag{7.13}$$

로 쓸 수 있다. 이것은 선형분수변환 (7.12)가 회전 및 확대변환 cz, 평행이동변환 $z + d$, 반전변환 $\frac{1}{z}$, 회전 및 확대변환 $\left(b - \frac{ad}{c}\right)z$, 평행이동변환 $z + \frac{a}{c}$를 순서대로 적용한 것으로 이해할 수 있음을 보여준다. 앞에서 본 것처럼 평행이동변환, 회전변환, 확대(축소)변환은 모두 z-평면의 직선과 원을 각각 w-평면의 직선과 원으로 대응시킨다. 반면에 반전변환은 z-평면의 원과 직선을 w-평면의 원 또는 직선으로 대응시키는 변환이다. 이 사실로부터 다음의 정리를 얻는다.

[정리 7.1] 선형분수변환은 원과 직선을 원 또는 직선으로 사상한다.

E1. 선형분수변환 $T(z) = \frac{1}{iz+2}$에 의한 영역 $D = \{z : \operatorname{Im} z < 1\}$의 상을 구하여보자. 영역 D는 점 $z = i$를 지나는 실수축과 나란한 직선의 아래 부분이다.

$$T_1(z) = iz, \quad T_2(z) = z + 2, \quad T_3(z) = \frac{1}{z}$$

라 하면

$$T(z) = T_3(T_2(T_1(z)))$$

이다. L을 직선 $z = i$라 하면 T_1은 L을 원점을 중심으로 반시계방향으로 $\frac{\pi}{2}$만큼 회전시키는 변환이므로

$$T_1(L) = \{z : \operatorname{Re} z = -1\} := L_1, \quad T_1(D) = \{z : \operatorname{Re} z > -1\} := D_1$$

이고, T_2는 실수축과 나란한 방향으로 2만큼 평행이동 시키는 변환이므로

$$T_2(L_1) = \{z : \mathrm{Re}\, z = 1\} := L_2, \quad T_2(D_1) = \{z : \mathrm{Re}\, z > 1\} := D_2$$

이다. 앞의 62절의 **E**1에서 본 것처럼 $T_3(z) = \frac{1}{z}$는 직선 L_2를 $w_0 = \frac{1}{2}$을 중심으로 하고 반지름이 $\frac{1}{2}$인 원으로 사상하고 영역 D_2를 그 원의 내부로 사상한다. 따라서 선형분수변환 $T(z)$는 z-평면의 영역 D를 w-평면의 영역

$$T(D) = \left\{w : \left|w - \frac{1}{2}\right| < \frac{1}{2}\right\}$$

로 사상한다.

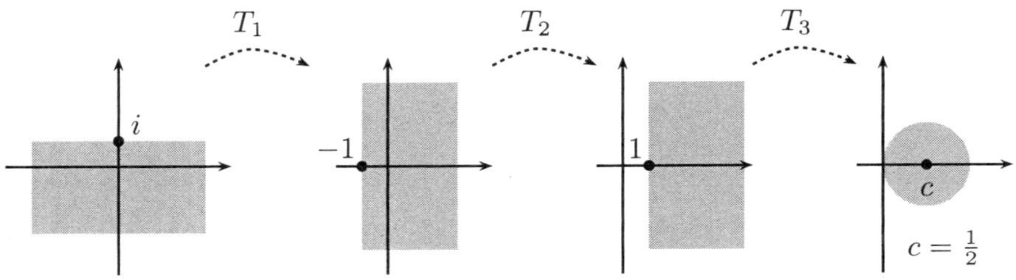

그림 7.5

■ 선형분수변환의 역변환. 선형분수변환

$$T(z) := w = \frac{az + b}{cz + d} \qquad (ad - bc \neq 0)$$

의 역변환에 대해 알아보자. 선형분수변환 $T(z)$는 $c = 0$일 때는

$$T(\infty) = \infty$$

로, $c \neq 0$일 때는

$$T(\infty) = \frac{a}{c}, \quad T\left(-\frac{d}{c}\right) = \infty$$

로 정의하면 확장된 복소평면에서 연속인 함수로 이해할 수 있다. 이렇게 확장된 선형분수변환은 확장된 복소 z-평면에서 확장된 복소 w-평면으로 사상하는 일대일대응함수이다. 즉, $z_1 \neq z_2$이면 $T(z_1) \neq T(z_2)$이고, 확장된 복소 w-평면의 각 점 w에 대해 $T(z) = w$인 점 z가 확장된 복소 z-평면 안에 반드시 존재한다.

그러므로 확장된 복소평면에서 선형분수변환 T의 역변환 T^{-1}가 존재한다. 역변환 T^{-1}는

$$T^{-1}(w) = z \quad \Leftrightarrow \quad T(z) = w$$

를 만족하는 함수이다. 선형분수변환 (7.12)의 역변환은

$$T^{-1}(w) = z = \frac{-dw+b}{cw-a} \quad (ad-bc \neq 0) \tag{7.14}$$

이며, 역변환 또한 선형분수변환이다. 따라서 확장된 복소 w-평면에서 정의된 역변환 T^{-1} 또한 일대일대응함수이고, $c=0$일 때는

$$T^{-1}(\infty) = \infty$$

로, $c \neq 0$일 때는

$$T^{-1}\left(\frac{a}{c}\right) = \infty, \quad T^{-1}(\infty) = -\frac{d}{c}$$

이다. S, T가 모두 선형분수변환이면 $S(T(z))$ 또한 선형분수변환이며, 확장된 복소평면의 모든 점 z에서 $T^{-1}(T(z)) = z$이다.

Q1. 선형분수변환 (7.12)의 역변환이

$$T^{-1}(w) = z = \frac{-dw+b}{cw-a} \quad (ad-bc \neq 0)$$

임을 보여라.

선형분수변환

$$w = \frac{az+b}{cz+d}$$

는

$$czw - az + dw - b = 0 \tag{7.15}$$

과 같이 쓸 수 있다. 위 식 (7.15)의 계수는 임의의 복소수이므로

$$Azw + Bz + Cw + D = 0, \quad AD - BC \neq 0 \tag{7.16}$$

의 형태를 갖는 것으로 가정할 수 있다. 위의 식 (7.16)의 왼쪽변은 z, w 모두에 대해 선형이기 때문에 **이중선형변환**(bilinear transformation)이라고 한다. 이런 이유에서 선형분수변환을 이중선형변환이라고 부르기도 한다.

[연습문제 63]

1. 확장된 z-평면에 주어진 세 점을 확장된 w-평면의 세 점으로 대응하는 선형분수변환을 찾아라.

(1) $(-2, -i,\ 2) \Rightarrow (-1, -i,\ 1)$ (2) $(-i,\ 0,\ i) \Rightarrow (-1,\ i,\ 1)$

(3) $(\infty,\ i,\ 0) \Rightarrow (0,\ i,\ \infty)$ (4) $(1,\ i,\ 0) \Rightarrow (\infty,\ i,\ 0)$

2. 세 점 $1-i,\ 1+i, -1+i$를 지나는 원을 $0, 1$을 지나는 직선에 대응 시키는 선형분수변환을 찾이라.

3. 다음 선형분수변환의 역변환을 구하여라.

(1) $\dfrac{i-z}{z+1}$ (2) $i\dfrac{1-z}{1+z}$

4. 다음 선형분수변환의 부동점을 찾아라.

(1) $\dfrac{z-1}{z+1}$ (2) $\dfrac{6z-9}{z}$

5. 선형분수변환은 1개 또는 2개가 아니면 무한히 많은 부동점을 가짐을 보여라.

6. T_1, T_2가 선형분수변환이면 $T_1 \circ T_2$도 선형분수변환임을 보여라.

7. 선형분수변환을 이용하여 다음 부등식이 성립함을 증명하여라.

$$\operatorname{Re} \frac{z}{1-z} > -\frac{1}{2} \quad (|z| < 1)$$

64. 선형분수변환과 교차비

z-평면에 주어진 서로 다른 세 점을 w-평면에 주어진 서로 다른 세 점으로 사상하는 선형분수변환을 찾을 수 있을까? 평면 위의 서로 다른 세 점은 하나의 직선이나 원을 결정한다. 즉, 세 점이 한 직선 위에 놓여있지 않다면 세 점을 지나는 유일한 원을 찾을 수 있다. 또 앞의 63절에서 선형분수변환은 직선과

원을 직선 또는 원으로 사상함을 보았다. 이러한 사실을 바탕으로 이 절에서는 주어진 직선과 직선 또는 원, 주어진 원과 직선 또는 원에 일대일 대응하는 선형분수변환의 형태를 찾아본다.

[정리 7.2] 확장된 복소 z-평면에 주어진 서로 다른 세 점 z_1, z_2, z_3와 확장된 복소 w-평면의 서로 다른 세 점 w_1, w_2, w_3이 주어졌을 때 $T(z_k) = w_k$ $(k = 1, 2, 3)$을 만족하는 선형분수변환 $T(z)$가 존재하고 그 변환은 유일하다.

(증명) 먼저 z_1, z_2, z_3와 w_1, w_2, w_3가 모두 복소평면 $\mathbb{C}$의 점이라고 가정하자. 선형분수변환

$$T(z) = \frac{az+b}{cz+d}, \quad ad - bc \neq 0 \tag{7.17}$$

가 z_k를 w_k $(k = 1, 2, 3)$에 대응시킨다면

$$w - w_k = \frac{az+b}{cz+d} - \frac{az_k+b}{cz_k+d} = \frac{(ad-bc)(z-z_k)}{(cz+d)(cz_k+d)}$$

이므로

$$\frac{w-w_1}{w-w_3} = \left(\frac{cz_3+d}{cz_1+d}\right)\left(\frac{z-z_1}{z-z_3}\right) \tag{7.18}$$

을 얻는다. 위 식 (7.18)에서 z 대신에 z_2, w 대신에 w_2를 대입하여

$$\frac{w_2-w_3}{w_2-w_1} = \left(\frac{cz_1+d}{cz_3+d}\right)\left(\frac{z_2-z_3}{z_2-z_1}\right) \tag{7.19}$$

을 얻고, 위 두 식 (7.18), (7.19)를 곱하여

$$\frac{(w-w_1)(w_2-w_3)}{(w-w_3)(w_2-w_1)} = \frac{(z-z_1)(z_2-z_3)}{(z-z_3)(z_2-z_1)} \tag{7.20}$$

을 얻는다. 식 (7.20)은 점 z_1, z_2, z_3를 차례로 점 w_1, w_2, w_3에 대응시킨다.

위의 점들 가운데 ∞을 포함하는 경우에는 그 점을 ∞로 보내는 극한을 취하여 원하는 결과를 얻을 수 있다. 예를 들어 $z_1 = \infty$인 경우

$$\frac{(w-w_1)(w_2-w_3)}{(w-w_3)(w_2-w_1)} = \lim_{z_1\to\infty}\frac{(z-z_1)(z_2-z_3)}{(z-z_3)(z_2-z_1)} = \frac{z_2-z_3}{z-z_3} \tag{7.21}$$

이다.

또한 위의 식 (7.20)은 전개하여

$$Azw + Bz + Cw + D = 0$$

의 형태로 정리할 수 있으므로 식 (7.20)은 선형분수변환이다. 위 선형분수변환이 유일함을 보이는 것은 연습문제로 남긴다. □

위의 식 (7.21)의 오른쪽 변을 기호

$$[z, z_1, z_2, z_3] := \frac{(z - z_1)(z_2 - z_3)}{(z - z_3)(z_2 - z_1)} \tag{7.22}$$

로 나타낸다. 기호 $[z, z_1, z_2, z_3]$를 **교차비**(cross ratio)라고 한다. 교차비를 이용하여 식 (7.21)은

$$[w, w_1, w_2, w_3] = [z, z_1, z_2, z_3] \tag{7.23}$$

로 나타낼 수 있다.

E1. 세 점 1, $i, -1$을 차례로 $2, -2$, i로 옮기는 선형분수변환을 찾아 보자. 식 (7.21)에 의 교차비

$$\frac{(w-2)(-2-i)}{(w-i)(-2-2)} = \frac{(z-1)(i+1)}{(z+1)(i-1)}$$

가 원하는 선형분수변환이다. 위 식은

$$w = \frac{2iz + (8 + 2i)}{(2 + 5i)z + (2 - 3i)} \tag{7.24}$$

로 정리할 수 있다. z-평면 위의 세 점 1, $i, -1$과 w-평면 위의 세 점 $2, -2$, i은 모두 각 평면에서 동일한 직선 위에 있지 않으므로 식 (7.24)는 z-평면 위의 세 점 1, $i, -1$을 지나는 원을 w-평면 위의 세 점 $2, -2$, i를 지나는 원에 대응시키는 선형분수변환이다.

E2. 세 점 2, ∞, i를 차례로 1, $i, -1$로 대응하는 선형분수변환을 찾아 보자. 식 (7.20)에서 $z_2 = \infty$인 경우이므로 교차비

$$\frac{(w-1)(i+1)}{(w+1)(i-1)} = \frac{z-2}{z-i}$$

로부터

$$w = \frac{3 - (1 - i)z}{-1(1 + i)z}$$

를 얻을 수 있다. 이 선형분수변환은 2, i를 지나는 직선을 세 점 1, $i, -1$을 지나는 원에 대응시키는 변환이다.

두 점 z_1, z_2를 지나는 직선은 확장된 복소평면의 세 점 z_1, z_2, ∞를 지나는 직선으로 이해할 수 있다.

E3. 두 점 1, i를 지나는 직선을 세 점 $0, -i$, 2를 지나는 원에 대응 시키는 선형분수변환을 찾아보자. 선형분수변환

$$[w,\ 0, -i,\ 2] = [z,\ 1,\ i,\ \infty]$$

는 세 점 1, i, ∞을 지나는 직선을 세 점 $0, -i$, 2를 지나는 원에 대응시킨다. 이 선형분수변환은 식 (7.20)에 의해

$$\frac{w(-i-2)}{(w-2)(-i)} = \frac{z-1}{i-1}$$

이고, 이를 정리하면

$$w = \frac{2z-2}{z-(2+3i)}$$

를 얻을 수 있다.

Q1. 세 점 $i, -i$, 1을 차례로 0, 1, ∞에 대응하는 선형분수변환을 찾아라.

[연습문제 64]

1. 서로 다른 세 점 z_1, z_2, z_3를 서로 다른 세 점 w_1, w_2, w_3로 사상하는 선형분수변환을 교차비의 형태로 나타내어라.

(1) $z_1 = 1,\ z_2 = i,\ z_3 = 1+i \ \Rightarrow\ w_1 = 0,\ w_2 = i,\ w_3 = -i$

(2) $z_1 = 1,\ z_2 = i,\ z_3 = -1+2i \ \Rightarrow\ w_1 = -2,\ w_2 = -2i,\ w_3 = 2$

(3) $z_1 = i,\ z_2 = \infty,\ z_3 = 2i \ \Rightarrow\ w_1 = -i,\ w_2 = -2,\ w_3 = 2$

(4) $z_1 = \infty,\ z_2 = 1-i,\ z_3 = -1+i \ \Rightarrow\ w_1 = -2i,\ w_2 = -1,\ w_3 = \infty$

2. 선형분수변환 T는 z-평면의 세 점 $z_1 = -1$, $z_2 = 0$, $z_3 = 1$를 w-평면의 세 점 $w_1 = 0$, $w_2 = 1 + i$, $w_3 = 2$에 사상한다.

(1) 선형분수변환 $T(z)$를 찾아라.

(2) $T(-i)$를 찾아라.

(3) 선형분수변환 T에 의한 상반평면의 상을 구하여라.

3. 서로 다른 세 점 z_1, z_2, z_3를 서로 다른 세 점 w_1, w_2, w_3로 사상하는 선형분수변환은 유일함을 보여라.

65. 상반평면의 변환

이 절에서는 상반평면 $\{z \in \mathbb{C} : \operatorname{Im} z > 0\}$을 열린 단위원판 $|w| < 1$에 사상하는 위로의(onto) 선형분수변환에 대해 알아본다. 이런 성질을 가진 선형분수변환은 실수축, $\operatorname{Im} z = 0$을 단위원 $|w| = 1$에 전사하는 함수이다.

선형분수변환

$$w = T(z) = \frac{az + b}{cz + d} \quad (ad - bc \neq 0) \tag{7.25}$$

를 실수축 $\operatorname{Im} z = 0$을 단위원 $|w| = 1$에 사상하는 함수라고 하자. 먼저 직선 $\operatorname{Im} z = 0$ 위의 세 점 $z = 0$, $z = 1$, $z = \infty$를 선택하여 선형분수변환 $w = T(z)$가 이들 세 점을 단위원 $|w| = 1$에 사상하기 위해 요구되는 조건을 알아보자.

변환 (7.25)에서 $z = 0$일 때 $|w| = 1$이기 위해서는

$$|b| = |d| \neq 0 \tag{7.26}$$

이어야 한다. 또 앞 절에서 $z = \infty$일 때 $w = \frac{a}{c}$로 약속하였으므로 $|w| = 1$이 되기 위해서는

$$|a| = |c| \neq 0 \tag{7.27}$$

이어야 한다. $ad - bc \neq 0$이므로 a, c는 모두 0이 아니다. 따라서 식 (7.25)는

$$w = T(z) = \frac{a}{c}\,\frac{z + \frac{b}{a}}{z + \frac{d}{c}}$$

로 쓸 수 있고, 식 (7.26), (7.27)로부터

$$\left|\frac{a}{c}\right| = 1, \quad \left|\frac{b}{a}\right| = \left|\frac{d}{c}\right| \neq 0$$

이므로, 선형분수변환 (7.25)는 다시

$$w = T(z) = e^{i\alpha}\left(\frac{z - z_0}{z - z_1}\right), \quad |z_0| = |z_1| \neq 0 \tag{7.28}$$

로 쓸 수 있다. 여기서 α는 실수이고 z_0, z_1은 0이 아닌 복소수이다.

이제 마지막으로 $z = 1$일 때 $|w| = 1$이어야 하므로 식 (7.28)에서

$$|1 - z_1| = |1 - z_0|$$

또는

$$(1 - z_1)(1 - \overline{z_1}) = (1 - z_0)(1 - \overline{z_0})$$
$$\Rightarrow 1 - z_1 - \overline{z_1} + |z_1|^2 = 1 - z_0 - \overline{z_0} + |z_0|^2$$

이다. 그런데 $|z_0| = |z_1|$이므로 $z_1\overline{z_1} = z_0\overline{z_0}$이다. 이는

$$z_1 + \overline{z_1} = z_0 + \overline{z_0}, \ \text{또는} \ \operatorname{Re} z_1 = \operatorname{Re} z_0$$

를 의미하므로

$$z_1 = z_0 \ \ \text{또는} \ \ z_1 = \overline{z_0}$$

이다. 그런데 $z_1 = z_0$이면 식 (7.28)은 상수함수이므로 $z_1 = \overline{z_0}$이어야 한다.

따라서 선형분수변환 (7.25)는

$$w = T(z) = e^{i\alpha}\left(\frac{z - z_0}{z - \overline{z_0}}\right), \quad |z_0| \neq 0 \tag{7.29}$$

의 형태를 갖는다. 앞의 변환 (7.29)는 z-평면의 점 z_0을 w-평면의 원점 $w = 0$에 대응시키므로 z_0가 상반평면의 점이면 선형분수변환

$$w = T(z) = e^{i\alpha}\left(\frac{z - z_0}{z - \overline{z_0}}\right), \quad \operatorname{Im} z_0 > 0 \tag{7.30}$$

는 상반평면 $\operatorname{Im} z > 0$을 열린단위원판 $|w| < 1$에 사상하는 전사인 선형분수변환이다.

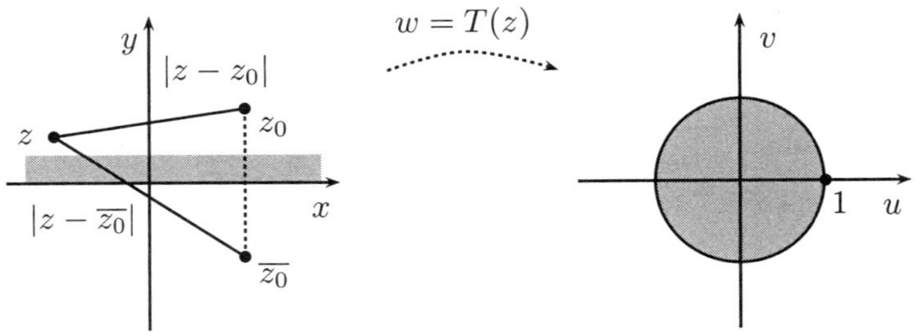

그림 7.6

사실 식 (7.30)의 형태를 갖는 모든 선형분수변환은 실수축 $\mathrm{Im}\, z = 0$을 단위원 $|w| = 1$에 전사하는 변환으로 상반평면 $\mathrm{Im}\, z > 0$을 열린단위원판 $|w| < 1$에 사상하는 전사인 함수이다. 식 (7.30)의 각변에 절댓값을 취하면

$$|w| = \frac{|z - z_0|}{|z - \overline{z_0}|}, \quad \mathrm{Im}\, z_0 > 0 \tag{7.31}$$

이다. 그림 7.6에서 보는 것처럼 z가 실수축의 위쪽에 있는 점이면 $|z - z_0| < |z - \overline{z_0}|$이므로 $|w| < 1$이고, z가 실수축의 아래쪽에 있는 점이면 $|z - z_0| > |z - \overline{z_0}|$이므로 $|w| > 1$이다. 또 z가 실수축에 있는 점이면 $|z - z_0| = |z - \overline{z_0}|$이므로 $|w| = 1$이다. 식 (7.30)은 상반평면 $\mathrm{Im}\, z > 0$을 열린 단위원판 $|w| < 1$에 사상하고, 상반평면의 경계 $\mathrm{Im}\, z = 0$을 열린단위원판의 경계 $|w| = 1$에 전사하는 선형분수변환이다.

E1. 선형분수변환 $w = \frac{i-z}{i+z}$는 식 (7.30)의 형태

$$w = \frac{i - z}{i + z} = -\frac{z - i}{z + i} = e^{\pi i}\frac{z - i}{z - \overline{i}}$$

로 고쳐쓸 수 있으므로 상반평면을 열린 단위원판에 사상하는 선형분수변환이다.

Q1. 상반평면을 열린 단위원판으로 사상하는 선형분수변환 가운데 $z = 1 + i$를 $w = 0$에 대응하는 선형분수변환의 형태를 찾아라.

[연습문제 65]

1. 선형분수변환 $w = \dfrac{z-i}{iz-1}$은 $\operatorname{Im} z \geq 0$를 $|w| \leq 1$로 대응함을 보여라.

2. 하반평면 $\operatorname{Im} z \leq 0$을 열린 단위원판 $|w| \leq 1$으로 사상하는 선형분수변환을 찾아라.

3. 반평면 $\operatorname{Re} z \leq 0$을 열린 단위원판 $|w| \leq 1$으로 사상하는 선형분수변환을 찾아라.

4. $\{z = x + iy : y > x\}$를 열린 단위원판 $|w| \leq 1$으로 사상하는 선형분수변환을 찾아라.

66. 단위원판의 변환

이 절에서는 단위원판 $|z| \leq 1$을 다시 단위원판 $|w| \leq 1$으로 사상하는 선형분수변환에 대해 알아본다. 회전변환 $T(z) = e^{\alpha i} z$는 단위 원판을 단위원판으로 사상한다. 그러나 회전변환보다 일반적인 형태의 변환을 생각할 수 있다

앞의 65절에서 선형분수변환

$$w = e^{i\alpha}\left(\frac{z-z_0}{z-\overline{z_0}}\right) \qquad (\operatorname{Im} z_0 > 0) \tag{7.32}$$

는 상반평면 $\operatorname{Im} z > 0$을 열린 단위원판 $|w| < 1$에 사상하는 일대일대응인 선형분수변환임을 보았다. 따라서 (7.32)의 역변환

$$w = \frac{z\overline{z_0} - e^{i\alpha} z_0}{z - e^{i\alpha}} \qquad (\operatorname{Im} z_0 > 0) \tag{7.33}$$

는 단위원판을 상반평면에 사상하는 선형분수변환이다.

Q1. 변환 (7.32)의 역변환이 식 (7.33)과 같음을 보여라.

$T_1(z)$, $T_2(z)$가 선형분수변환이면 $T_1(T_2(z))$도 선형분수변환이다.(연습문제 63의 6 참고) 그러므로 $T_1(z)$를 상반평면을 열린 단위원판으로, $T_2(z)$를 열린 단위원판을 상반평면으로 사상하는 선형분수변환이라면 $T_1(T_2(z))$는 열린 단위원판을 다시 열린 단위원판으로 사상하는 선형분수변환이다.

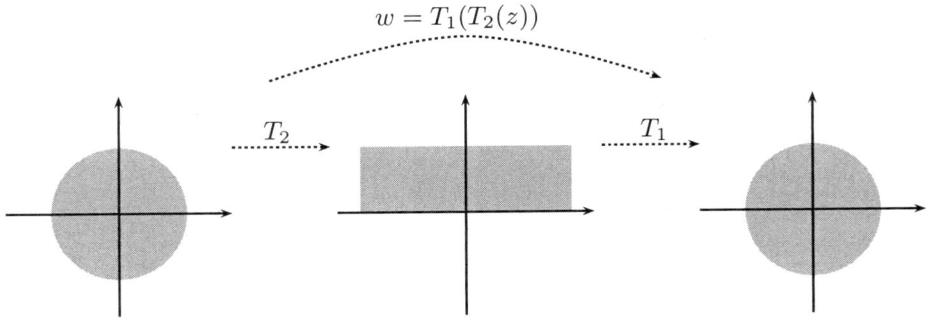

그림 7.7

위의 식 (7.33)에서 $z_0 = i$, $\alpha = \pi$이면

$$w = \frac{z\bar{i} - e^{i\pi} i}{z - e^{i\pi}} = -i\frac{z-1}{z+1} \tag{7.34}$$

이고 선형분수변환 (7.34)는 단위원의 내부를 상반평면에 사상한다. 이제 w_Δ를 단위원의 내부를 단위원의 내부로 사상하는 선형분수변환이라면 w_Δ는 상반평면을 단위원의 내부로 사상하는 선형분수변환 w(식(7.32))와 식(7.34)의 합성변환

$$w_\Delta(z) = w\left(-i\frac{z-1}{z+1}\right) \tag{7.35}$$

로 나타낼 수 있다. 그런데 w는 식 (7.32)의 형태이므로 식 (7.35)는

$$w_\Delta(z) = e^{i\alpha}\frac{(z_0+i)z + (z_0 - i)}{(\overline{z_0}+i)z + (\overline{z_0}-i)}, \quad \operatorname{Im} z_0 > 0 \tag{7.36}$$

로 쓸 수 있다. 여기서 $a = z_0 + i$, $b = z_0 - i$라 하면

$$\begin{aligned} w_\Delta(z) =& e^{i\alpha}\frac{az+b}{\bar{b}z+\bar{a}}, \quad |b| < |a| \\ =& e^{i\alpha}\frac{z+(b/a)}{(\bar{b}/a)z + (\bar{a}/a)} = e^{i\alpha}\frac{a}{\bar{a}}\frac{z+(b/a)}{(\bar{b}/\bar{a})z+1} \quad (\beta := -b/a) \\ =& -e^{i\alpha}\frac{a}{\bar{a}}\frac{z-\beta}{\bar{\beta}z-1} \quad (A := -e^{i\alpha}(a/\bar{a})) \\ =& A\frac{z-\beta}{\bar{\beta}z-1}, \quad |A| = 1,\ |\beta| < 1 \end{aligned}$$

을 얻을 수 있다. 그러므로 선형분수변환

$$w_\Delta(z) = A\frac{z-\beta}{\bar{\beta}z-1}, \quad |A| = 1,\ |\beta| < 1 \tag{7.37}$$

는 단위원의 내부를 다시 단위원의 내부로 사상하는 변환이다.

만일 식 (7.37)에서 $|\beta| > 1$이면 $|z_0 + i| = |a| < |b| = |z_0 - i|$이므로 $\mathrm{Im}\, z_0 < 0$이다. 따라서 $|\beta| > 1$이면 $w_\Delta(z)$는 단위원의 내부를 단위원의 외부로 사상하는 선형분수변환이다.

[연습문제 66]

1. 원판 $|z| \le r_1$을 원판 $|z| \le r_2$로 보내는 선형분수변환은

$$w = \frac{Ar_1r_2(z - z_0)}{r_1^2 - \overline{z_0}z}, \quad |A| = 1,\ |z_0| < r_1$$

의 형태를 가짐을 보여라.

2. w가 단위원을 단위원에 대응하는 변환이고, w에 의해 z_1이 w_1에 대응되면 $\dfrac{1}{\overline{z_1}}$은 $\dfrac{1}{\overline{w_1}}$에 대응됨을 보여라.

67. 다른 변환들

여기서는 선형분수변환이 아닌 다른 기본적인 변환 $w = z^2$, $w = e^z$에 대해서 알아보기로 한다. 그외의 함수에 의한 변환도 $w = z^2$, $w = e^z$의 경우와 비슷한 방법으로 변환의 성질을 알아볼 수 있다.

■ 변환 $w = z^2$. $w = u + iv$라고 하면

$$w = u + iv = (x^2 - y^2) + i(2xy)$$

이므로 변환 $w = z^2$은 점 $a + ia$를 점 $2a^2i$에 대응시킨다. 그러므로 $w = z^2$는 반직선 $z = x + ix\,(x > 0)$를 반직선 $w = iv\,(v > 0)$로 사상하고, 반직선 $z = x + ix\,(x < 0)$ 또한 반직선 $w = iv\,(v > 0)$에 사상한다. 다시 말해 $w = z^2$는 직선 $z = x + ix$를 반직선 $w = iv\,(v \ge 0)$에 두 번 사상하므로 선형분수변환과는 달리 일대일 함수가 아니다.

일반적으로 변환 $w=z^2$는 점 $z=x+imx$를 점

$$w=(1-m^2)x^2+i2mx^2$$

에 대응시키므로 $w=z^2$는 직선 $y=mx$를 반직선

$$v=\left(\frac{2m}{1-m^2}\right)u, \quad m\neq 1$$

에 두 번 대응시킨다. 여기서 $|m|<1$이면 $u\geq 0$, $|m|\geq 1$이면 $u\leq 0$이다.

변환 $w=z^2$은 점 $z=re^{i\theta}$를 점 $w=r^2e^{i2\theta}$로 사상하므로 극좌표로 표시된 점 (r,θ)를 $(r^2,2\theta)$로 사상하므로 변환 $w=z^2$에 의해 점 $z\neq 0$의 편각은 2배, 원점으로부터의 거리는 제곱으로 변환된다.

E1. 변환 $w=z^2$는 $A=\{z=re^{i\theta}:\ 0\leq r\leq 2,\ 0\leq\theta\leq\frac{\pi}{2}\}$를 $B=\{w=re^{i\theta}:\ 0\leq r\leq 4,\ 0\leq\theta\leq\pi\}$로 사상한다.

또 변환 $w=z^2$은 $z=x+ib,\ b\neq 0$를

$$w=u+iv=(x^2-b^2)+i(2xb)$$

로 사상하므로 변환 $w=z^2$은 직선 $y=b$를 포물선

$$u=\left(\frac{v}{2b}\right)^2-b^2=\frac{v^2}{4b^2}-b^2$$

에 사상한다. 같은 방법으로 직선 $x=a,\ a\neq 0$를 포물선

$$u=-\left(\frac{v^2}{4a^2}-a^2\right)$$

으로 사상한다.(그림 7.8 참고)

■ **변환** $w=e^z$. 지수함수 e^z에 의한 수평선과 수직선의 사상에 대해 알아보자. $z=x+iy$일 때 변환 e^z는

$$w=e^z=e^xe^{iy}:=\rho e^{i\phi}\quad(\rho=e^x,\ \phi=y) \tag{7.38}$$

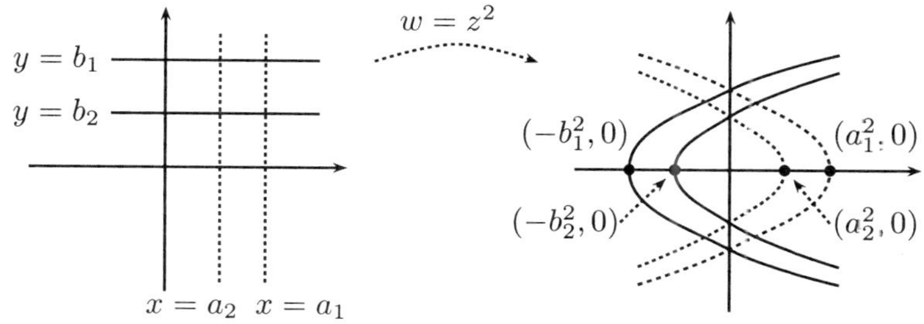

그림 7.8 변환 $w = z^2$

로 나타낼 수 있다. 그러므로 수직선 $x = a$ 위의 한 점 (a, y)는 변환 $w = e^z$에 의해 w평면에서 극좌표로 나타낸 점 $(\rho, \phi) = (e^a, y)$에 사상된다. 따라서 직선 $x = a$를 따라 y가 증가함에 따라 그 상은 그림 7.9에서 보는 것처럼 원점을 중심으로 하고 반지름이 e^a이 원을 따라 반시계방향으로 움직이며 y가 2π 만큼 증가할 때마다 원을 한바퀴 돌게된다.

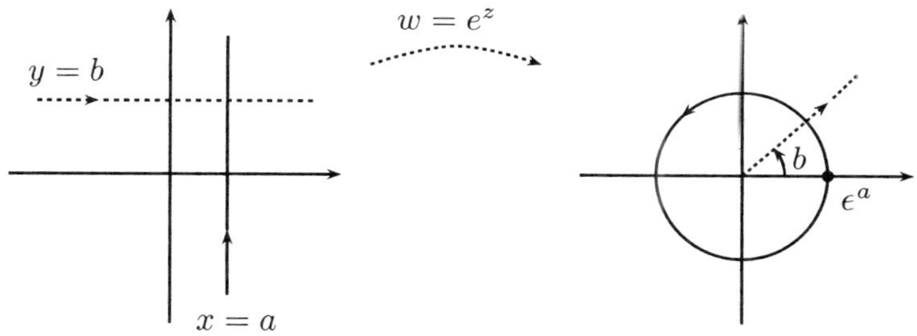

그림 7.9 변환 $w = e^z$

또 수평선 $y = b$ 위의 한 점 (x, b)는 변환 $w = e^z$에 의해 w평면에서 극좌표로 나타낸 점 $(\rho, \phi) = (e^x, b)$에 사상된다. 편각을 $\phi = b$로 유지한채 x가 증가함에 따라 원점에서 멀어진다. 그러므로 변환 $w = \epsilon^z$는 수평선을 원점에서 멀어지는 반직선에 일대일로 대응시키는 변환이다. 변환 $w = \epsilon^z$은 수직선의 일부를 원의 한 부분(또는 전체)로, 수평선의 일부를 반직선의 일부로 대응하는 변환이다.

E2. 평면 위의 집합 $[1, 3] \times [\frac{\pi}{4}, \frac{3\pi}{4}]$의 변환 $w = e^z$에 의한 상을 찾아보자. 그림 7.10의 선분 AB를 포함하는 직선은 변환 $w = e^z$에 의해 양의 u축과 $\frac{\pi}{4}$

의 각을 이루는 반직선에, DC를 포함하는 직선은 변환 양의 u축과 $\frac{3\pi}{4}$의 각을 이루는 반직선에 대응된다.

수직선분 AD는 변환 $w = e^z$에 의해 원호 $\rho = e$, $\frac{\pi}{4} \le \phi \le \frac{3\pi}{4}$에, 수직선분 BC는 원호 $\rho = e^3$, $\frac{\pi}{4} \le \phi \le \frac{3\pi}{4}$에 에 대응된다. 변환 $w = e^z$는 $[1,3] \times [\frac{\pi}{4}, \frac{3\pi}{4}]$를 A', B', C', D'에 의해 결정되는 환형집합의 한 부분으로 사상한다.

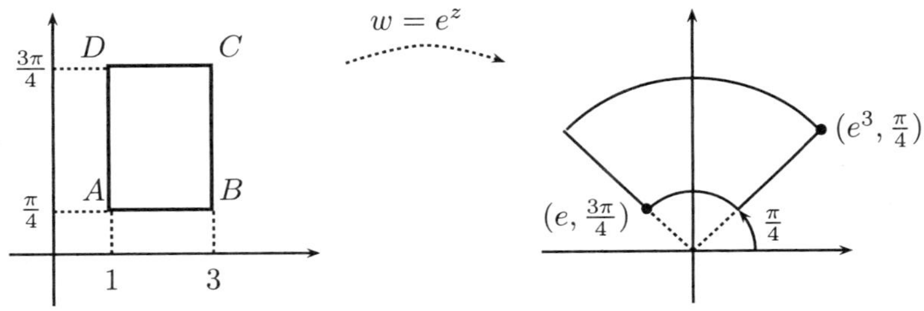

그림 7.10

영역의 형태에 따라서는 적절한 변환을 차례로 적용하여 한 영역에서 다른 영역으로 사상을 찾을 수 있다. 그림 7.11은 사분원을 원으로 사상시키는 과정이다.

[연습문제 67]

1. $f(z) = z^2$은 곡선 $x^2 - y^2 = A$, $xy = B$를 직선에 사상함을 보여라.$(A, B$는 실수$)$

2. $f(z) = z^2$에 의한 $|z - 1| \le 1$의 상을 찾아라.

3. 변환 $w = e^z$에 의한 직선 $ay = x$, $a \ne 0$의 상을 구하여라.

4. 변환 $w = e^z$에 의한 다음 집합의 상을 구하여라.

(1) $\{z : 0 \le \operatorname{Im} z \le \pi\}$

(2) $\{z : 0 \le \operatorname{Re} z,\ 0 \le \operatorname{Im} z \le \pi\}$

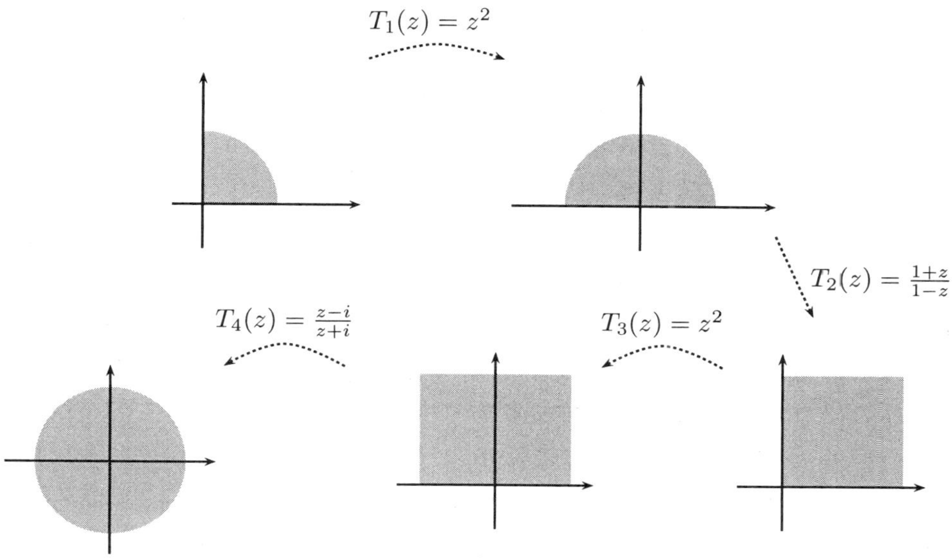

그림 7.11

68. 등각사상

매끄러운 두 곡선 γ_1, γ_2가 z_0에서 만날 때 두 곡선의 사잇각은 교점 z_0에서 두 곡선의 접선이 이루는 각으로 정의한다. 함수 $f(z)$가 z_0에서 해석적이면 f에 의한 두 곡선의 상 Γ_1, Γ_2가 교점 $f(z_0)$에서 이루는 각의 크기는 γ_1, γ_2의 사잇각과 같을까?

■ **$f'(z_0)$와 방향의 변화.** 원점을 지나는 직선은 $l(t) = te^{i\alpha}$ $(-\infty < t < \infty)$로 나타낼 수 있다. 여기서 α는 직선 l과 양의 실수축 사이의 각을 반시계방향으로 측정한 값이다. 점 z_0를 지나는 직선은 원점을 지나는 직선을 평행이동한 것이므로 $l(t) = z_0 + te^{i\alpha}$로 나타낼 수 있다.

매끄러운 곡선 γ가 $z = z(t)$ $(a \le t \le b)$로 주어지고, 함수 f가 γ 위의 모든 점에서 정의되었을 때 γ의 f에 의한 상

$$w = f(z(t)) \quad (a \le t \le b)$$

를 Γ라고 하자.

$z_0 = z(t_0)$를 곡선$z = z(t)$ 위의 점이라 하고, $w(t) = f(z(t))$, $w_0 = f(z_0)$로 놓으면

$$w - w_0 = \frac{f(z) - f(z_0)}{z - z_0}(z - z_0) \tag{7.39}$$

로 쓸 수 있다. 여기서 $f(z) \neq f(z_0)$로 가정하면 편각의 성질에 따라

$$\arg(w - w_0) = \arg\left(\frac{f(z) - f(z_0)}{z - z_0}\right) + \arg(z - z_0) \tag{7.40}$$

이다. 식 (7.40)에서 $\arg(z-z_0)$는 z-평면에서 점 z_0와 z를 지나는 직선이 실수축과 이루는 각을 반시계 방향으로 잰 값이고, $\arg(w-w_0)$는 w-평면에서 점 w_0와 w를 지나는 직선이 실수축과 이루는 각을 반시계방향으로 잰 값이다. 그림 7.12에서 보는 것처럼 점 z가 곡선 $z(t)$를 따라 z_0에 가까워지면 $\arg(z - z_0)$는 점 z_0에서 곡선 $z(t)$의 접선이 실수축과 이루는 사잇각 θ에 가까워지고 $\arg(w-w_0)$는 점 $w_0 = f(z_0)$에서 곡선 $f(z(t))$의 접선이 실수축과 이루는 사잇각 ϕ에 가깝게 된다.

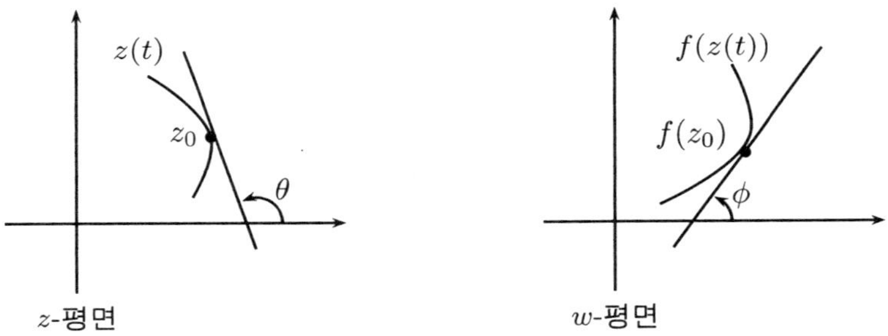

그림 7.12

그러므로 위의 식 (7.40)의 각 항에 극한 $\lim\limits_{t \to t_0}$를 취하면

$$\phi = \arg f'(z_0) + \theta \tag{7.41}$$

를 얻는다. 식 (7.41)에서 보는 것처럼 곡선 $z(t)$의 점 z_0에서의 기울기와 곡선 $f(z(t))$의 점 $w_0 = f(z_0)$에서의 기울기의 차는 $\arg f'(z_0)$에 의해 결정된다. 다시말해 곡선 γ가 점 $z_0 = z(t_0)$ $(a \leq t_0 \leq b)$을 지나고 $f(z)$가 z_0에서 해석적일 때 $f'(z_0) \neq 0$이면 식 (7.40)으로부터

$$\arg w'(t_0) = \arg f'(z(t_0)) + \arg z'(t_0) \tag{7.42}$$

를 얻을 수 있다. 위 식 (7.42)는 $w_0 = f(z_0)$에서 곡선 Γ의 방향과 z_0에서의 γ의 방향과의 관계를 말해준다.

■ **등각사상**. 두 곡선의 교점에서의 사잇각은 교점에서의 두 곡선의 접선이 이루는 각으로 정의하며, 방향은 한 곡선에서 다른 한 곡선까지 반시계방향으로 측정한 값을 양의 값으로 정한다.

[정리 7.3] $f(z)$가 z_0에서 해석적이고, $f'(z_0) \neq 0$라고 하자. γ_1, γ_2가 z-평면의 점 z_0를 교점으로 갖는 매끄러운 곡선이고, Γ_1, Γ_2는 각각 $f(z)$에 의한 γ_1, γ_2의 상이라 하면, z_0에서 γ_1으로부터 γ_2까지의 잰 각의 크기와 $f(z_0)$에서 Γ_1으로부터 Γ_2까지의 잰 각의 크기는 같다.

(증명) γ_1, γ_2의 교점 z_0에서 두 접선이 z-평면의 실수축과 이루는 각을 각각 θ_1, θ_2라 하면 γ_1에서 γ_2까지 잰 각의 크기는 $\theta_2 - \theta_1$이다. Γ_1과 Γ_2의 교점 $f(z_0)$에서 Γ_1과 Γ_2의 접선이 w평면의 실수축과 이루는 각을 각각 ϕ_1, ϕ_2라고 하면 식 (7.41)에 의해

$$\phi_1 = \theta_1 + \arg f'(z_0), \quad \phi_2 = \theta_2 + \arg f'(z_0)$$

이므로 Γ_1에서 Γ_2까지 잰 각의 크기는

$$\phi_2 - \phi_1 = [\theta_2 + \arg f'(z_0)] - [\theta_1 + \arg f'(z_0)] = \theta_2 - \theta_1 \tag{7.43}$$

으로 γ_1에서 γ_2까지 잰 각의 크기와 같다. □

E1. 실수축을 γ_1, 허수축을 γ_2라고 할 때 $f(z) = e^z$에 의한 γ_1, γ_2의 상 Γ_1, Γ_2의 사잇각을 구해보자. γ_1과 γ_2는 원점에서 만나고 γ_1에서 γ_2방향으로 잰 교각의 크기는 $\frac{\pi}{2}$이다. $f(z)$는 정함수이고 $f'(z) = e^z \neq 0$이므로 정리 7.3에 의해 교점 $f(0) = 1$에서 Γ_1에서 Γ_2방향으로 잰 교각의 크기는 $\frac{\pi}{2}$이다.

실제로 두 곡선 γ_1, γ_2는

$$\gamma_1 : z_1(t) = te^{0i} = t, \quad \gamma_2 : z_2(t) = te^{\frac{\pi}{2}i} = it \quad (t \in \mathbb{R})$$

로 나타낼 수 있으므로

$$\Gamma_1 : f(z_1(t)) = e^t, \quad \Gamma_2 : f(z_2(t)) = e^{it} \quad (t \in \mathbb{R})$$

이다. 따라서

$$\Gamma_1 = \{w = u + iv : u > 0, v = 0\} \quad \Gamma_2 = \{w : |w| = 1\}$$

이고, Γ_1과 Γ_2의 교점 $w_0 = f(0) = 1$에서 Γ_2의 접선은 $u = 1$이므로 Γ_1에서 Γ_2의 접선까지의 교각의 크기는 그림 7.13에서 보는 것처럼 $\frac{\pi}{2}$이다.

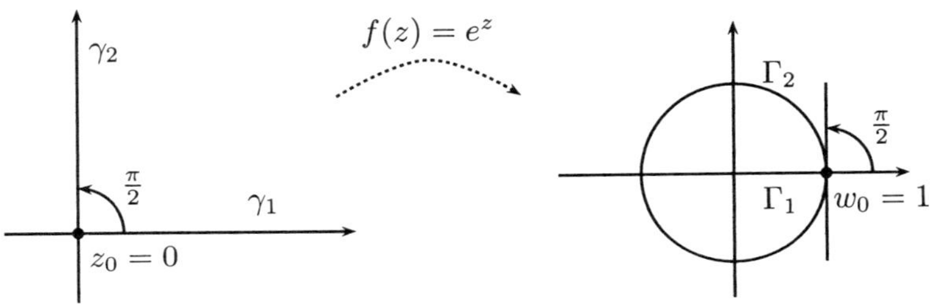

그림 7.13

앞의 정리 7.3에서 두 곡선 γ_1, γ_2의 교점에서 γ_1에서 γ_2방향으로 잰 교각과 두 곡선의 $f(z)$에 의한 상 Γ_1, Γ_2의 대응되는 교점에서 Γ_1으로부터 Γ_2까지의 잰 교각의 크기가 같음을 알았다. 정리 7.3의 함수 $f(z)$와 같이 각의 크기와 방향을 보존하는 함수를 **등각사상**(conformal mapping)이라고 한다. 정리 7.3은 영역 D에서 $f'(z) \neq 0$인 해석함수는 등각사상임을 보여준다. 정함수 e^z의 도함수는 복소평면에서 영점을 갖지 않으므로 복소평면에서 등각사상이다.

E2. $f(z) = \bar{z}$는 양의 실수축을 양의 실수축으로, 양의 허수축을 음의 허수축으로 보낸다. 양의 실수축에서 반시계방향으로 양의 허수축까지 잰 각은 $\frac{\pi}{2}$이지만 양의 실수축으로부터 음의 허수축까지 시계방향으로 잰 각은 $\frac{\pi}{2}$이므로 함수 $f(z)$는 각의 크기는 보존하지만 방향을 보존하지 않으므로 등각사상이 아니다. $f(z) = \bar{z}$와 같이 방향은 유지하지 않고 각의 크기는 보존하는 함수를 **등편각사상**(isogonal mapping)이라고 한다.

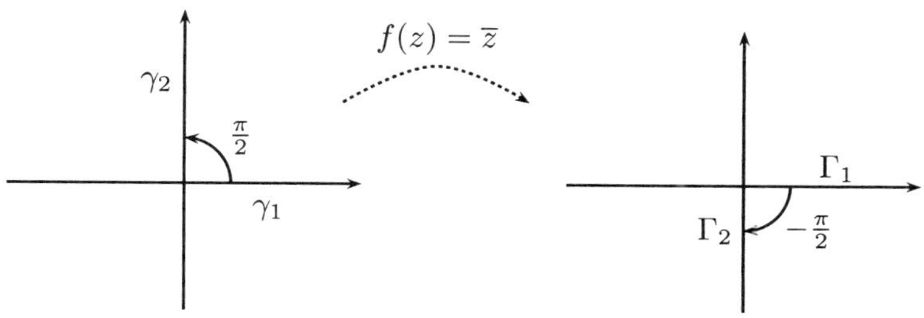

그림 7.14

■ **$f'(z_0)$와 거리의 변화.** 함수 $f(z)$가 z_0에서 해석적일 때 $f'(z_0) \neq 0$이고 z가 z_0의 근방에 있는 점이면 z-평면에서 z와 z_0 사이의 거리와 w-평면에서 $f(z)$와 $f(z_0)$ 사이의 거리에는 흥미로운 관계가 있다. $f(z)$가 z_0에서 해석적이므로

$$f'(z_0) = \lim_{z \to z_0} \frac{f(z) - f(z_0)}{z - z_0}$$

이다. 그러므로 z가 z_0에 충분히 가까이 있으면

$$|f(z) - f(z_0)| \approx |f'(z_0)|\,|z - z_0| \tag{7.44}$$

이다. 이는 $f'(z_0)$가 회전의 정도뿐만 아니라 거리의 변화 정도의 예측에서도 중요한 역할을 함을 의미한다.

[연습문제 68]

1. 실수축과 허수축의 $f(z) = \sin z$에 의한 상의 교점 $w = 0$에서의 교각의 크기를 구하여라.

2. 다음 함수가 등각사상이 되는 점을 찾아라.

(1) $f(z) = z^3 + z^2$ (2) $f(z) = \frac{z}{1+5z}$

(3) $f(z) = \overline{z}$ (4) $f(z) = \frac{\sin z}{\cos z}$

3. f가 z_0에서 해석적이고 $f')z_0) \neq 0$이면 $f(\bar{z})$와 $\overline{f(z)}$는 모두 등편각사상임을 보여라.

69. 일대일 함수

f가 실수 $\mathbb{R}$에서 연속인 도함수를 갖고 $f'(x) \neq 0$인 실함수이면 f는 일대일 함수이다. 그러나 복소 정함수 $f(z)$는 $\mathbb{C}$의 모든 점 z에서 $f'(z) \neq 0$이어도 일대일 함수가 아닐 수 있다. 예를 들어 $f(z) = e^z$는 복소평면의 모든 점에서 $f'(z) \neq 0$이지만 일대일 함수는 아니다. 그러나 복소함수의 경우도 $f'(z_0) \neq 0$인 점 z_0의 적절한 근방에서 일대일이다.

[정리 7.4] $f(z)$가 z_0에서 해석적이고 $f'(z_0) \neq 0$이면, $f(z)$는 z_0의 적절한 근방에서 일대일 함수이다.

(증명) $w_0 = f(z_0)$라고 하자. $f'(z_0) \neq 0$이므로 z_0는 $f(z) - w_0$의 1차 영점이다. $f(z)$가 상수함수가 아니므로 $0 < |z - z_0| < 2\delta_1$에서 $f(z) - w_0 \neq 0$인 $\delta_1 > 0$을 찾을 수 있다. $f(z) - w_0$는 콤팩트집합 $|z - z_0| = \delta_1$에서 연속이고 $f(z) - w_0 \neq 0$이므로

$$m := \min_{|z-z_0|=\delta_1} |f(z) - w_0| > 0$$

이다. 따라서 w가 $|w - w_0| < m$인 점일 때 $|z - z_0| = \delta_1$인 모든 z에 대해

$$|w - w_0| < m \leq |f(z) - w_0|$$

이다. 그러므로 루셰의 정리에 의해

$$f(z) - w = [f(z) - w_0] + (w_0 - w)$$

와 $f(z) - w_0$는 $|z - z_0| < \delta_1$에서 같은 수의 영점을 갖는다. 그런데 $|z - z_0| < \delta_1$에서 $f(z) - w_0$는 z_0에서만 영점을 갖고 그 영점이 1차 영점이므로 $f(z) - w$는 $|z - z_0| < \delta_1$에서 단 하나의 영점을 갖는다.

$f(z)$가 z_0에서 연속이므로 $|z - z_0| < \delta(< \delta_1)$이면

$$|w - w_0| = |f(z) - f(z_0)| < m$$

인 $0 < \delta(< \delta_1)$가 존재한다. 그러므로 즉 f는 z_0의 근방 $N(z_0, \delta)$에서 일대일인 함수이다. □

■ **일대일 함수와 등각사상.** 실함수 $f(x) = x^3$은 $f'(0) = 0$이지만 일대일 함수이다. 그러나 복소함수의 경우에는 일대일인 영역의 어떤 점에서도 도함수가 0이 될 수 없다. 정리 7.4와 아래의 정리 7.5로부터 일대일인 해석함수는 등각사상임을 알 수 있다.

[정리 7.5] f가 영역 D에서 정의된 일대일 해석함수이면, D에서 $f'(z) \neq 0$이다.

(증명) 영역 D의 한 점 z_0에서 $f'(z_0) = 0$이라 가정하면 z_0의 적절한 근방에서 테일러 급수

$$f(z) - f(z_0) = \sum_{n=k}^{\infty} \frac{f(n)(z_0)}{n!}(z - z_0)^n \quad (k \geq 2) \tag{7.45}$$

로 쓸 수 있으므로 $f(z) - f(z_0)$는 $z = z_0$에서 $k(k \geq 2)$차 영점을 갖는다. $f(z)$가 상수함수가 아니므로 $f(z) - f(z_0)$와 $f'(z)$가 영역 D에 속하는 $0 < |z - z_0| \leq \delta$에서 영점을 갖지 않게 되는 $\delta > 0$을 찾을 수 있다. 그러므로

$$m := \min_{|z - z_0| = \delta} |f(z) - f(z_0)| > 0 \tag{7.46}$$

이다. 함수 g를

$$g(z) = f(z) - f(z_0) - a \quad (0 < |a| < m) \tag{7.47}$$

로 정의하면 $g(z_0) = -a \neq 0$이고, $0 < |z - z_0| \leq \delta$에서

$$g'(z) = f'(z) \neq 0$$

이므로 $g(z)$가 $|z - z_0| \leq \delta$에서 영점을 갖는다면 단순 영점뿐이다.

원 $|z - z_0| = \delta$에서

$$|f(z) - f(z_0)| \geq m > |a| \tag{7.48}$$

이므로 루셰의 정리에 의해 $|z - z_0| < \delta$에서 $f(z) - f(z_0)$와 $g(z)$는 같은 수의 영점을 갖는다. $f(z) - f(z_0)$는 $|z - z_0| < \delta$에서 둘 이상의 영점을 가지므로

$$g(z) = f(z) - f(z_0) - a = 0$$

도 둘 이상의 해를 갖는다. 그런데 $g(z)$가 $|z-z_0|<\delta$에서 단순 영점만을 가지므로 $g(z)=0$는 $|z-z_0|<\delta$에서 서로 다른 근을 갖는다. 즉, $f(z)=f(z_0)+a$가 $|z-z_0|<\delta$에서 적어도 두 개의 서로 다른 근을 가지므로 $f(z)$가 일대일 함수라는 가정에 모순이다. 그러므로 $f'(z_0)=0$인 점 z_0는 존재하지 않는다. □

정리 7.5에서 한 영역에서 일대일인 해석함수는 영역 안의 모든 점 z에서 $f'(z)\neq 0$임을 알았다. 따라서 정리 7.4에 의해 일대일인 해석함수는 등각사상이다.

[연습문제 69]

1. $f(z)=\sin z$는 $z=\frac{\pi}{2}+n\pi$ ($n\in\mathbb{Z}$를 뺀 모든 점에서 등각사상임을 설명하여라.

2. 점 $z_0=2,\ z_0=-i$를 포함하는 적절한 영역에서 z^2의 역함수를 찾아라.

[답안] 문제의 부분적인 답안을 제시하였습니다. 제시된 답안은 여러 가지 해결 방법 가운데 하나일 뿐입니다. 또한 제시된 답안의 일부는 문제 해결을 위한 스케치에 머문 경우도 있음을 밝힙니다.

1. 복소평면과 복소함수

1. 허수 i와 복소수

4. (1) $\frac{2}{5} - \frac{1}{5}i$ (3) $1 + i$

7. $\mathrm{Re}\left(\dfrac{z+2}{z-1}\right) = \dfrac{x^2 + x - 2 + y^2}{(x-1)^2 + y^2}$, $\mathrm{Im}\left(\dfrac{z+2}{z-1}\right) = \dfrac{-3y}{(x-1)^2 + y^2}$

8. $\dfrac{x - iy}{x + iy} = \dfrac{(x^2 - y^2) - 2ixy}{x^2 + y^2} = a + ib$이므로 $a = \frac{x^2-y^2}{x^2+y^2}$, $b = \frac{-2xy}{x^2+y^2}$이고 $a^2 + b^2 = 1$이다.

9. $z_1 \neq 0$이므로 $z_2 = (z_1^{-1}z_1)z_2 = z_1^{-1}(z_1z_2) = z_1^{-1}(0) = 0$이다.

2. 복소수의 몇 가지 성질

5. (1) $|z_1| < 1,\ |z_2| < 1,\ |z| = |\overline{z}|$이므로

$$
\begin{aligned}
|1 - \overline{z_1}z_2|^2 - |z_1 - z_2|^2 =& 1 + |\overline{z_1}|^2|z_2|^2 - |z_1|^2 - |z_2|^2 \\
=& (1 - |z|^2)(1 - |z_2|^2) > 0
\end{aligned}
$$

6. (1) $|z|^2 = |x + iy|^2 = x^2 + y^2 < 1$이라 하면

$$
\mathrm{Re}\,\frac{1}{1-z} = \frac{1-x}{1 + x^2 + y^2 - 2x} > \frac{1-x}{2(1-x)} = \frac{1}{2}
$$

7. $|z|^2 = z\overline{z} = 1$이므로

$$
|az + b|^2 = (az + b)(\overline{az + b}) = |a|^2 + |b|^2 + a\overline{b}z - \overline{a}b\overline{z} = |\overline{b}z + \overline{a}|^2
$$

8. $|z^2 + 1| \leq |z|^2 + 1 = 2$이고 $z = 1$일 때 $|z^2 + 1| = 2$이다.

9. $|a - b|^2 + |a + b|^2 = (a - b)(\overline{a} - \overline{b}) + (a + b)(\overline{a} + \overline{b}) = 2(|a|^2 + |b|^2)$

10. $|z|^2 = z\overline{z}$이므로

$$\begin{aligned}|z_1+z_2|^2 =&(z_1+z_2)(\overline{z_1}+\overline{z_2}) = |z_1|^2+|z_2|^2+z_1\overline{z_2}+\overline{z_1}z_2 \\ =&|z_1|^2+|z_2|^2+z_1\overline{z_2}+\overline{z_1\overline{z_2}} = |z_1|^2+|z_2|^2+2\mathrm{Re}\,(z_1\overline{z_2})\end{aligned}$$

11. $z_0 = a+ib$라고 하면 $p(z_0) = \overline{p(z_0)} = 0$이고, $a_j = \overline{a_j} \in \mathbb{R}$이므로

$$\begin{aligned}p(\overline{z_0}) =&a_n\overline{z_0}^n+\cdots+a_1\overline{z_0}+a_0 = \overline{a_n z_0^n}+\cdots+\overline{a_1 z_0}+\overline{a_0} \\ =&\overline{a_n z_0^n+\cdots+a_1z_0+a_0} = \overline{p(z_0)} = 0\end{aligned}$$

3. 극형식과 오일러 공식

2. (1) $\sqrt{3}\,e^{(2n+\frac{1}{4})\pi i}$ (3) $4\,e^{(2n+\frac{5}{6})\pi i}$

3. $e^{i\theta} = \cos\theta + i\sin\theta$로부터 $\overline{e^{i\theta}} = \cos\theta - i\sin\theta = \cos(-\theta)+i\sin(-\theta) = e^{-i\theta}$.

6. $\mathrm{Re}\,z > 0$이면 $|\mathrm{Arg}\,z| < \frac{\pi}{2}$이다. $|z| = |x+iy| < 1$이면 $\mathrm{Re}\,\frac{1+z}{1-z} = \frac{1-(x^2+y^2)}{(1-x)^2+y^2} > 0$ 이므로 $\left|\mathrm{Arg}\,\frac{1+z}{1-z}\right| < \frac{\pi}{2}$.

4. 드무아브르의 식과 n 승근

3. $\left(\frac{1}{\sqrt{2}}+\frac{i}{\sqrt{2}}\right)^{51} = (\cos\frac{\pi}{4}+i\sin\frac{\pi}{4})^{51} = \cos\frac{51\pi}{4}+i\sin\frac{51\pi}{4} = \cos\frac{3\pi}{4}+i\sin\frac{3\pi}{4}$ $= -\frac{1}{\sqrt{2}}+\frac{i}{\sqrt{2}}$

6. (1) $\cos\frac{3\pi}{4}+i\sin\frac{3\pi}{4},\ \ \cos\frac{7\pi}{4}+i\sin\frac{7\pi}{4}$

8. $1+z+z^2+\cdots+z^n = \frac{1-z^{n+1}}{1-z}$ $(z \neq 1)$에서 $z = \cos\theta + i\sin\theta$로 놓고 양변에서 실수부를 취한다.

5. 복소평면의 위상적 성질

3. $O_n = \{z = x+iy : -\frac{1}{n} < x < 1\}$은 열린집합이지만 $\bigcap_{n=1}^{\infty} O_n = \{z = x+iy : 0 \le x < 1\}$은 열립집합이 아니다.

5. $z_0 \in \bigcup O_\alpha$이면 $z_0 \in O_\alpha$인 열린집합 O_α가 있다. 그러므로 $z_0 \in N(z_0,\epsilon) \subset O_\alpha \subset \bigcup O_\alpha$ 인 $\epsilon > 0$이 존재한다. 즉, z_0는 $\bigcup O_\alpha$의 내점이다.

9. E가 연결된 열린집합이므로 z_1, z_2를 연결하는 E안에 놓인 곡선 γ가 있다. γ 위의 모든 점은 E내점이고 γ는 컴팩트집합이므로

$$\gamma \subset \bigcup_{k=1}^{n} N(w_k,\epsilon_k) \subset E$$

이고 $N(w_k, \epsilon_k) \cap N(w_{k+1}, \epsilon_{k+1}) \neq \emptyset$인 γ위의 점 w_k와 $\epsilon_k > 0$를 찾을 수 있다. $z_1 \in N(w_1, \epsilon_1)$, $t_k \in N(w_k, \epsilon_k) \cap N(w_{k+1}, \epsilon_{k+1})$, $z_2 \in N(w_n, \epsilon_n)$이라 하면 $z_1, w_1, t_1, w_2, t_2, \cdots, t_{n-1}, w_n, z_2$를 꺽인점으로 하는 꺽은선은 z_1과 z_2을 연결하고 E안에 놓여있다. (꺽은선은 실수축과 허수축에 나란하게 택할수 있다.)

6. 복소수열

1. $z_n = x_n + iy_n$이라 하자. $|z_n| \le M$이면 $|x_n| \le |z_n| \le M$, $|y_n| \le |z_n| \le M$이다. 반대로 $|x_n| \le M_1$, $|y_n| \le M_2$이면 $|z_n| \le |x_n| + |y_n| \le M_1 + M_2$이다.

3. $\lim_{n\to\infty} \text{Arg} z_n = \lim_{n\to\infty} \tan^{-1} \dfrac{(-1)^n}{2n} = 0$

4. $\lim_{n\to\infty} z_n = z_0$이므로 임의의 $\epsilon > 0$에 대해 $n > N$이면 $|z_n - z_0| < \epsilon$을 만족하는 N이 존재한다. 이제 $n > N$이면 $||z_n| - |z_0|| \le |z_n - z_0| < \epsilon$이므로 $\lim_{n\to\infty} |z_n| = |z_0|$이다. (이 문제의 역은 성립하지 않는다.)

5. 주어진 $\epsilon > 0$에 대해 $N > \frac{1}{\epsilon}$인 자연수를 택하면 $n > N$일 때 $|\frac{\cos n}{n}| \le \frac{1}{n} < \frac{1}{N} < \epsilon$이므로 $\lim_{n\to\infty} \dfrac{\cos n}{n} = 0$이다. 같은 방법으로 $\lim_{n\to\infty} \dfrac{\sin n}{n} = 0$이므로 $\lim_{n\to\infty} z_n = 0$이다.

7. 부분수열, 코시수열

1. 각각의 자연수 k에 대해 $|z_{n_k}| > k$인 z_{n_k}가 있다. (아니면 (z_n)은 유계이다.) 부분수열 (z_{n_k})은 ∞로 발산한다.

2. (1) (z_n)이 수렴하므로 코시수열이다. (2) (z_n)이 발산하드로 코시수열이 아니다.

3. 아니다. (아래 4번 참고)

4. 수열 $1, 1\frac{1}{2}, 2\frac{1}{2}, 1\frac{1}{3}, 2\frac{1}{3}, 3\frac{1}{3}, 1\frac{1}{4}, 2\frac{1}{4}, 3\frac{1}{4}, 4\frac{1}{4}, \cdots$은 각각의 자연수 n에 수렴하는 부분수열을 포함한다.

5. 수열 $1, 2, 2\frac{1}{2}, 3, 3\frac{1}{3}, 3\frac{2}{3}, \cdots, (n-1)\frac{n-2}{n-1}, n, n\frac{1}{n}, n\frac{2}{n}, \cdots, n\frac{r-1}{n}, n+1, \cdots$은 주어진 조건을 만족하지만 발산하므로 코시수열이 아니다.

8. 복소함수와 극한

2. $\lim_{z\to z_0} f(z) = w_0$이므로 임의의 $\epsilon > 0$에 대해 $0 < |z - z_0| < \delta$이면 $|f(z) - w_0| < \epsilon$을 만족하는 $\delta > 0$가 존재한다. 이제 $0 < |z - z_0| < \delta$이면 $||f(z)| - |w_0|| \le |f(z) - w_0| < \epsilon$이므로 $\lim_{z\to z_0} |f(z)| = |w_0|$이다.

9. 복소함수의 연속

2. 연속함수 $f(z) = |z|$는 열린집합 $\mathbb{C}$에 대해 닫힌집합 $f(\mathbb{C}) = \{z = x + iy : x \geq 0,\ y = 0\}$을 상(image)로 갖는다.

3. 집합 $A = \{z : 0 < |z| < 1\}$은 유계이지만 A에서 연속인 함수 $f(z) = \frac{1}{z}$의 상 $f(A)$는 유계가 아니다.

2. 해석함수

10. 복소함수의 미분

1. (1) $S = \{z : z^3 \neq -1\}$ (2) $f'(z) = \frac{-4z^3+2}{(z^3+1)^2}$

3. $f'(0) = \lim_{z \to 0} \dfrac{|z|^2 - 0}{z - 0} = \lim_{z \to 0} \dfrac{z\bar{z}}{z} = 0$, 미분가능

5. $z \in E$에 대해

$$g'(z) = \lim_{h \to 0} \frac{g(z+h) - g(z)}{h} = \lim_{h \to 0} \overline{\frac{f(\bar{z} + \bar{h}) - f(\bar{z})}{\bar{h}}} = \overline{f'(\bar{z})}$$

이므로 g는 E에서 미분가능하다.

11. 미분가능성과 코시-리만의 방정식

2. $e^{\bar{z}} = e^{x-iy} = e^x \cos y - ie^x \sin y := u(x,y) + iv(x,y)$이다. $u_x = e^x \cos y$, $v_y = -e^x \cos y$, $u_y = -e^x \sin y$, $v_x = -e^x \sin y$이므로 복소평면의 어떤 점에서도 코시-리만 방정식이 성립되지 않는다. 모든 점에서 미분불가능하다.

3. $f = u + iv$라 하자. (1) $u_x = u_y = 0$이고 코시-리만 방정식을 만족하므로 $v_x = v_y = 0$이다. 그러므로 $N(0,1)$에서 $f'(z) = u_x + iv_x = 0$이고 $f(z)$는 상수이다.

(2) $e^{f(z)} \neq 0$이고, $(e^{f(z)})' = f'(z)e^{f(z)} = 0$이므로 $N(0,1)$에서 $f'(z) = 0$이다.

4. $f = u + iv$라 하면 $v \equiv 0$이므로 $f' = u_x + iv_x = -v_y + iv_x = 0$이다. 따라서 $f(z)$는 상수이다.

6. $u_x = v_y$, $u_y = -v_x$이고, $f'(z) = u_x + iv_x = u_x - iu_y$이므로

$$\begin{aligned} |f'(z)|^2 &= u_x^2 + v_x^2 = u_x^2 + u_y^2 \\ &= u_x v_y - u_y v_x \end{aligned}$$

이다.

7. (1) $|z|^2 = z\bar{z}$이므로

$$\lim_{h\to 0}\frac{f(h)}{h} = \lim_{h\to 0}\frac{f(h)-f(0)}{h} = \lim_{h\to 0}\frac{h^2}{\bar{h}^2} = \lim_{h=s+it\to 0}\frac{s^2-t^2+2ist}{s^2-t^2-2ist}$$

이다. 이 극한은 $h = s+it = s+is \to 0$일 때와 $h = s+it = s \to 0$일 때의 극한값이 다르므로 존재하지 않는다.

(2) $f(z) = \frac{z^3}{\bar{z}^2}$의 실수부와 허수부를 찾아 $u(x,0) = x$, $v(0,y) = y$, $u(0,y) = v(x,0) = 0$임을 보인다.

12. 코시-리만 방정식과 해석함수

1. (1) $a=b,\ c=-1$ (2) $a=b=\frac{c}{2}$ (3) $a=1,\ b=2n\pi$ (4) $a=b=0$

2. 어떤 점에서도 코시-리만 방정식을 만족하지 못하므로 미분가능한 점은 없다.

3. 0

4. $\mathrm{Re}f = u(x,y) = (x+1)^3 - 3(x+1)y^2 - 3x,\ \ \mathrm{Im}f = v(x,y) = y^3 + 3y - 3(x+1)^2 y$에 코시-리만 방정식을 확인한다.

6. $g(z) = u+iv$라 하면 $v=0$이고, g는 정함수이므로 코시-리만의 방정식 $u_x = v_y$, $u_y = -v_x$를 만족한다. $v_x = v_y = 0$이므로 $g'(z) = u_x + iv_x = 0$이고 $g(z)$는 상수이다.

7. $|f(z)| = a$라고 하자. $a=0$이면 $f\equiv 0$이다. $a\neq 0$이면 $|f(z)|^2 = f(z)\overline{f(z)} = c^2$로부터 $\overline{f(z)} = \frac{c^2}{f(z)}$는 D에서 해석적인 함수이다. 그러므로 12절 **E**4에 의해 f는 상수함수이다.

8. $f'(z) = \frac{\partial f}{\partial x} = -i\frac{\partial f}{\partial y}$이므로 $f^{(n-1)}(z) = \frac{\partial^{n-1}f}{\partial x^{n-1}} = (-i)^{n-1}\frac{\partial^{n-1}f}{\partial y^{n-1}}$, $(n\geq 3)$이면

$$f^{(n)}(z) = \frac{\partial}{\partial x}\left(\frac{\partial^{n-1}f}{\partial x^{n-1}}\right) = \frac{\partial}{\partial y}\left((-i)^{n-1}\frac{\partial^{n-1}f}{\partial y^{n-1}}\right) = \frac{\partial^n f}{\partial x^n} = (-i)^n\frac{\partial^n f}{\partial y^n}$$

이다.

13. 코시-리만방정식의 극형식

1. $u(r,\theta) = r^2\cos 2\theta + 1,\ v(r,\theta) = r^2\sin 2\theta$는 연속인 편도함수를 갖고

$$u_r = 2r\cos 2\theta = \frac{1}{r}v_\theta,\quad v_r = 2r\sin 2\theta = -\frac{1}{r}u_\theta$$

이므로 f는 정함수이다.

4. $u_r = \frac{1}{r}v_\theta$, $v_r = -\frac{1}{r}u_\theta$이고, $f'(z) = e^{-i\theta}(u_r + iv_r)$이므로 $f'(z) = \frac{1}{re^{i\theta}}(v_\theta - iu_\theta) = -\frac{i}{re^{i\theta}}(u_\theta + iv_\theta)$이다.

5. $f(z) = u(r,\theta) + iv(r,\theta)$라 하면 $u_\theta = 0 = v_\theta$이므로 위의 문제 4에 의해 D에서 $f'(z) = 0$이다.

14. 조화함수

2. (1) $v(x,y) = -3xy^2 + x^3 + b$ (2) $v(x,y) = e^x \sin y - x + b$ $(b \in \mathbb{R})$

5. $v(x,y) = -\frac{y}{(x-1)^2+y^2}$ $(\mathbb{R}^2 - \{(1,0)\})$

6. $f = u + iv$, $f^2 = (u^2 - v^2) + i2uv$가 해석적이므로 uv는 조화함수이다.

7. $\frac{\partial u}{\partial r} = \frac{\partial u}{\partial x}\frac{\partial x}{\partial r} + \frac{\partial u}{\partial y}\frac{\partial y}{\partial r} = \cos\theta\frac{\partial u}{\partial x} + \sin\theta\frac{\partial u}{\partial y}$ 로 부터

$$\begin{aligned}\frac{\partial^2 u}{\partial r^2} &= \cos\theta\frac{\partial}{\partial r}\frac{\partial u}{\partial x} + \sin\theta\frac{\partial}{\partial r}\frac{\partial u}{\partial y}\\ &= \cos\theta\left(\frac{\partial^2 u}{\partial x^2}\frac{\partial x}{\partial r} + \frac{\partial^2 u}{\partial y\partial x}\frac{\partial y}{\partial r}\right) + \sin\theta\left(\frac{\partial^2 u}{\partial x\partial y}\frac{\partial x}{\partial r} + \frac{\partial^2 u}{\partial x^2}\frac{\partial y}{\partial r}\right)\\ &= \cos^2\theta\frac{\partial^2 u}{\partial y^2} + 2\cos\theta\sin\theta\frac{\partial^2 u}{\partial x\partial y} + \sin^2\theta\frac{\partial^2 u}{\partial x^2},\end{aligned}$$

유사한 방법으로

$$\frac{\partial u}{\partial\theta} = -r\sin\theta\frac{\partial u}{\partial x} + r\cos\theta\frac{\partial u}{\partial y}$$

로 부터

$$\begin{aligned}\frac{\partial^2 u}{\partial\theta^2} = &-r\left(\cos\theta\frac{\partial u}{\partial x} + r\sin\theta\frac{\partial u}{\partial y}\right)\\ &+ r^2\left(\cos^2\theta\frac{\partial^2 u}{\partial y^2} - 2\cos\theta\sin\theta\frac{\partial^2 u}{\partial x\partial y} + \sin^2\theta\frac{\partial^2 u}{\partial x^2}\right)\end{aligned}$$

를 얻는다. 그러므로

$$\frac{\partial^2 u}{\partial r^2} + \frac{1}{r^2}\frac{\partial^2 u}{\partial\theta^2} = -\frac{1}{r}\frac{\partial u}{\partial r} + \frac{\partial^2 u}{\partial x^2} + \frac{\partial^2 u}{\partial y^2}$$

이다. 즉,

$$\frac{\partial}{\partial r}\left(r\frac{\partial u}{\partial r}\right) + \frac{1}{r}\frac{\partial^2 u}{\partial\theta^2} = r\left[\frac{\partial^2 u}{\partial x^2} + \frac{\partial^2 u}{\partial y^2}\right] = 0.$$

15. 지수함수 e^z

2. $|e^{z^2}| = e^{\mathrm{Re}z^2} \le e^{|z|^2}$

3. 주어진 방정식 $e^z = e^{x+iy} = e^x(\cos y + i\sin y) = 1-i$로부터 $e^x\cos y = 1$, $e^x \sin y = -1$이므로 $e^{2x}\cos^2 y + e^{2x}\sin^2 y = e^{2x} = 2$ 이다. 그러므로 $x = \frac{1}{2}\log 2$이다. 또한 $y = \tan^{-1}(\frac{-1}{1}) = -\frac{\pi}{4}$ 이므로 $e^z = 1-i$의 해는

$$z = \frac{1}{2}\log 2 + i(2k\pi - \frac{\pi}{4}) \ \ (k \in \mathbb{Z})$$

이다.

4. $(n \in \mathbb{Z})$ (1) $z = (2n+1)\pi i$ (2) $z = \ln 2 + (2n + \frac{1}{3})\pi i$ (3) $z = \frac{1}{2} + n\pi i$

5. $\text{Re}\frac{1}{z} \le |\frac{1}{z}|$이므로 $|z| \ge \epsilon$에 대해 $|e^{\frac{1}{z}}| \le e^{\frac{1}{|z|}} \le e^{\frac{1}{\epsilon}}$이므로 유계이다.

7. $\overline{e^z} = e^x(\cos y - i\sin y) = e^x[\cos(-y) + i\sin(-y)] = e^{\bar{z}}$

9. (1) $|e^z| = |e^{x+iy}| = e^x$이므로, $|e^z + e^{z^2}| \le |e^z| + |e^{z^2}| = e^x + e^{x^2-y^2}$이다.

16. 로그함수

4. (1) $2n\pi i$ (2) $(2n\pi + \frac{\pi}{2})i$ (3) $(2n\pi - \frac{\pi}{2})i$ (4) $\ln\sqrt{2} + (2n\pi + \frac{\pi}{2})i$ $(n \in \mathbb{Z})$

5. $z = i$

8. $D = \{(r,\theta) | r > 0,\ \alpha < \theta < \alpha + 2\pi\}$, $u(x,y) = \frac{1}{2}\ln(x^2+y^2)$, $v(x,y) = \tan^{-1}\frac{y}{x}$ 라 하면 u, v는 D에서 연속인 편도함수를 갖고

$$u_x = \frac{x}{x^2+y^2} = v_y, \quad u_y = \frac{y}{x^2+y^2} = -v_x$$

이므로 $\log z$는 해석적이며,

$$\frac{d}{dz}\log z = u_x + iv_x = \frac{x-iy}{x^2+y^2} = \frac{\overline{z}}{|z|^2} = \frac{1}{z}.$$

17. 멱함수 z^α

1. (1) $e^{-\frac{\pi}{4}+2n\pi}e^{i\frac{\ln 2}{2}}$ (2) $e^{(2n+1)i}$ $(n \in \mathbb{Z})$

2. (1) $u(x,y) = e^{x\ln|x|}\cos(n\pi x)$, $v(x,y) = e^{x\ln|x|}\sin(n\pi x)$

3. (1) e^π (2) $-e^{2\pi^2}$

5. (1) $A = \mathbb{C} - \{z = x+iy : x \ge 0,\ y = (2n+1)\pi\}$ $(n \in \mathbb{Z})$에서 해석적이다. (f는 A에서 0 또는 음의 값을 갖지 않는다.) (2) $f'(z) = \frac{e^z}{2\sqrt{e^z+1}}$

18. 삼각함수

1. $\left(\frac{e^{iz}-e^{-iz}}{2i}\right)^2 + \left(\frac{e^{iz}+e^{-iz}}{2}\right)^2 = 1$

3. $|\cos z| = \left|\frac{e^{iz}+e^{-iz}}{2}\right| \geq \frac{e^{|y|}-e^{-|y|}}{2} \to \infty \quad (|y| \to \infty)$

4. $\cos z = \cos(x+iy) = \cos x \cosh y - i \sin x \sinh y$

6. (1) $|\sin z|^2 = \sin^2 x + \sinh^2 y$에서 $|\sin z| \leq |\sin x|$

   (2) 위에서 $|sinhy| \leq |\sin z|$이고

$$|\sin z| = \left|\frac{e^{iz}-e^{-iz}}{2i}\right| \leq \frac{|e^{iz}|+|e^{-iz}|}{2} = \frac{e^{-y}+e^{y}}{2} = \cosh y$$

7. $\sin \bar{z} = \sin x \cosh y - i \cos x \sinh y$는 어떤 영역에서도 코시-리만 방정식을 만족하지 않는다.

19. 쌍곡선함수

1. $\cosh z = 0$이면 식 (2.71)에 의해 $|\cosh z|^2 = \sinh^2 x + \cos^2 y = 0$이다. 그러므로 $x = 0,\ y = n\pi + \frac{\pi}{2}$이다. 또 $\cosh[(n+\frac{i}{2})\pi i] = 0$이다.

3. $|\cosh z|^2 = \sinh^2 x + \cos^2 y$로부터 $|\sinh x| \leq |\cosh z|$,

$$|\cosh z| = \left|\frac{e^{z}+e^{-z}}{2}\right| \leq \frac{|e^{z}|+|e^{-z}|}{2} = \frac{e^{x}+e^{-x}}{2} = \sinh x$$

   이다.

5. $\tanh z = \frac{\sinh z}{\cosh z} = \frac{-i\sin(iz)}{\cos(iz)} = -i\tan(iz)$

7. (1) $z = (2n+\frac{1}{2})\pi i \quad (n \in \mathbb{Z})$ (2) $z = \pm\ln(2+\sqrt{3}) + (2n+1)\pi i \quad (n \in \mathbb{Z})$

20. 역삼각함수, 역쌍곡선함수

1. (1) $\left(n+\frac{1}{2}\right)\pi + i\frac{\ln 3}{2}\ (n \in \mathbb{Z})$

3. $\cos^{-1}\sqrt{2} = -i\log[\sqrt{2}+i(1-2)^{\frac{1}{2}}] = 2n\pi \pm i\ln(1+\sqrt{2})\ (n \in \mathbb{Z})$

5. $z = \cosh w = \frac{e^{w}+e^{-w}}{2},\ e^{2w} - ze^{w} + 1 = 0$로부터 $e^{w} = z + (z^2-1)^{\frac{1}{2}}$이다. 그러므로 $\cosh^{-1} z = w = \log[z+(z^2-1)^{\frac{1}{2}}]$이다.

3. 복소함수의 적분과 코시의 정리

21. 복소함수 $w(t)$의 적분

1. (1) $\log 2 - i$ (2) $\frac{1}{2} + \frac{i}{2}$

3. $0\,(m \neq n),\ 2\pi\,(m = n)$

5. (1) $\left|\int_0^1 e^{t+it}dt\right| \le \int_0^1 |e^{t+it}|dt \le \int_0^1 e^t dt < \int_0^1 e\,dt = e$

(2) $\left|\int_0^2 \frac{e^{it}}{t-i}dt\right| \le \int_0^2 |\frac{e^{it}}{t-i}|dt = \int_0^2 \frac{1}{|t-i|}dt < \int_0^2 dt = 2$

22. 경로

2. (1) $z(t) = t + it\ (0 \le t \le 1)$ (2) $z(t) = (-1+i) + e^{it}\ (0 \le t \le 2\pi)$

3. $z(t) = 2 + t - it\ (-1 \le t \le 0)$

4. 곡선 $z(t) = x(t) + iy(t)$는 컴팩트집합 $[a, b]$에서 정의된 연속함스이므로 그 상(곡선) 또한 컴팩트집합이고 유계이다.

23. 경로적분

1. $\gamma_1 : z_1(t) = it,\ \gamma_2 : z_2(t) = t + i,\ \gamma_3 : z_3(t) = t + it\ (0 \le t \le 1)$라고 하면

(1) $-\frac{i}{3}$ (2) $-\frac{2}{3} + i$ (3) $\frac{2i-2}{3}$ (4) $\frac{2i-2}{3}$ (5) 0

3. $\frac{1}{2\pi i}\int_\gamma \frac{1}{z-z_0}dz = \frac{1}{2\pi i}\int_a^b \frac{ire^{it}}{(z_0+re^{it})-z_0}dt = \frac{b-a}{2\pi}$

4. (1) $\gamma : z(t) = (1+i)t\ (0 \le t \le 1)$라 하면 $\int_\gamma x\,dz = \int_0^1 t(1+i)dt = \frac{1+i}{2}$, $\int_\gamma y\,dz = \int_0^1 t(1+i)dt = \frac{1+i}{2}$, $\int_\gamma \bar{z}\,dz = \int_0^1 (1-i)t(1+i)dt = \frac{2}{3}$.

5. $e^i - e$

24. 복소함수 적분의 절댓값의 상계

1. (1) 12π (2) $\sqrt{2}(e^\pi - e^{-\pi})$

3. $|z| = 1$일 때 $|e^z| \le e$이므로

$$\left|\int_{|z|=1} \frac{\sin z}{z}\,dz\right| \le \int_{|z|=1} \left|\frac{\sin z}{z}\right| |dz| \le \int_{|z|=1} |\sin z||dz|$$
$$\le \int_{|z|=1} \frac{|e^{iz} - e^{-iz}|}{2} |dz| \le 2\pi e$$

4. $\gamma :\ z(t) = 2e^{it},\ t \in [0, \frac{\pi}{2}]$이고, γ 위에서 $|\frac{1}{z^2+1}| \le \frac{1}{3}$ 이므로

$$\left|\int_\gamma \frac{1}{z^2+1}dz\right| \le \frac{1}{3}l(\gamma) = \frac{\pi}{3}.$$

5. $|z| = 2$일 때

$$\left|\int_\gamma \frac{z+4}{z^3+1}dz\right| \le \int_\gamma \left|\frac{z+4}{z^3+1}\right| |dz| \le \int_\gamma \frac{|z|+4}{|z|^3-1} |dz| = \int_\gamma \frac{6}{7} |dz| = \frac{6\pi}{7}.$$

6. $|z| = R$일 때

$$\lim_{R\to\infty}\left|\int_{\gamma_R}\frac{z+1}{(z^2+4)(z^2+9)}\,dz\right| \le \lim_{R\to\infty}\int_{\gamma_R}\frac{R+1}{(R^2-4)(R^2-9)}\,|dz|$$
$$= \lim_{R\to\infty}\frac{R+1}{(R^2-4)(R^2-9)}\pi R = 0$$

7. $\lim_{R\to\infty}\left|\int_{C_R}\frac{z^{\frac{1}{2}}}{z^2+1}dz\right| \le \lim_{R\to\infty}\frac{\sqrt{R}}{R^2-1}2\pi R = 0$

25. 적분과 역도함수

1. (1) 0 (2) $-\frac{10+13i}{3}$

2. (2) $f(z) = \cos\frac{z}{2}$의 역도함수는 $F(z) = 2\sin\frac{z}{2}$이고,

$$\int_0^{\pi+2i}\cos\frac{z}{2}dz = F(\pi+2i) - F(0) = e^{-1} + e = 2\cos 1.$$

5. $\log z$가 G에서 해석적이므로 경로에 독립적이고 $\int_\gamma \frac{1}{z}\,dz = \log z_1 - \log z_0$.

26. 해석함수와 그린의 정리

1. (1) $-\frac{5}{3}$ (2) 0 (3) $\frac{\pi}{3}$

2. $\gamma = \partial E$라 하면 $A = \iint_E dxdy$이다. 그린의 정리에 의해

(1) $A = \frac{1}{2}\iint_E 2dxdy = \frac{1}{2}\int_\gamma x\,dy - y\,dx$

(2) $-\frac{i}{2}\int_\gamma \bar{z}\,dz = -\frac{i}{2}\int_\gamma (x-iy)(dx+idy) = \frac{1}{2}\int_\gamma x\,dy - y\,dx$

(3) $-\int_\gamma y\,dz = -\int_\gamma y\,dx + iy\,dy = \iint_E dxdy$

(4) $-i\int_\gamma x\,dz = -i\int_\gamma x\,dx + ix\,dy = \iint_E dxdy$

27. 코시의 정리

1. 세 경우 모두 피적분함수가 $|z-i| \le 1$에서 해석적이므로 코시의 정리에 의해
(1) 0 (2) 0 (3) 0

2. 예를 들어 $f(z) = \frac{1}{z^2}$

3. 0 ($\sqrt{z^2-1}$은 $|z| \le \frac{1}{2}$에서 해석적이다.)

4. 코시의 정리와 적분의 정의로부터

$$\begin{aligned}\int_{|z|=1} e^z\,dz &= \int_{-\pi}^{\pi} e^{e^{i\theta}} ie^{i\theta}d\theta \\ &= \int_{-\pi}^{\pi} ie^{\cos\theta}[\cos(\sin\theta)+i\sin(\sin\theta)](\cos\theta+i\sin\theta)\,d\theta \\ &=0\end{aligned}$$

이므로 위 적분의 실수부, 허수부도 모두 0이다.

28. 다중연결영역에서 코시의 정리

1. (1) 0 (2) πi (3) $-\pi i$ (4) 0

2. (1) $2\pi i$ (2) $2\pi i$ (3) $4\pi i$ (4) 0

3. (2) $f(z)=\frac{1}{z(z+3)}=\frac{1}{3}\left(\frac{1}{z}-\frac{1}{z+3}\right)$이므로 $\int_{\gamma_1} f(z)\,dz=\frac{2\pi i}{3}$, $\int_{\gamma_2} f(z)\,dz=0$이다.

29. 코시의 적분공식 I

1. (1) $2\pi i$ (3) $2\pi i$

2. (1) $e^2 2\pi i$ (3) $2\pi i$

5. (2) 앞의 (1)로부터

$$\begin{aligned}\int_\gamma \frac{e^{az}}{z}\,dz &= \int_{-\pi}^{\pi} \frac{e^{ae^{i\theta}}}{e^{i\theta}} ie^{i\theta}d\theta \\ &=i\int_{-\pi}^{\pi} e^{a\cos\theta}[\cos(a\sin\theta)+i\sin(a\cos\theta)]d\theta = 2\pi i\end{aligned}$$

이다. 위 식에서 허수부를 비교한다.

30. 코시의 적분공식 II

1. (1) 0 (2) $2\pi i$ (3) πi

3. (1) $p(z)$가 정함수이고 $p^{(n+1)}(z)=0$이므로 코시의 적분 정리에 의해

$$\int_{|z|=2} \frac{p(z)}{(z-1)^{n+2}}dz = \frac{2\pi i}{(n+1)!}p^{(n+1)}(z) = 0.$$

(2) $\frac{e^z}{(z-z_0)^n}$, $\frac{e^z}{(z-z_0)^m}$는 z_0를 제외한 점에서 해석적이다. 다중연결영역에서의 코시의 정리에 의해 $\gamma : |z-z_0|=\epsilon$으로 가정할 수 있고, $(e^z)'=e^z$이므로 코시의 적분정리에 따라

$$\int_\gamma \frac{(n-1)!e^z}{(z-z_0)^n}dz = 2\pi i e^{z_0} = \int_\gamma \frac{(m-1)!e^z}{(z-z_0)^m}dz.$$

5. $2\pi i\frac{\pi+1}{e}$

6. $\displaystyle\int_0^{2\pi} e^{-i\theta}e^{e^{i\theta}}\,d\theta = \int_{|z|=1}\frac{e^z}{iz^2}dz = 2\pi$

7. 만약 z_0가 γ의 안쪽에 있으면 코시의 적분정리에 의해

$$\int_\gamma \frac{f'(\zeta)}{\zeta - z_0}\,d\zeta = 2\pi i f'(z_0) = \int_\gamma \frac{f(\zeta)}{(\zeta - z_0)^2}\,d\zeta,$$

z_0가 γ의 바깥쪽에 있으면 두 피적분함수는 모두 γ의 위와 안쪽에서 해석적이므로 두 적분값은 모두 0이다.

10. 코시의 적분공식II에 의해 $f'(z)$는 D에서 해석적이고, $f(z)\neq 0$이므로 $\frac{f'}{f}$는 D에서 해석적이므로 코시의 정리에 의해 적분값은 0이다.

31. 코시의 부등식

1. 임의의 $z_0 \in \mathbb{C}$와 $\epsilon > 0$에 대해 $R = |z - z_0|$이 충분히 크면 $|\frac{f(z)}{z}| < \epsilon$이므로 $|f(z)| < \epsilon(R + |z_0|)$이다. 그러므로 코시의 부등식에 의해 $|f'(z_0)| < \epsilon$이다. $\epsilon > 0$을 임의로 선택하였으므로 $f'(z_0) = 0$이다. $z_0 \in \mathbb{C}$ 또한 임의로 선택하였으므로 $f' \equiv 0$이다.

3. γ를 $|z - z_0| = r$라 하면, γ 위에서 $|f(z)| \le A(|z_0| + r)$ 이므로 코시의 부등식에 의해

$$|f''(z_0)| \le \frac{2A(|z_0| + r))}{r^2}$$

이다. $f(z)$는 정함수이므로 위 부등식은 모든 $r > 0$에 대해 성립하므로 $r \to \infty$하면 $f''(z_0) = 0$이고 이는 모든 z_0에서 성립하므로 $f'(z)$는 상수함수이다. 따라서 $f(z) = az + b$로 쓸 수 있고, $|f(z)| \le A|z|$로부터 $b = 0$이다.

32. 리우빌의 정리와 대수학의 기본종리

1. $f(z) \neq 0$이므로 $\frac{1}{f(z)}$는 정함수이고 $|\frac{1}{f(z)}| \le 1$이므로 $\frac{1}{f}$, f는 상수이다.

3. $\frac{f(z)}{e^z}$는 정함수이고 $|\frac{f(z)}{e^z}| \le 1$이므로 $\frac{f(z)}{e^z} = A$이다.(A는 상수이고 $|A| \le 1$이다.)

5. 정리 3.12에서 $\epsilon = \frac{1}{n}(n \in \mathbb{N})$이라 하면 각각의 n에 대해 $|f(z_n) - a| < \frac{1}{n}$인 점 z_n이 존재한다.

6. (1) $|e^{f(z)}| = |e^{\mathrm{Re}\, f(z)}| \le e^a$임을 이용하여라.

(3) $|e^{f(z)^2}| \le 1$임을 보여라.

(5) 정함수 $f - bh$에 대해 앞의 (1)를 적용하라.

7. f를 $\operatorname{Re} f(z) = u(x,y)$인 정함수라고 하면 $e^{f(z)}$는 정함수이고 $|e^{f(z)}| = e^{u(x,y)} < \infty$이므로 $e^{f(z)}$, $u(x,y)$는 상수이다.

8. 식(3.53)에 의해 $\dfrac{|p(z)|}{|q(z)|} \geq \dfrac{\frac{1}{2}|a_n|r^n}{\frac{3}{2}|b_n|r^m} = \dfrac{|a_n|}{3|b_m|}r^{n-m}$.

33. 최대절댓값 정리

1. $z = 2$일 때 최댓값, $z = 0$일 때 최솟값

2. 최대절댓값정리에 의해 해석함수 f'은 상수함수이다. 그러므로 $f(z) = (1+i)z$이다.

3. 단순연결영역 G에서 $\operatorname{Re} f = u$인 해석함수 f가 존재한다. $e^{f(z)}$가 영역 G에서 해석적이고 0이 아니므로 $|e^{f(z)}| = e^{u(x,y)}$는 G에서 최댓값과 최솟값을 갖지 않는다. 그러므로 u는 G에서 최댓값과 최솟값을 갖지 않는다.

5. 최대절댓값, 최소절댓값 정리를 이용하여 설명하라.

6. $|f(z)|$는 ∂D에서 최댓값을 갖고, 만약 모든 $z \in D$에서 $f(z) \neq 0$이면 $|f(z)|$는 ∂D에서 최솟값을 갖는다. 그런데 ∂D에서 $|f(z)|$ 상수이므로 $|f(z)|$의 최댓값과 최솟값은 같다. 그러므로 $f(z)$는 D에서 상수이므로 모순이다.

7. $h = f - g$라 하면, h는 D에서 해석적이고, ∂D에서 연속이므로 최대절댓값정리에 의해 $\max\{|f(z) - g(z)| : z \in D\} = 0$이다.

4. 급수

34. 복소수를 항으로 갖는 급수

1. (1) 발산 (2) 발산 (3) 수렴

2. $s_n := \sum_{k=0}^{n} = z_k$, $t_n := \sum_{k=0}^{n} = w_k$라 하면 $\sum_{k=0}^{n} = (\alpha z_k + \beta w_k) = \alpha s_n + \beta w_n$이다. $\lim\limits_{n\to\infty} s_n = A$, $\lim\limits_{n\to\infty} t_n = B$이므로 $\lim\limits_{n\to\infty}(\alpha s_n + \beta w_n) = \alpha A + \beta B$이다.

3. (1) 수렴 (2) 발산 (3) 수렴 (4) 수렴

4. 아니다. (예 $z_n = \left(\frac{1}{n+2}\right)^n$)

5. ($\Rightarrow$) $|x_n|$, $|y_n| \leq |z_n|$이므로 비교판정법에 의해 성립한다. ($\Leftarrow$) $\sum_{n=1}^{\infty}|x_n| < \infty$, $\sum_{n=1}^{\infty}|y_n| < \infty$이면 $\sum_{n=1}^{\infty}x_n$, $\sum_{n=1}^{\infty}y_n$이 수렴하므로 성립한다.

6. $\sum_{n=0}^{\infty} z^n = \sum_{n=0}^{\infty}(r^n \cos n\theta + ir^n \sin n\theta) = \frac{z}{1-z}$임을 이용할 수 있다.

35. 복소함수열과 균등수렴

1. (1) 0으로 균등수렴 (2-4) 균동수렴하지 않음

2. 점마다 수렴하지만 균등수렴하지 않음

3. $|f_n(z)-f(z)| \le |u_n(x,y)-u(x,y)|+|v_n(x,y)-v(x,y)|$이고 $|u_n(x,y)-u(x,y)| \le |f_n(z)-f(z)|$, $|v_n(x,y)-v(x,y)| \le |f_n(z)-f(z)|$이다. $\epsilon > 0$이라 하자.

(1) $f_n = u_n+iv_n$이 $f = u+iv$에 균등수렴하면, $n > N$일 때 $|u_n(x,y)-u(x,y)| \le |f_n(z)-f(z)| < \epsilon, \quad z = x+iy \in E$인 N이 존재한다.

(2) (u_n)이 u에, (v_n)이 v에 균등수렴하면 $n > N$일 때 $|f_n(z)-f(z)| \ge |u_n(x,y)-u(x,y)|+|v_n(x,y)-v(x,y)| < \epsilon, \quad z = x+iy \in E$인 N이 존재한다.

4. 주어진 $\epsilon > 0$에 대해 N_1, N_2를 $|f_n - f| < \epsilon/2\ (n > N_1), \quad |g_n - g| < \epsilon/2\ (n > N_2)$인 자연수라고 하자. $n > N = \max\{N_1, N_2\}$이면 $|(f_n+g_n)-(f+g)| \le |f_n - f| + |g_n - g| < \epsilon$이다.

5. 충분히 큰 n에 대해 $|f_n(z)-f(z)| \le 1$이므로 $|f(z)| < |f_n(z)|+1 \le M+1$이다.

6. $|f_ng_n - fg| \le |f_ng_n - f_ng| + |f_ng - fg| = |f_n||g_n - g| + |g||f_n - f|$를 이용할 수 있다.

7. 고정된 어떤 $z \in \mathbb{C}$에 대해서도 $\lim_{n\to\infty} f_n(z) = 0$이므로 $\mathbb{C}$에서 $f \to 0$이다.

(1) $\epsilon > 0$라고 하자. N을 $N > \sqrt{\frac{R}{\epsilon}}$인 자연수라고 하면 $n > N$일 때

$$\left|\frac{z}{n^2} - 0\right| \le \frac{R}{n^2} \le \frac{R}{N^2} < \epsilon \quad (|z| \le R)$$

이다.

(2) $\mathbb{C}$에서는 균등수렴한다면 $n > N$이면

$$\left|\frac{z}{n^2} - 0\right| < \frac{1}{2} \quad (z \in \mathbb{C})$$

인 N이 존재한다. 그러나 $n = N+1 > N$, $z = (N+1)^2 \in \mathbb{C}$를 택하면

$$\left|\frac{z}{n^2} - 0\right| = 1$$

이므로 $\mathbb{C}$에서는 균등수렴하지 않는다.

36. 복소함수를 항으로 갖는 급수

1. 각각의 n에 대해 M_n를 아래와 같이 놓고 바이어스트라스의 정리를 이용할 수 있다.

(1) $M_n = \frac{r^n}{1-r}$ (2) $M_n = \frac{1}{(r^2-1)^n}$ (3) $M_n = \frac{1}{3^n}$

2. $z=1$일 때 $\sum_{n=1}^{\infty}\frac{1}{n}=\infty$이고 $|z|<1$일 때

$$\sum_{n=1}^{\infty}\left|\frac{z^n}{n}\right| < \sum_{n=1}^{\infty}|z|^n = \frac{z}{1-z}$$

이다. 그러므로 가장 큰 값은 $R=1$이다.

3. $|z|\le R\,(R>0)$일 때

$$\sum_{n=1}^{\infty}\left|\frac{2z^2}{n^2+|z|}\right| \le \sum_{n=1}^{\infty}\left|\frac{2R^2}{n^2}\right| < \infty$$

이므로 바이어스트라스 M-판정법에 의해 균등수렴한다

4. 주어진 영역에서

$$|\sin nz| = \left|\frac{e^{inz}-e^{-inz}}{2i}\right| \le e^{n/2}$$

이므로

$$\sum_{n=1}^{\infty}\left|\frac{\sin nz}{2^n}\right| \le \sum_{n=1}^{\infty}\left(\frac{\sqrt{e}}{2}\right)^n < \infty$$

이다. 그러므로 주어진 급수는 Weierstrass M-test에 의해 균등수렴한다.

37. 균등수렴하는 함수열

1. (1) $f_n \rightrightarrows 0$ (2) 0

2. γ위에서 $|\frac{e^z}{n}| \le \frac{e}{n} \to 0$이므로 $\frac{e^z}{n} \rightrightarrows 0$이다. 그러므로 $\lim_{n\to\infty}\int_\gamma \frac{e^z}{n}\,dz = 0$이다.

3. γ 위에서 $\sum_{n=0}^{\infty} z^n$은 $\frac{1}{1-z}$로 균등수렴하므로

$$\sum_{n=0}^{\infty}\int_\gamma z^n\,dz = \int_{1/2}^{i/2}\frac{1}{1-z}\,dz = \log\sqrt{5}$$

4. (1) $z_0\in E$이면 $\sum_{n=1}^{\infty} f_n(z_0)$가 수렴하므로 $\lim_{n\to\infty} f_n(z_0)=0$이다. 즉, E에서 $f_n\to 0$ 이다. $\epsilon>0$라고 하자. $\sum_{n=1}^{\infty} f_n(z)$가 E에서 $f(z)$에 균등수렴하므로 $n\ge m>N$ 이면

$$\left|\sum_{j=m}^{n} f_j(z)\right| < \epsilon \quad (z\in E)$$

인 N이 존재한다. 위 식에서 $n=m$이라 하면 $n>N$이면

$$|f_n(z)-0| < \epsilon \quad (z\in E)$$

이다. 즉, E에서 $f_n \rightrightarrows 0$이다.

(2) 아니다. (예 $f_n(z) = \frac{1}{n}$)

5. 정리 4.12에 따라 f가 해석적이므로 코시의 정리에 의해 $\displaystyle\int_\gamma f(z)\,dz = 0$이다.

6. $g_n(z) = \displaystyle\sum_{k=1}^{n} e^{-k}\sin kz$라 하면 g_n은 주어진 영역에서 해석적이다. K를 주어진 영역의 콤팩트 부분집합이라 하면 $a = \sup\{|y| : z = x + iy \in K\} < 1$이다. 그러므로 $z \in K$이면

$$|\sin nz| = \left|\frac{e^{inz} - e^{-inz}}{2i}\right| \le e^{an},$$

$$\sum_{n=1}^{\infty}\left|\frac{\sin nz}{e^n}\right| \le \sum_{n=1}^{\infty}\left(\frac{e^a}{e}\right)^n < \infty$$

이다. 따라서 주어진 급수는 Weierstrass M-test에 의해 균등수렴하고, $g(z) := \displaystyle\lim_{n\to\infty} g_n(z) = \sum_{n=1}^{\infty} e^{-n}\sin nz$는 주어진 영역에서 해석적이다.

7. $f_n \rightrightarrows f$이므로 f는 연속이고 E가 콤팩트집합이므로 균등연속이다.

38. 멱급수와 수렴반경

1. (1) 1 (2) 1 (3) ∞ (4) 2

2. (1) $\displaystyle\lim_{n\to\infty}\left(\frac{1}{4^n n}\right)^{1/2n} = \frac{1}{2},\quad R = 2$

(3) $\displaystyle\limsup\left|\frac{i^n - 1}{n}\right|^{1/n} = \lim_{n\to\infty}\left(\frac{2}{4n+2}\right)^{1/(4n+2)} = 1,\quad R = 1$

3. $\sum_{n=0}^{\infty} a_n z_0^n$이 수렴하므로 $\displaystyle\lim_{n\to\infty} a_n z_0^n = 0$이다. 그러므로 $(a_n z_0^n)$은 유계이다.

4. $R = 1$

6. $(|a_n|)$이 감소수열이므로 $|a_n z^n| = |a_n||z|^n \le m|z|^n$인 m이 존재하고 $\sum mz^n$은 $|z| < 1$일 때 수렴한다. 그러므로 $R \ge 1$이다.

7. $\sum_{n=0}^{\infty} a_n$이 발산하거나, 수렴하면 유한개를 빼고 $a_n = 0$이다.

39. 멱급수로 정의된 함수의 도함수

2. $(\frac{1}{1-z})'' = \frac{2}{(1-z)^3} = \sum_{n=2}^{\infty} n(n-1)z^{n-2} == \sum_{n=0}^{\infty}(n+2)(n+1)z^n$

3. $\sum_{n=1}^{\infty}\frac{z^n}{n^n}$의 수렴반경은 ∞이므로 정함수이고 $f'(z) = \sum_{n=1}^{\infty}\frac{z^{n-1}}{n^{n-1}}$이다.

40. 해석함수와 멱급수

1. (1) $\dfrac{z}{z-1} = -\sum_{n=0}^{\infty} z^{n+1} \quad (|z| < 1)$

(2) $e^{2z} = \sum_{n=0}^{\infty} \dfrac{z^{2n}}{n!} \quad (|z| < \infty)$

(3) $\sin z^2 = \sum_{n=0}^{\infty} (-1)^n \dfrac{z^{4n+2}}{(2n+1)!} \quad (|z| < \infty)$

(4) $\dfrac{e^z}{z-1} = -[1 + 2z + (2 + \dfrac{1}{2!})z^2 + (2 + \dfrac{1}{2!} + \dfrac{1}{3!})z^3 + \cdots] \quad (|z| < 1)$

2. 정리 4.21에 의해 $a_n = \frac{f^{(n)}(z_0)}{n!}$이므로 코시의 적분공식에 따라 주어진 식이 성립한다.

3. (1) $(1 + z + \frac{z^2}{2!} + \cdots)(1 + z^2 + \frac{z^4}{2!} + \cdots) = 1 + z + \frac{3}{2}z^2 + \cdots$

(2) $z + z^2 + \frac{z^3}{2!} + \cdots$ (3) $1 + \frac{1}{2!}z^2 + \frac{5}{4!}z^4 + \cdots$

4. $\sinh z = -i\sin(iz) = -i\sum_{n=0}^{\infty}(-1)^n \frac{(iz)^{2n+1}}{(2n+1)!} = -\sum_{n=0}^{\infty}(-1)^n \frac{(i)^{2n-2} z^{2n+1}}{(2n+1)!}$

$= \sum_{n=0}^{\infty} \frac{(z^{2n+1}}{(2n+1)!}$

5. $\cosh z = \cos(iz)$를 이용할 수 있다.

6. (1) $f(z) = \sum_{n=0}^{\infty}(-1)^n z^n, \quad |z| < 1$

(2) $f(z) = \sum_{n=0}^{\infty}(-1)^n (z-1)^n, \quad |z-1| < 1$

(3) $f(z) = \sum_{n=0}^{\infty} \frac{(z-i)^n}{(1-i)^{n+1}}, \quad |z| < \sqrt{2}$

7. (2)$f(z) = \frac{1}{1-2z} = -\frac{1}{1+2(z-1)} = \sum_{n=0}^{\infty}(-1)^{n+1}2^n(z-1)^n \quad (|z-1| < \frac{1}{2})$

9. (1) $f_1(z) = \sum_{n=0}^{\infty}(-1)^n(z-1)^n \quad (R = 1)$

(2) $f_2(z) = \sum_{n=0}^{\infty}(z+1)^n \quad (R = 1)$

(3) $f(\frac{1}{2}) = f_1(\frac{1}{2}),\ f(\frac{1}{2}) \neq f_2(\frac{1}{2})$

(4) $\frac{1}{2}$은 f_2의 수렴반경 밖의 점이다.

41. 테일러급수의 응용

1. $|f(z)| \le 5r^{1/2} \quad (|z| = r > 1)$이므로 $f(z)$는 상수함수이다.

3. (z_n)을 $z_0 \in D$로 수렴하는 D의 수열이라거 하면 $f(z_n)g(z_n) = 0$ 이드로 $f(z_{n_k}) = 0$ (또는 $g(z_{n_k}) = 0$)인 부분수열 (z_{n_k})를 찾을 수 있다. 그러므로 D에서 $f(z) = 0$ (또는 $g(z) = 0$)이다.

4. 충분히 큰 모든 $|z|$에 대해 $|f(z)| < M|z|$인 M이 존재한다. 그러므로 f는 상수이거나 일차다항식 $az+b$이다. 그런데 이 경우 $\lim_{z\to\infty}\frac{f(z)}{z} = a \neq 0$이므로 f는 상수이다.

5. 정리4.22 참고 **7.** $f(z)=z$ **8.** $f(z)=z^2$ **9.** $f(z)=z^2+1$

43. 로랑의 급수

1. (1) $f(z)=\frac{1}{z}-\frac{z}{3!}+\frac{z^3}{5!}-\cdots$ (2) $f(z)=\frac{1}{z^3}+\frac{1}{2!z}+\frac{z}{4!}+\frac{z^3}{6!}+\cdots$
(3) $f(z)=\frac{1}{z^3}+\frac{1}{z}+\frac{z}{2!}+\frac{z^3}{3!}+\cdots$ (4) $f(z)=z^2+z+\frac{1}{2!}+\frac{1}{3!z}+\frac{1}{4!z^2}+\cdots$

3. $f(z)=\sum_{n=0}^{\infty}\left(\frac{z^{2n}}{n!}+\frac{1}{n!z^{2n}}\right)$

5. $c_0 = 1+(\frac{1}{3!})^2+(\frac{1}{5!})^2+\cdots,\ \ c_1=0$

7. (1) $|a|<|z|$이므로

$$\frac{a}{z-a}=\frac{a}{z(1-\frac{a}{z})}=\frac{a}{z}\sum_{n=0}^{\infty}\frac{a^n}{z^n}=\sum_{n=1}^{\infty}\frac{a^n}{z^n}\quad (|a|<|z|).$$

(2) $|z|=1$일 때 $z=\cos\theta+i\sin\theta$라 하면

$$\frac{a}{z-a}=\frac{a(\cos\theta-a)+ia\sin\theta}{1-2a\cos\theta+a^2}$$

이므로

$$\sum_{n=1}^{\infty}\frac{a^n}{z^n}=\sum_{n=1}^{\infty}a^n(\cos n\theta-i\sin n\theta)=\frac{a(\cos\theta-a)-ia\sin\theta}{1-2a\cos\theta+a^2}=\frac{a}{z-a}.$$

이다. 위에서 실수, 허부수 택하면 원하는 식을 얻는다.

5. 유수정리

44. 특이점과 유수

1. $\frac{p}{q}$의 특이점은 $q(z)=0$인 점 뿐이다. q는 기껏해야 $\deg q$개의 영점을 갖는다. 또 $q(z_0)$이면 $0<|z-z_0|<\epsilon$에서 $q(z)\neq 0$인 $\epsilon>0$이 존재하므로 이들 영점은 $\frac{p}{q}$의 고립특이점이다.

2. (1) $z=\frac{1}{n\pi+\pi/2}$ $(n\in\mathbb{Z})$, 0 (2) 0

3. (1) 0 (2) $\frac{1}{5!}$ (3) $\frac{1}{2}$ (4) $\frac{i}{2\sqrt{2}}$

4. $f(z)=\frac{z^2-2z+3}{z-2}=z+\frac{3}{z-2}$이므로 $\mathrm{Res}(f,2)=3$, $\int_{|z-2|=1}f(z)\,dz=6\pi i$

5. (1) $f(z) = \frac{1}{z(z-2)^4} = \frac{1}{(z-2)^4[2+(z-2)]} = \frac{1}{2(z-2)^4(1+\frac{z-2}{2})} = \sum_{n=0}^{\infty}(-1)^n \frac{(z-2)^{n-4}}{2^{n+1}}$
(2) $-\frac{\pi i}{8}$

6. (1) 0 (2) 0 (3) 0 (4) 0

7. (1) $-\frac{2\pi i}{3}$ (2) 0 (3) $\frac{2\pi i}{3}$

45. 유수정리

1. (1) $2\pi i$ (2) $(\frac{1}{4^3}+\frac{1}{5^3})2\pi i$ (3) $\frac{2\pi i}{3}$

2. (1) $-\frac{2\pi i}{3}$ (2) $\frac{2\pi i}{3}$ (3) 0

3. (1) $\text{Res}(f,0)=5,\ \text{Res}(f,1)=-1$ (2) $8\pi i$ (3) $8\pi i$

4. $\frac{f(z)}{z-z_0}$는 z_0에서 고립특이점을 갖고, $f(z) = f(z_0)+f'(z-z_0)+\frac{f''(z_0)}{2!}(z-z_0)^2+\cdots$ 라고 하면 $\text{Res}(\frac{f(z)}{z-z_0}, z_0) = f(z_0)$이다. 그러므로 유수정리에 의해 정리 3.9는 사실이다.

46. 고립특이점의 유형

1. (1) $z_0=0$, 본질적 특이점 (2) $z_0=-1$, (단순)극점 (3) $z_0=0$, 본질적 특이점
(4) $z_0=1$, (4차)극점

2. $\frac{1-\cosh z}{z^2} = -\frac{1}{2!}-\frac{z^2}{4!}-\frac{z^4}{6!}-\cdots$ 이므로 $z_0=0$는 제거가능한 특이점이다.

3. (1) 4차, $\text{Res}(f,-i)=0$ (2) 1차, $\text{Res}(f,0)=-1/2$ (3) 3차, $\text{Res}(f,0)=-4/3$

4. $f(z)=a_0+a_1(z-z_0)+a_2(z-z_0)^2+\cdots$를 테일러 급수라고 하고 $g(z)$를 급수로 나타내어라.

5. 예를 들어 $f(z)=\frac{\sin(z-z_0)}{z-z_0}+\frac{1}{(z-z_1)^m}+\cos\frac{1}{z-z_2}$

7. 모든 $\epsilon>0$에 대해 $|z_0-z_n|<\epsilon$인 z_n이 있으므로 z_0는 고립특이점이 될 수 없다.

9. $\lim_{z\to 0} zf(z) = 0$이므로, $z_0=0$는 $zf(z)$의 제거가능한 특이점이다. 그런데 z는 $z_0=0$에서 해석적이므로 $z_0=0$는 $f(z)$의 제거가능한 특이점이다.

47. 해석함수의 영점

1. $f(0)=f'(0)=0,\ f''(0)=\cos 0=1$이므로 2차 영점이다.

3. $z(\cos z-1)$는 0에서 2차 영점을 가지므로 $z(\cos z-1)=z^2g(z)$인 정함수 g가 존재한다. $g(z)=\frac{z(\cos z-1)}{z^2}$ $(z\neq 0)$, $g(0)=1$이다.

4. z_0는 f의 고립된 영점이므로, $\frac{1}{f}$의 고립특이점이다. $\lim_{z\to z_0}\dfrac{1}{f(z)}=\infty$이므로 z_0는 f의 극점이다.

48. 극점에서 유수의 계산

1. $f(z) = \frac{1}{\sin z}$이고 $z_0 = 0$는 $\sin z$의 일차 영점이다.

2. (1) 2차극점 (2) 1차극점 (3) 1차극점 (4) 2차극점

3. (4) $\text{Res}(f, n\pi + \pi/2) = -1$

4. (1) e (2) 0 (3) $\frac{1}{2}$ **5.** $\text{Res}(f, i) = \frac{\pi^3}{16}$

6. $\sin z$가 $z = 0$에서 일차 영점을 가지므로 $\sin z = zg(z)$, $g(0) \neq 0$로 쓸 수 있다. 그러므로 $\frac{\sin z}{z^5} = \frac{g(z)}{z^4}$는 $z = 0$에서 4차 극점을 갖는다.

7. 3차 극점($\sinh 0 = 0$이다.), $\text{Res}(f, 0) = \frac{1}{6}$

8. (1) $6\pi i$ (2) $\sqrt{2}(i-1)\pi$ (3) $\frac{\pi i - 2}{4}\pi$ (4) $\frac{1+i}{4\sqrt{2}}\pi$

9. 아니다. $\text{Res}(\frac{1}{z}, 0) = 1$이지만 $\text{Res}(\frac{1}{z^2}, 0) = 0$이다.

11. $f(z) = \frac{h(z)}{(z-z_0)^n}$, $h(z) \neq 0$, $p(z) = a_m z^m + \cdots + a_0$, $a_m \neq 0$라 하면

$$\begin{aligned} p(f(z)) =& \frac{a_m h^m(z)}{(z-z_0)^{nm}} + \frac{a_{m-1}h^{m-1}(z)}{(z-z_0)^{n(m-1)}} + \cdots + \frac{a_1 h(z)}{z - z_0} + a_0 \\ =& \frac{1}{(z-z_0)^{nm}}(a_m h^m(z) + a_{m-1}h^{m-1}(z)(z-z_0) + \cdots \\ & + a_1 h(z)(z-z_0)^{m-1} + a_0 h(z)(z-z_0)^m) \\ :=& \frac{g(z)}{(z-z_0)^{mn}} \end{aligned}$$

이고 $g(z_0) = a_m h^m(z_0) \neq 0$이다.

49. 다른 특이점에서 유수의 계산

1. (1) 제거가능한 특이점 (2) 0

2. (1) 본질적 특이점 (2) 0

3. $\frac{f(z)}{g(z)} = \frac{(z-z_0)^m f_1(z)}{(z-z_0)^m g_1(z)} = \frac{f_1(z)}{g_1(z)}$ $(z \neq z_0)$로 쓸 수 있다. 여기서 f_1, g_1은 $z = z_0$ 근방에서 해석적인 함수이다. 그러므로 $\int_{|z-z_0|=\epsilon} \frac{f(z)}{g(z)}\, dz = 0$이다.

50. 특이점 근방에서 함수의 움직임

1. $\lim_{z \to z_0} f(z)$가 존재하는 것은 z_0를 뺀 근방에서 유계임을 뜻한다.

2. $\lim_{z \to z_0} \frac{1}{f(z)} = 0$이다. 따라서 z_0를 뺀 근방에서 유계이고 제거가능한 특이점이다.

3. (⇒) $f(z) = \frac{h(z)}{(z-z_0)^m}$로 쓸 수 있다. ($h$는 z_0에서 해석적이고 영이 아니다.) 그러므로 $\lim_{z \to z_0} (z - z_0)^m f(z) = h(z_0)$이다.

(⇐) $\lim_{z \to z_0} \dfrac{1}{(z - z_0)^m f(z)} = \dfrac{1}{A}$이므로 z_0는 f의 제거가능한 특이점이다. 따라서

$$(z - z_0)^m f(z) = a_0 + a_1(z - z_0) + a_2(z - z_0)^2 + \cdots \quad (a_0 = \frac{1}{A})$$

로 쓸 수 있고

$$f(z) = \frac{a_0}{(z - z_0)^m} + \frac{a_1}{(z - z_0)^{m-1}} + \frac{a_2}{(z - z_0)^{m-2}} + \cdots \quad (a_0 = \frac{1}{A})$$

이다.

4. $\tan z$는 정함수가 아니므로 정리에 모순이 아니다.

51. 무한대 근방에서 함수의 움직임

1. f가 ∞에서 제거가능한 특이점을 가지므로 $|z| > R_1$이면 $|f(z)| < M_1$인 R_1, M_1이 존재한다. 또 f가 정함수이므로 $|z| \leq R_0 (> R_1)$에서 $|f(z)| < M_0$인 M_0이 존재한다. 그러므로 f는 유계인 정함수이다.

3. f가 무한대에서 m차의 극점을 가지면 $f(1/z)$은 $z_0 = 0$에서 m차 극점을 갖는다. 그러므로 $f(1/z)$는 로랑의 정리에 의해

$$f(1/z) = p_m(1/z) + g(z)$$

로 쓸 수 있다. 여기서 p_m은 m차 다항식으로 상수항을 갖지 않는다. (p_m은 고유부, g는 해석부이다.) 그리고 g는 $z_0 = 0$에서 해석적이다. 그런데 f가 정함수이므로 g도 정함수이고 무한대에서 제거가능한 특이점을 갖는다. ($\lim_{z\to\infty} g(z) = \lim_{z\to\infty} f(1/z) = f(0)$이다. p_m은 상수항을 갖지 않음을 기억하자.) 그러므로 g 상수이고 $f(1/z)$은 $1/z$의 다항식으로 m차이다. 그러므로 f는 m차 다항식이다.

5. ∞는 $\cos z$의 본질적 특이점이므로 $|z| > R$ $(R > 0)$에서 임의의 복소수에 무한히 가깝게 될 수 있다. ($z = 0$는 $\cos \frac{1}{z}$의 본질적 특이점이므로 $|z| < \epsilon$ $(\epsilon > 0)$에서 임의의 복소수에 무한히 가깝게 될 수 있다.)

6. 유수정리의 응용

52. 코시 고윳값과 이상적분

1. (1) $\mathrm{Res}(f, e^{\frac{\pi i}{4}}) = \frac{1}{4}e^{\frac{-3\pi i}{4}}$, $\mathrm{Res}(f, e^{\frac{3\pi i}{4}}) = \frac{1}{4}e^{-\frac{\pi i}{4}}$, $A = -\frac{i}{2\sqrt{2}}$

(2) f의 특이점은 모두 $|z| = 1$ 위에 있고 어느 것도 실수축에 있지 않으므로 유수정리에 의해 $R > 1$이면 주어진 식이 성립한다.

(3) 0 (4) $\frac{\pi}{2\sqrt{2}}$

2. (1) $\frac{\pi}{3}$ (2) $\frac{\pi}{\sqrt{2}}$

4. $R > 1$일 때 C_R를 $z(t) = Re^{it}$, $0 \le t \le \frac{2\pi}{3}$이라고 하면

$$\int_{\gamma_R} \frac{1}{z^3+1}\,dz = \int_0^R \frac{dx}{x^3+1} + \int_{C_R} \frac{1}{z^3+1}\,dz - \int_0^R \frac{e^{2\pi i/3}}{(te^{2\pi i/3})^3+1}\,dt$$

를 이용할 수 있다.

53. 적분 $\int_{-\infty}^{\infty} f(x)\sin ax\,dx$, $\int_{-\infty}^{\infty} f(x)\cos ax\,dx$의 계산

1. (1) 유수정리에 따라 성립한다.

(2) γ_R의 위와 안쪽에서 $\frac{e^{2iz}}{z^2+1}$은 $z_0 = i$에서 특이점을 갖는다.

(3) γ_R 위에서 $|\frac{e^{2iz}}{z^2+1}| \le \frac{2e^{-2R\sin\theta}}{R^2}$이다. 조단의 부등식을 이용할 수 있다.

(4) (1)은 모든 $R > 1$에 대해 성립하므로 (3)에 의해 주어진 식이 성립한다.

(5) $\frac{\pi}{2e^2}$

3. (1) $\frac{\pi e^{-a/\sqrt{2}}}{2\sqrt{2}}\left(\cos\frac{a}{\sqrt{2}} + \sin\frac{a}{\sqrt{2}}\right)$ (2) $\frac{\pi}{2e}$

56. $\sin\theta$, $\cos\theta$를 포함하는 함수의 적분

3. (1) $\frac{2\pi}{\sqrt{3}}$ (2) $\frac{\pi}{\sqrt{5}}$

58. 영점과 극점의 수

1. 대수학의 기본정리에 의해 $p(z) = 0$은 n개의 해를 가지므로 $\int_\gamma \frac{p'(z)}{p(z)}\,dz = n(2\pi i)$이다. 즉 영

2. $p(z) = a(z-a_1)(z-a_2)\cdots(z-a_n)$이라고 하면 $\frac{zp'(z)}{p(z)} = \sum_{j=1}^n \frac{z}{z-a_j}$이므로 $\frac{1}{2\pi i}\int_\gamma \frac{zp'(z)}{p(z)}\,dz = \sum_{j=1}^n a_j$이다. 즉 영점들의 합이다.

3. 4 (위의 2번 참고) **4.** -3

5. $f(z) - a = 0$가 $|z| = R$의 안쪽에 갖는 해의 수

59. 편각원리

1. (1) 0 (2) 4π (3) -6π (4) -2π

2. (1) $14\pi i$ (2) $12\pi i$ (3) $2\pi i$

3. $-6\pi i$ **4.** $-2\pi i$

60. 루셰의 정리

1. (1) 0개 (3) 4개

3. 충분히 큰 $R > 0$에 대해 γ를 $-iR$, iR을 잇는 선분과 반원 $z(t) = Re^{it}$, $-\pi \leq t \leq \pi$에 의해 결정되는 양의 방향을 갖는 단순닫힌곡선이라 하면 γ 위에서 $|z-a| > |e^{-z}|$이므로 $Z_{z-a} = 1 = Z_{z+e^{-z}-a}$이다.

4. $1.5 \leq r \leq 3.3$ (개략적인 계산임)

5. $g(z) = -z$라고 하면 $|z| = 1$에서

$$|f(z)| < 1 = |g(z)|$$

이므로 루셰의 정리에 의해 $Z_g = 1 = Z_{f+g}$이므로 $f(z) - z = 0$는 $|z| < 1$에서 단 하나의 해를 갖는다.

6. $g_n(z) = \displaystyle\sum_{j=0}^{n} \frac{z^j}{j!}$은 $|z| < R$ $(R > 0)$에서 해석적이고 $f(z) = e^z$로 균등수렴한다. 그러므로 Hurwitz의 정리에 의해 충분히 큰 n에 대해 $|z| < R$ $(R > 0)$에서 $Z_f = 0 = Z_{g_n}$이다.

7. $4\pi i$ ($f(z) = z^5 - 8iz^2 + z - 2i$는 $|z| = 1$ 안에 두 개의 영점을 갖는다.)

8. 아니다. ($f(z) = e^z - 1$은 $|z| = 1$안에서 하나의 영점을 갖지만 $f'(z)$는 영점을 갖지 않는다.)

9. $f(z) = a_n z^n$, $g(z) = a_{n-1}z^{n-1} + \cdots + a_1 z + a_0$라고 하고 루셰의 정리를 이용할 수 있다.

7. 선형분수변환, 등각사상

61. 선형변환

1. $\{z = x + iy : x \geq 0,\ y < 0\}$

2. (1) 주어진 삼각형의 각변의 길이를 3배한 후 $4-3i$만큼 평행이동한 것으로 4, $7+6i$, 7를 꼭짓점으로 하는 삼각형으로 처음 삼각형의 넓이의 9배이다.

3. $f(z) = 3z + (2+2i)$

4. $f(z) = -2z - (1+i)$

5. $f(z) = (1/\sqrt{2} + i/\sqrt{2})z + i$

62. 반전변환

1. $4(u^2+v^2)-6u+1=0$

3. 원 $(u-\frac{1}{2})^2+v^2=\frac{1}{4}$의 안쪽이며 $(u-\frac{1}{4})^2+v^2=\frac{1}{16}$의 바깥쪽(경계 포함)

4. $\left(u-\dfrac{1}{2}\right)^2+v^2<\left(\dfrac{1}{2}\right)^2,\ v<0$

5. $\left(u-\dfrac{1}{2}\right)^2+v^2>\left(\dfrac{1}{2}\right)^2,\ u>0,\ v>0$

63. 선형분수변환

1. (1) $f(z)=\frac{2-6i}{z-3i}$ (3) $f(z)=-\frac{1}{z}$

3. (1) $\frac{-w+i}{w+1}$ (2) $\frac{-w+i}{w+i}$

4. (1) $\pm i$ (2) 3

6. $T(z)=\frac{az+b}{cz+d}\ (ad-bc\neq 0),\ S(z)=\frac{pz+q}{rz+s}\ (ps-qr\neq 0)$일 때 $S(T(z))=\frac{Az+B}{Cz+D}$ 꼴로 쓸 수 있고 $AD-BC\neq 0$임을 보일 수 있다.

7. 선형분수변환 f는 원 $|z|=1$의 안쪽을 직선 $x=-\frac{1}{2}$의 오른쪽으로 보낸다. (원 위의 세점 $-1,i,1$을 $-\frac{1}{2},\frac{-1+i}{2}$를 지나는 직선으로 보낸다.)

64. 선형분수변환과 교차비

2. (1) $T(z)=\frac{(1-i)(z+1)}{z-i}$ (2) $T(-i)=1$ (3) $|w-1|<1$

65. 상반평면 위에서의 변환

1. $w=\frac{z-i}{iz-1}=e^{3\pi i/2}\frac{z-i}{z+i}$로 식 (7.30)의 형태이다.

2. $e^{\alpha i}\dfrac{z-z_0}{z-\overline{z_0}}$, $\mathrm{Im}z_0<0$, α는 실수

4. $e^{\alpha i}\dfrac{e^{\pi i/4}z-z_0}{e^{\pi i/4}z-\overline{z_0}}$, $\mathrm{Im}z_0>0$, α는 실수

67. 다른 변환들

1. $z^2=(x+iy)^2=(x^2-y^2)+2xyi=A+2xyi$이므로 직선 $u=A$에 사상한다.

2. $r=2(1+\cos\theta)$의 안쪽

4. (1) $\{z\in\mathbb{C}:\mathrm{Im}\,z\geq 0,\ z\neq 0\}$ (2) $\{z\in\mathbb{C}:\mathrm{Im}\,z\geq 0,\ |z|\geq 1\}$

68. 등각사상

1. $f'(0) \neq 0$이므로 $\frac{\pi}{2}$이다.

2. (1) $\mathbb{C}$ (2) $\mathbb{C} - \{-\frac{1}{5}\}$ (3) $\emptyset$ (4) $\mathbb{C} - \{n\pi + \frac{\pi}{2} : n \in \mathbb{Z}\}$

69. 일대일 함수

1. $f'(z) = \cos z \neq 0$인 영역에서 등각사상이다.

2. (1) $w^{1/2} = \sqrt{\rho}\, e^{i\phi/2} \quad (\rho > 0,\ -\pi < \phi < \pi)$

(2) $w^{1/2} = \sqrt{\rho}\, e^{i\phi/2} \quad (\rho > 0,\ 2\pi < \phi < 4\pi)$

찾아보기

복소함수론

초판 인쇄 | 2021년 2월 05일
초판 발행 | 2021년 2월 10일

지은이 | 김 정 헌
펴낸이 | 조 승 식
펴낸곳 | (주)도서출판 북스힐

등 록 | 1998년 7월 28일 제22-457호
주 소 | 서울시 강북구 한천로 153길 17
전 화 | (02) 994-0071
팩 스 | (02) 994-0073

홈페이지 | www.bookshill.com
이메일 | bookshill@bookshill.com

정가 18,000원

ISBN 979-11-5971-328-6

Published by bookshill, Inc. Printed in Korea.